21世纪全国高职高专艺术设计系列技能型规划教材

三维城市漫游动画设计制作实例

主　编　张　刚

副主编　方智汉　曾兵成　陈国康

曾惕惕　曾赛军　明　昀

洪俊佳

内容简介

本书是“中山职业技术学院课程教学改革”系列教材之一，也是中山市中等专业学校精品资源共享课程。在本书编写中，编者以带领学生设计制作的中山市小榄创意设计园三维城市漫游动画实践项目作为教材编写案例，内容主要是对3ds Max软件的建模及动画设置的介绍，结合V-Ray渲染插件和Premiere软件的讲解，按照建筑漫游动画项目策划制作流程，系统讲解三维城市漫游动画设计制作的方法和技法。

在本书编写中，编者将中山市小榄创意设计园三维城市漫游动画分解成若干个子项目进行章节的讲解，学生通过对子项目的设计制作学习，能掌握一个大项目的镜头构成元素。课程学习结束后，将制作的子项目合成为一个完整的建筑漫游动画表现大项目，让学生通过建筑漫游动画设计制作流程的训练，了解国内外三维城市漫游动画的相关知识和制作的技能，掌握设计流程，提高三维城市漫游动画场景设计制作的能力。

本书可作为动漫游戏设计、室内外环境艺术设计、互动媒体设计、建筑装饰设计专业及相关专业的教学用书，也可作为多媒体、影视艺术相关专业，以及社会相关从业人士的培训用书及参考书。

图书在版编目(CIP)数据

三维城市漫游动画设计制作实例/张刚主编. —北京：北京大学出版社，2014.1

(21世纪全国高职高专艺术设计系列技能型规划教材)

ISBN 978-7-301-23459-4

Ⅰ. ①三…　Ⅱ. ①张…　Ⅲ. ①三维动画软件—高等职业教育—教材　Ⅳ. ①TP391.41

中国版本图书馆CIP数据核字(2013)第269135号

书　　名：三维城市漫游动画设计制作实例

著作责任者：张　刚　主编

策 划 编 辑：孙　明

责 任 编 辑：李瑞芳

标 准 书 号：ISBN 978-7-301-23459-4/J · 0549

出 版 发 行：北京大学出版社

地　　址：北京市海淀区成府路205号　100871

网　　址：http://www.pup.cn　　新浪官方微博：@北京大学出版社

电 子 信 箱：pup_6@163.com

电　　话：邮购部62752015　发行部62750672　编辑部62750667　出版部62754962

印 刷 者：三河市博文印刷厂

经 销 者：新华书店

787mm×1092mm　16开本　16印张　369千字

2014年1月第1版　2014年1月第1次印刷

定　　价：36.00元

序

三维城市漫游动画又称建筑漫游动画。三维城市漫游动画从20世纪80年代法国的春天建筑公司（Sping Architects）制作蓬皮杜艺术中心实验短片开始，到现在已经走过了20多年的探索历程。传统意义上的三维城市漫游动画，是建筑设计师在承接项目的过程中，运用虚拟的数码制作技术，结合影视艺术的表现手法，根据建筑设计师设计的图纸，将建筑规划的蓝图、建筑的设计风格、建筑与环境的关系等未建成的项目进行提前演绎和展现的动画影片，三维城市漫游动画的展现必须反映出建筑设计师的设计思想、设计风格和设计水平。

三维城市漫游动画从诞生、发展到网上世博会创作前，经历了两个重要发展阶段。特别是2002年，由波兰动画家巴根斯执导的《大教堂》获得奥斯卡最佳动画短片提名后，国内外有很多学者都对三维城市漫游动画如何吸收电影的创作方法进行了比较研究，这些研究对推动三维城市漫游动画的创作无疑具有借鉴和指导意义。随着计算机技术的提升及三维动画软件的广泛运用，三维城市漫游动画已从追求单纯的技术实现向技术与艺术高度结合的层面发展，实现了三维城市漫游动画创作的第二次跨越。当前，国内外建筑设计师在承接建筑设计与规划项目时，已将三维城市漫游动画作为与客户沟通的常规手段，并已成为建筑项目论证、展示，以及同建筑使用者进行交流不可缺少的一种表达媒介。

中国建筑漫游动画创作从2008年北京奥运会场馆的建设开始快速发展，从原来只供少数专业人士和建筑使用方相关人士进行观看和交流的建筑漫游动画，逐渐变成供全国人民了解奥运会筹备、建设和主办情况的大众传播资讯。以“城市，让生活更美好”为主题的2010年上海世博会，则为建筑漫游动画的创新与发展起到了推波助澜的作用。由于世博会在举办形式上进行了创新，全面引入互联网的传播方式，运用交互设计和多媒体技术等手段，创作出网上世博会的漫游动画，开启了网上看世博的新纪元，也使建筑漫游动画的创作、运用和传播迈入一个新天地，并由此影响人们了解世界的方式。

当前，三维城市漫游动画已经拓展到社会的许多领域，如三维城市地图制作领域、建筑设计演示领域、互动虚拟现实领域和航空航天模拟等领域。三维城市漫游动画课程的学习，也涵盖了三维动画课程体系中场景设计课程要求的大部分教学内容。该课程的学习，为三维动画人物制作奠定了建模和动画表现的基础，是动漫游戏专业承前启后的重要课程。

前　言

本书是依据教育部《关于全面提高高等职业教育教学质量的若干意见》精神，结合当前高等职业教育和中等职业教育全面开展课程教学改革，大力推行工学结合、校企合作的人才培养模式展开编写。在本书编写上，以项目为载体，运用作者带领学生设计制作的中山市小榄创意产业园动画项目作为教材编写案例，将小榄创意产业园三维城市漫游动画中重要的构成元素分解成若干个单体项目进行教学，便于学生系统地学习建筑漫游动画制作技能，掌握动画策划设计工作流程。

本书着重讲解了三维城市漫游动画的发展历史，三维城市漫游动画设计制作思路，运用3ds Max进行单体项目设计制作的方法和制作流程，V-Ray渲染插件在项目中的运作知识，动画片头、特效制作的方法和技巧，Premiere软件后期合成软件的运用方法和技巧等内容。项目将与单体项目相关的知识目标、能力目标和素质目标通过课前、课中和课后的要求反映出来，学生通过子项目的设计制作学习和训练，能不断提高专业设计与制作技能，逐渐掌握完成一个大项目的三维设计制作流程，并最终将制作完成的单体项目合成为一个完整的三维城市漫游动画大项目。

本书是“中山职业技术学院项目化教学改革课程”教材，也是“中山市中等专业学校精品资源共享课程”教材。本书根据当前职业院校课程项目制教学改革的需要，注重课程教学整体设计和课程单元教学设计两个环节的把握，把现代职业教育的先进观念落实到教材的编写中去，让学生能够在“学中做，做中学”。本书的编写力求能实现“工学结合、职业活动导向，突出能力目标，项目任务载体，能力实训，学生主体，知识理论实践一体化”的课程教学原则。

本书主编张刚老师主要承担小榄创意产业园项目的策划、设计、漫游动画的导演和教材的编写案例及文字统筹工作。副主编方智汉老师主要承担项目的副导演、技术指导和教材的部分编写工作。本书的编写还要感谢参与小榄创意产业园漫游动画设计制作项目的洪俊佳、林嘉祥、汤能亮、刘思敏、林永基、李秋媚、梁海伦、林琳和刘静雅同学，没有他们的辛勤协作，也不可能在一个多月内做完4分多钟的三维城市漫游动画作品。特别是在本书后期的编写过程中，方智汉、曾兵成、陈国康、曾惕惕、曾赛军、明昀、杨金兰、蒋舒婷等老师和洪俊佳、林嘉祥、汤能亮三位同学花费了大量的时间参与本书的编写工作，在此，再次对他们表示感谢！

由于本书的编写受小榄创意产业园漫游动画项目制作的时间和创作者设计制作水平的限制，不能在动画中全面反映当前三维城市漫游动画设计制作的所有技法和表现形式，只是讲解了三维城市漫游动画制作的基本方法、技能和流程，书中难免有不当或不足之处，敬请大家批评指正。

编　者

2013年8月

目　录

第 1 章

三维城市建筑漫游动画

教学目标

通过学习，掌握三维城市建筑漫游动画的基本概念，了解三维城市建筑漫游动画的发展历程及运用领域方面的知识，掌握三维城市建筑漫游动画设计制作的基本工作流程方面的知识和应该注意的问题，为今后项目设计制作提供实践经验。

教学要求

知识目标	能力目标	素质目标	权重	自测分数
了解三维城市建筑漫游动画的发展与运用方面的知识	掌握三维城市建筑漫游动画的基本概念	了解三维动画的发展运用历史	25%	
了解三维城市建筑漫游动画的设计与制作流程方面的知识	掌握三维城市建筑漫游动画文案策划的能力	了解有关设计项目招标和投标方面的知识	40%	
了解脚本和分镜头方面的知识	掌握三维城市建筑漫游动画脚本编写和分镜头绘制方面的能力	了解有关电影编剧和拍时前分镜头制作方面的知识	35%	

1.1 三维城市建筑漫游动画的发展与运用

三维城市建筑漫游动画又称建筑漫游动画，从20世纪80年代法国的春天建筑公司(Sping Architects)制作蓬皮杜艺术中心实验短片开始，到现在已经走过了二十多年的探索历程。三维城市建筑漫游动画是建筑设计师在承接项目的过程中，运用虚拟的数码制作技术，结合影视艺术的表现手法，根据建筑设计师设计的图纸，将建筑规划的蓝图、建筑的设计风格、建筑与环境的关系等未建成的项目进行提前演绎和展现的动画影片。一直以来，建筑设计师都想将未来设计项目立体化展现给建筑的使用者，让建筑使用者能直观地看到未来设计项目的真实情况。从原始的手绘效果图表现，到电脑效果图表现，从早期简单的镜头预览动画，发展到现在能运用影视表现手法，通过电脑数字技术的制作手段制作的三维城市建筑漫游动画，形成艺术与技术高度结合的数字艺术创作产业。

当前，三维城市建筑漫游动画已经拓展到三维城市地图制作领域、建筑设计演示领域、互动虚拟现实领域、航空航天模拟领域和古建筑复原演示领域。三维城市建筑漫游动画的产生和发展满足了建筑设计师向建筑使用者展现设计方案，张扬设计个性，展示设计水平，承接设计项目，将抽象的平面设计方案立体化，具体化展现的需要，实现了建筑设计师直观展示方案的梦想。

中国三维城市建筑漫游动画创作从2008年北京奥运会场馆的建设开始快速发展，使原来只供少数专业人士和建筑使用方相关人士进行观看和交流的三维城市建筑漫游动画，逐渐变成供全国人民了解奥运会筹备、建设和主办情况的大众传播资讯。以“城市，让生活更美好”为主题的2010年上海世博会，则为三维城市建筑漫游动画的创新与发展起到了推波助澜的作用。由于世博会在主办形式上进行了创新，全面引入互联网的传播方式，运用交付设计和多媒体技术等手段，创作出网上世博会的漫游动画，开启了网上看世博的历史，也使三维城市建筑漫游动画的创作、运用和传播迈入一个新天地，并由此影响人们了解世界的方式。

1.2 三维城市建筑漫游动画的设计与制作流程

三维城市建筑漫游动画的设计与制作流程如图1.1所示。

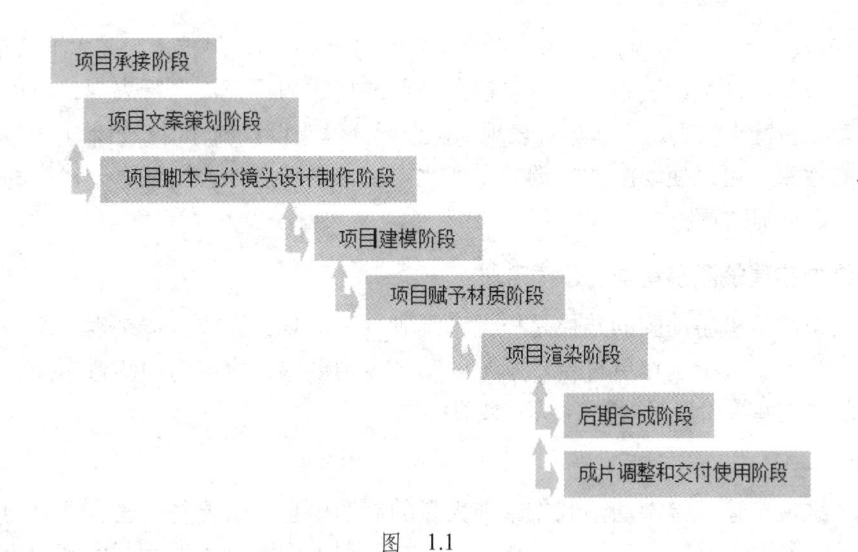

图　1.1

1. 三维城市建筑漫游动画项目的承接

三维城市建筑漫游动画项目的承接是动画设计师赖以生存和发展的重要环节，通常承接三维城市建筑漫游动画设计制作项目要同规划设计部门、建筑设计公司、环境艺术设计公司、园林规划设计公司等客户建立良好的合作关系，形成快捷和服务到位的沟通交流机制和利益互动机制，才能确保承接项目的可能性、稳定性和持续性。一个项目的承接牵涉到的东西很多，有人为的主观因素，也有环境变化的客观因素，但最主要的还是能为客户提供高水平艺术与技术结合的创意，以及能够将创意实现的优秀三维动画服务团队。因此，作为一名动画设计师和一个动画创意团队，能够为客户提供最好解决方案，是我们要经常练习的能力。

2. 三维城市建筑漫游动画的文案策划

作为三维城市建筑漫游动画的设计师，在承接到项目后，首先面对的就是文案策划工作。此阶段动画设计师（导演）要多与建筑师、景观师、建筑使用者进行沟通交流，了解他们的需求。在文案策划中要做到如实展示建筑设计师的设计思想、意图。文案策划要能清楚陈述动画设计制作项目的表现形式和风格，项目的主题和内容，在动画中用何种艺术形式去表现项目的地理环境状况、道路交通体系、建筑设计风格、建筑空间布置格局、建筑空间运用、项目的时间长度、项目的音乐对白设计、项目特效的设计制作及成片合成效果等内容。

3. 三维城市建筑漫游动画脚本与分镜头设计制作

三维城市建筑漫游动画的文案确定后就进入动画脚本和分镜头制作阶段。动画脚本是动画影片制作的根本，分镜头的制作是以动画脚本为依据进行。在设计动画脚本阶段要注意确定三维城市建筑漫游动画表现内容和风格，只有确定好内容和表现风格后，才能设计出与表现内容和风格匹配的分镜头。

分镜头是构成影片结构的最基本单位，分镜头的设计制作主要是为影片的整体表现提供素材。分镜头的运用包括内容、形式、节奏等要素。分镜头的运用技术与艺术形式丰富多彩。例如要表现建筑与环境的关系时，可以选择广角的鸟瞰俯视镜头进行表现，也可以运用推拉摇移或者旋转镜头的表现手法进行表现。在进行分镜头设计制作时，如果配上生长特效、粒子特效的效果，可以使动画的视觉效果变化丰富、生动有趣。要注意分镜头的设计制作必须反映出设计师的意图。

4. 三维城市建筑漫游动画的建模阶段

三维城市建筑漫游动画的建模是根据动画脚本的规划，完成分镜头表现所需要的模型制作过程。为了使模型制作更符合动画师的动画表现要求，应该为团队合作提供一套标准的合作规范，在建模阶段时要注意以下事项：

1) 导入CAD

通常三维城市建筑漫游动画制作牵涉大量的制图信息，需要将一些有需要的制图信息导入到 3ds Max 中，在导入 3ds Max 前，可以在 CAD 中删除一些不用的制图内容，保留一些对建模有用的制图信息。同时根据建模的需要在 3ds Max 中进行单位的设置。通常室外建模单位设置为 m，室内建模的系统单位设置为 mm。

2) 模型的优化处理

三维城市建筑漫游动画的建模信息量大，占用计算机内存空间多，直接影响到计算机运行的速度，因此在建模阶段注意对建模进行优化处理。在遇到柱子建模时，要尽量避免设置太多的模型段数，在制作阳台、墙面、窗子框时要尽量做到面数的简化；在遇到大量相同内容的模型时，要尽量将它们塌陷成一个物体；在镜头设置的时候，如果一些不在镜头表现范围的体面要尽量删除。建模阶段通过这些优化处理方式可以节约大量的内存空间，确保动画制作过程中计算机快速的运转。

5. 三维城市建筑漫游动画的赋予材质阶段

在模型赋予材质阶段，要求对每个模型进行准确贴图，但不要进行高光、反射、折射及高光范围属性的调整，这样可以节省大量的内存空间，方便 V-Ray 的渲染设置阶段统一对材质的质感调节。在此阶段，还要重视材质的命名管理，要求必须用英文或拼音字符命名，做到命名规范有序，便于查找，也为项目进入渲染解决路径和文件识别问题。项目的命名通常按照“项目制作人＋项目名称＋模型型号＋物体名号”方式。

6. 三维城市建筑漫游动画的渲染阶段

建模型和赋予材质阶段的任务完后，要注意检查模型有没有发生重合、透面、露缝等问题，若无问题则进行整体模型的组合。在此阶段要注意比例和尺寸关系。整体模型做好后，就可以进入项目的渲染阶段了。当前，三维渲染的渲染器插件很多，有 3ds Max 自带的 mental-ray 渲染器、finalRender 渲染器、Brazil r/s 渲染器和 V-Ray 渲染器等。本书建议运用 V-Ray 的渲染器进行渲染。V-Ray 渲染器是目前市面上广泛流行的一款渲染器，是由 Chaos Group 公司开发的，主要外挂于 3ds Max 平台。

渲染是三维城市建筑漫游动画表现逼真效果的关键阶段，在此阶段还要通过打灯光来表现项目的光照效果，如何做到既能表现照片级的逼真渲染效果，还能保证渲染的速度，是考验渲染师能力的重要方式，渲染质量的好坏是三维城市建筑漫游动画打动客户的重要依据。

7. 三维城市建筑漫游动画的后期合成阶段

随着人们对三维城市建筑漫游动画影视艺术语言的表达评判要求的不断提高，传统的建筑漫游动画表达方式已经不能完全满足建筑使用者的审美体验，新的动画项目制作挑战不断增加，要求动画设计师在如实表达项目设计信息的同时，要做到镜头表现有重点和虚实，声、画、音并茂，营造强烈的艺术冲击力、感染力和说服力，探索新的建筑漫游动画表现形式和风格，因为新形式、新风格已成为建筑设计师和建筑使用者的一种内在的审美需求。

动画设计师可以对动画的镜头语言运用、灯光材质的渲染表现、项目时空的转换、特效的制作、影片对白设计、音乐的运用、音效制作等影视艺术语言的运用进行综合考虑，大胆探索，根据项目的需要进行后期效果的设计制作，形成影片视觉冲击力强、特效出神入化的效果。后期合成制作阶段是三维城市建筑漫游动画项目制作的最后工作流程，后期制作可以调整和弥补前期建模阶段的一些不足，使动画影片效果和品位更上一层楼。

8. 三维城市建筑漫游动画的成片调整和交付使用阶段

当完成了影片的后期合成后，可以输出初片请客户观看，请客户提出一些修改的意见和建议，便于动画制作方及时修改和调整，直到双方对影片无异议后，就可以正式输出成片，提供给客户方。至此，项目正式完成。

本章小结

本章介绍了三维城市建筑漫游动画的基本概念，阐释了三维城市建筑漫游动画产生、发展和运用领域方面的基本知识，特别介绍了三维城市建筑漫游动画近几年在中国发展的状况和应用成果。通过三维城市建筑漫游动画的设计与制作流程方面的知识讲述，全面了解三维城市建筑漫游动画的制作流程中牵涉的相关知识和技能。提醒动画设计制作者在项目制作中要注意的事项和避免出现的问题。

习　题

1. 选择题

(1) 三维城市建筑漫游动画又称（　　）。

A. 三维城市地图制作　　B. 建筑漫游动画

C. 虚拟漫游动画　　D. 互动媒体动画

(2) 从20世纪80年代法国的春天建筑公司(Sping Architects) 制作(　　)实验短片开始，到现在已经走过了二十多年的探索历程。

A. 蓬皮杜艺术中心　　B. 卢浮宫　　C. 左岸艺术馆　　D. 国家大剧院

(3) 三维城市建筑漫游动画运用在（　　）等领域。

A. 三维城市地图制作领域　　B. 建筑设计演示领域

C. 互动虚拟现实领域　　D. 古建筑复原演示领域

(4) 三维城市建筑漫游动画的设计与制作流程中的文案策划包括哪几个内容？（　　）

A. 项目的主题和内容　　B. 项目的表现风格

C. 项目的时间长度和项目的音乐对白设计

D. 项目特效的设计制作及成片合成效果

(5) 3ds Max 自带的渲染器有（　　）。

A. mental-Ray 渲染器　　B.finalRender 渲染器

C.Brazil r/s 渲染器　　D. V-Ray 渲染器

2. 简答题

(1) 请简述三维城市建筑漫游动画的概念。

(2) 请简述三维城市建筑漫游动画的设计制作工作流程。

第 2 章

小榄创意产业园动画片头的制作

教学目标

通过学习，掌握片头中菊花和蝴蝶的多边形建模的方法和步骤，并掌握动画骨骼绑定领域的知识和实用技能，同时进一步掌握运用 3ds Max 知识和 PS 知识进行水墨风格动画效果设计制作的方法、步骤和操作技能。

教学要求

知识目标	能力目标	素质目标	权重	自测分数
了解多边形建模方面的知识	掌握运用多边形建模工具进行菊花、蝴蝶建模的方法和步骤	通过训练提高学生三维建模的造型能力和审美能力	25%	
了解三维动画中骨骼绑定方面的知识和制作流程方面的知识及有关人体骨骼运动规律方面的知识	掌握三维动画中骨骼绑定方面的操作技能	通过训练提高学生运动美学方面的素养	40%	
了解中国水墨动画发展和运用方面的知识	掌握运用 3ds Max 工具和 PS 工具进行水墨风格动画效果设计制作的技能	通过训练提高学生对中国传统文化的继承和创新的认识	35%	

2.1 菊花模型制作

菊花模型制作的具体步骤如下：

(1) 打开 3ds Max 软件。设置视口布局模式，方便制作，选择菜单【视图】/【视口配置】命令，弹出的视口配置，在【布局】选项栏中，选择分上下视图的布局，如图 2.1.1 所示设置，单击“确定”按钮结束设置。

(2) 统一场景单位，选择菜单【自定义】/【单位设置】命令，弹出“单位设置”对话框，把显示单位比例设置成“米”，如图 2.1.2 所示。

(3) 选择菜单【渲染】/【渲染设置 F10】命令，将【输出大小】设置为 1024×576，如图 2.1.3 所示设置，单击“确定”按钮结束设置。

(4) 将鼠标移动到视图窗口右上角，单击右键，在弹出的选项中，打开【显示安全框】，如图 2.1.4 所示。

(5) 接下来根据图 2.1.5 至图 2.1.7 分析分镜头，在 3ds Max 软件里面制作需要的场景模型。

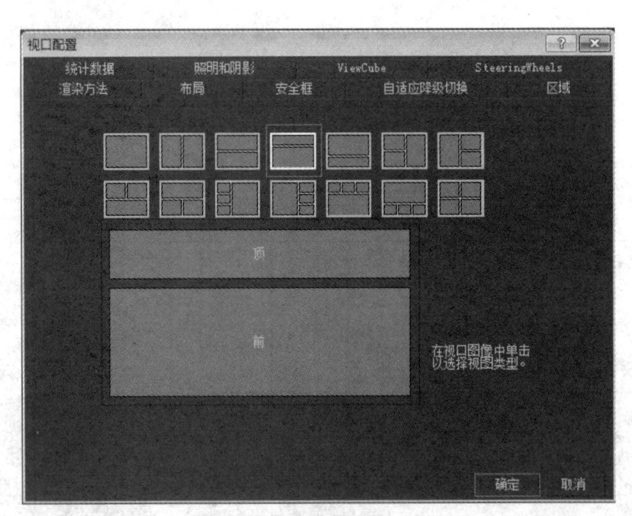

图 2.1.1

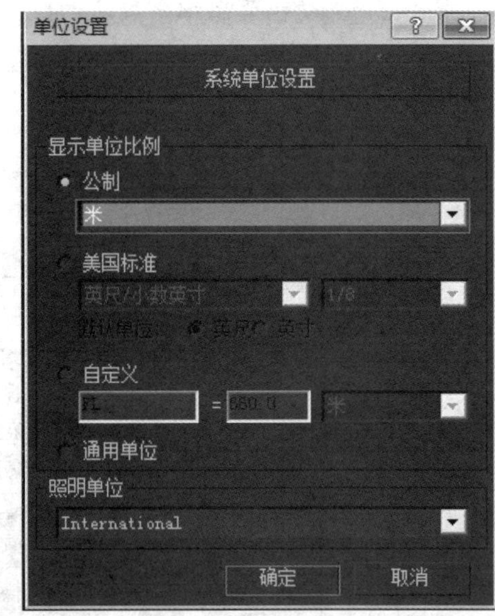

图 2.1.2

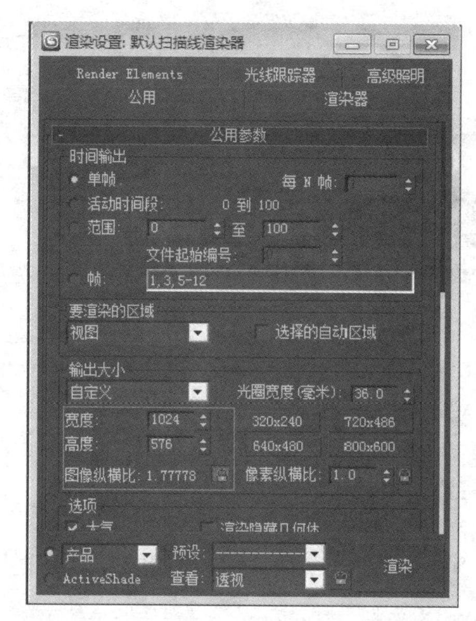

图　2.1.3

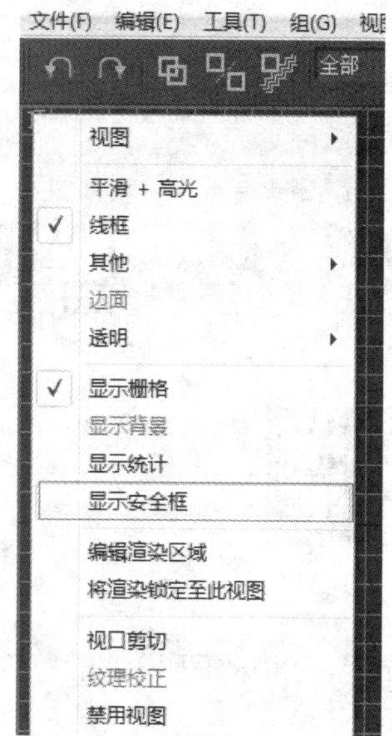

图　2.1.4

图　2.1.5

图　2.1.6

版权所有 未经许可 不得盗用

图 2.1.7

(6) 分析完毕，开始菊花模型的建模。我们先观察菊花的结构，参考图 2.1.8 和图 2.1.9，分析菊花结构。

图 2.1.8

图 2.1.9

(7) 可以将菊花拆分为这 4 个部分，如图 2.1.10 所示，通过阵列复制等方式，达到最后的效果。

(8) 首先创建一个平面，在命令面板中选择【标准基本体】/【平面】，在视图中按住鼠标左键拉出一个平面，释放左键确定。把【长度分段】和【宽度分段】都设置为 4，如图 2.1.11 所示。

(9) 在修改命令面板下的修改器列表中，为平面添加【FFD4×4×4】修改器，如图 2.1.12 所示。

(10) 单击修改器前面的⊞按钮，进入【控制点】编辑模式，在顶视图调节菊花瓣的外轮廓，按照菊花瓣的造型来拖动控制点以达到需要的效果，如图 2.1.13 所示。

(11) 返回透视图，选择中间的 2 排控制点，向下移动，达到弯曲的效果，如图 2.1.14 所示。通过其他视图调节控制点，完成菊花瓣的弯曲造型，如图 2.1.15 所示。

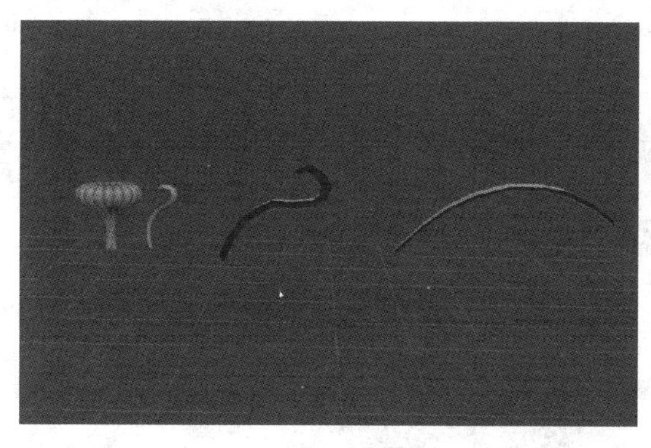

图　2.1.10

图　2.1.11

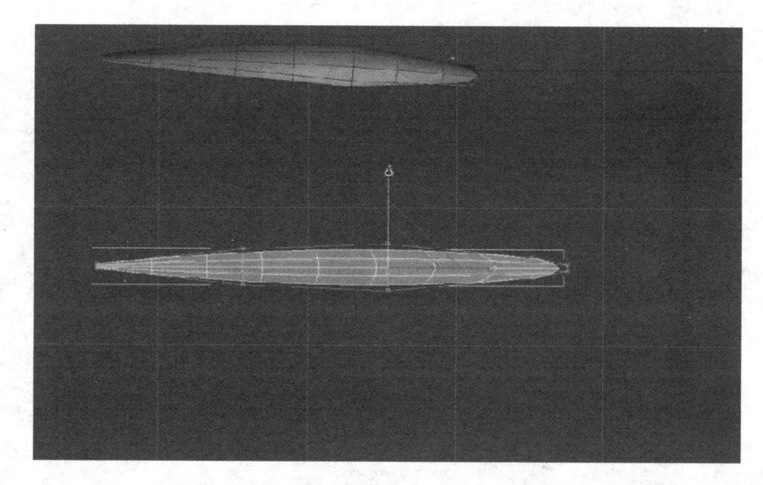

自由形式变形
FFD 2x2x2
FFD 3x3x3
FFD 4x4x4
FFD(长方体)
FFD(圆柱体)

图　2.1.12

图　2.1.13

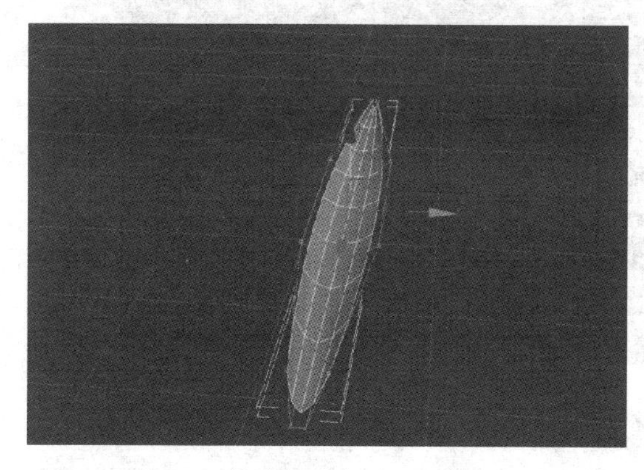

图　2.1.14

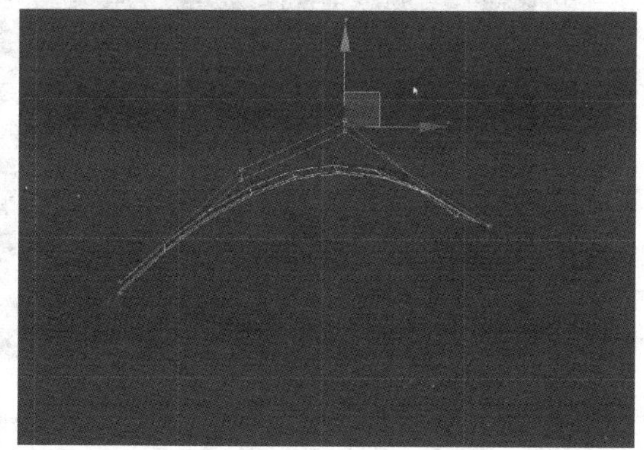

图　2.1.15

(12) 调节造型后，在修改命令面板里面对 FFD4×4×4 命令执行【塌陷】命令，塌陷命令有助于减缓系统资源问题，但是塌陷后的模型会清除历史记录，不能再调整修改器的命令，如图 2.1.16 所示。

(13) 在修改命令面板下的修改器列表中添加【网格平滑】修改器，方便我们测试最后花瓣效果，如图 2.1.17 所示。

(14) 塌陷后的模型自动转换为“可编辑的多边形”，进入【点】编辑模式，拖动顶点调节菊花瓣尾部的造型，如图 2.1.18 所示。

(15) 用同样的制作办法对花蕾和其他花瓣进行建模，如图 2.1.19 所示。

图 2.1.17

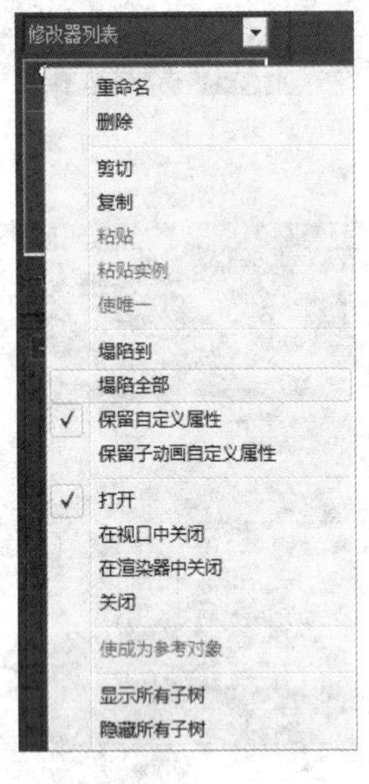

图 2.1.16

图 2.1.18

图 2.1.19

(16) 下面开始进行阵列复制，在命令面板中选择【层次】/【轴】/【仅影响轴】，这时候在窗口中会出现一个新的坐标，这个就是模型的轴坐标，如图 2.1.20 所示。把轴坐标对齐到花瓣的根部，这样通过轴中心旋转就复制出其他具有相同轴中心的花瓣，如图 2.1.21 所示。

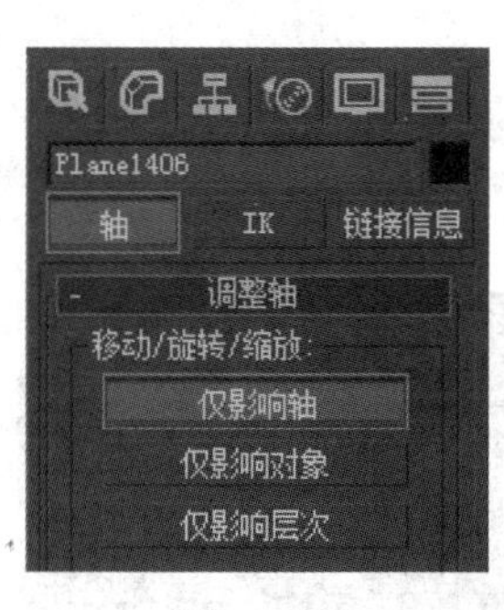

图　2.1.20

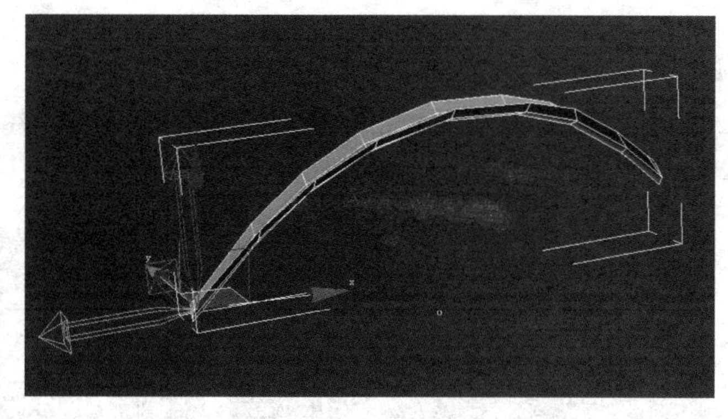

图　2.1.21

(17) 使用工具栏中的按钮，如图 2.1.22 所示设置。单击“确定”按钮结束设置。把它的轴坐标中心吸附到花蕾的中心，使花瓣能以花蕾中心旋转复制，完成效果如图 2.1.23 所示。

(18) 按住【Shift】键旋转一定角度后，松开鼠标左键弹出“克隆”对话框，将副本数设置为 12，如图 2.1.24 所示。完成效果如图 2.1.25 所示。

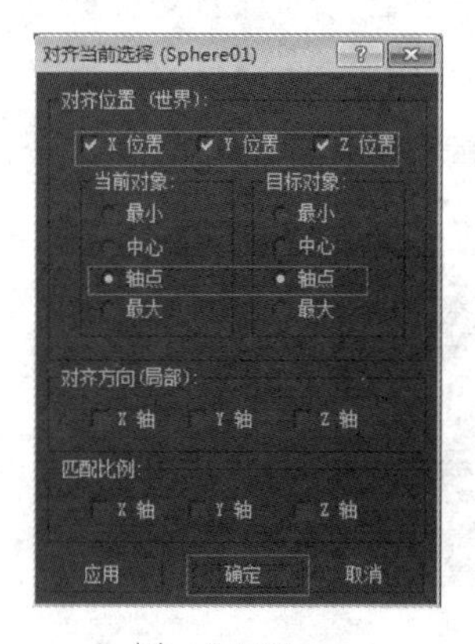

图　2.1.22

图　2.1.23

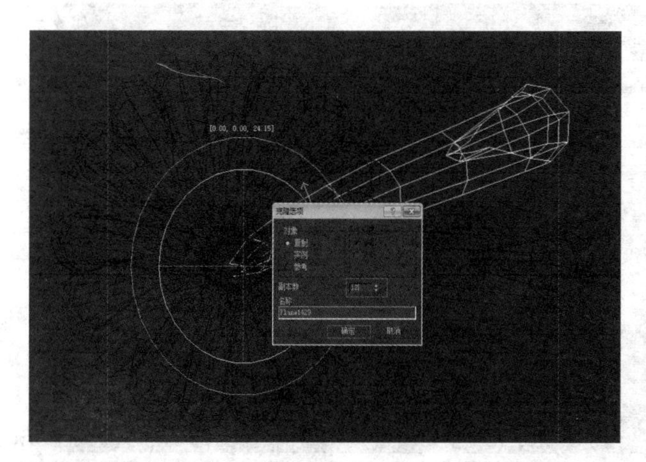

图　2.1.24

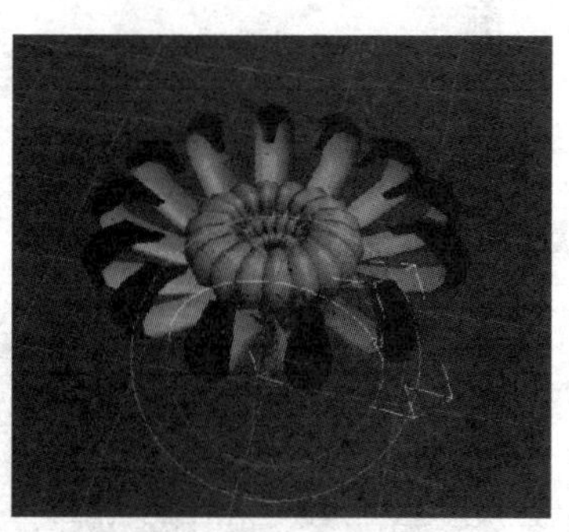

图　2.1.25

(19) 用同样的办法复制制作其他菊花瓣，然后调整它们的位置、大小和方向，使菊花瓣有种自然感，如图 2.1.26 所示。

(20) 同时通过添加【FFD4×4×4】修改命令，调节花瓣的造型，使菊花瓣自然不死板，如图 2.1.27 所示。

图　2.1.26

图　2.1.27

(21) 最后完成我们的菊花模型，如图 2.1.28 所示。保存文件。

(22) 建模菊花主干。新建一个场景，选择前视图，首先我们先创建一个平面，在命令面板中选择【标准基本体】/【平面】，在视图中按住鼠标左键拉出一个平面，释放左键确定。把【长度分段】和【宽度分段】都设置为 1，如图 2.1.29 所示。

图　2.1.28

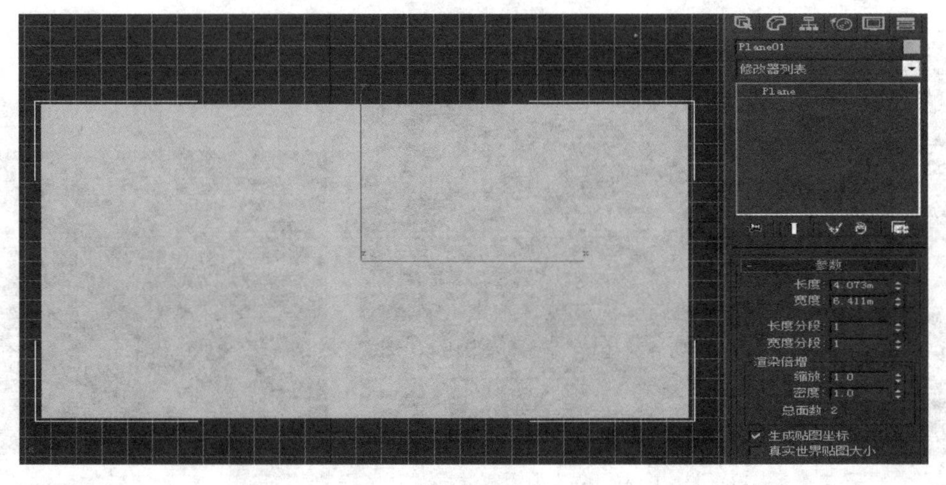

图　2.1.29

(23) 打开【材质编辑器 (M) 】为平面选择一个空白材质编辑球。编辑材质编辑球，在漫反射参数中，单击后面的小方块，如图 2.1.30 所示。在弹出的菜单中，选择添加一个【位图】命令，选择位图图像参考文件。

(24) 在修改命令面板下的修改器列表中，为平面添加【uvw 贴图】修改器。在修改面板中选择【位图适配】，如 2.1.31 所示设置，弹出的【选择图像】，选择参考图片，完成参考图的设置。

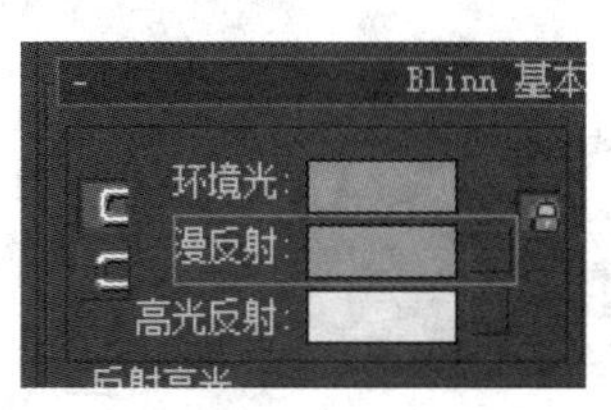

图　2.1.30

图　2.1.31

(25) 为防止制作过程对参考图的误操作，在层次命令面板中选择【链接信息】，勾选【移动】和【旋转】中【X】轴、【Y】轴和【Z】轴，锁定移动和旋转，如图 2.1.32 所示。

(26) 根据参考图，绘制主干，在创建命令面板中选择【图形】/【线】，创建主干线段，如图 2.1.33 所示。

图　2.1.32

图　2.1.33

(27) 在修改命令面板中选择“渲染”命令，勾选【在渲染中启用】和【在视口中启用】。调节【厚度】为“2.997cm”，【边】为3，如图2.1.34所示设置，单击“确定”按钮结束设置。得到如图2.1.35所示的效果。

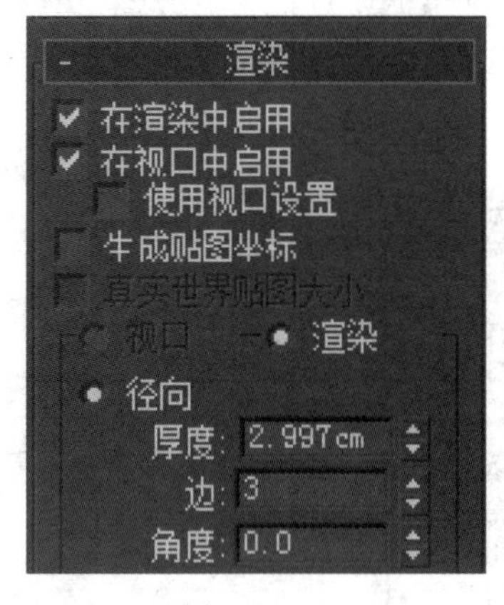

图 2.1.34

图 2.1.35

(28) 合并刚刚制作完成的菊花模型，选择菜单【文件】/【合并】命令。选择菊花模型，如图2.1.36所示。

图 2.1.36

(29) 导入模型后，按照参考图片摆放好位置，如图2.1.37所示。

(30) 创建一个平面，在命令面板中选择【标准基本体】/【平面】，在视图中按住鼠标左键拉出一个平面，释放左键确定。把长度分段和宽度分段都设置为“4”。为平面添加一张叶子贴图，在修改命令面板下的修改器列表里添加一个【FFD4×4×4】命令。调节控制点，使达到叶子的自然造型，如图 2.1.38 所示。

图　2.1.37

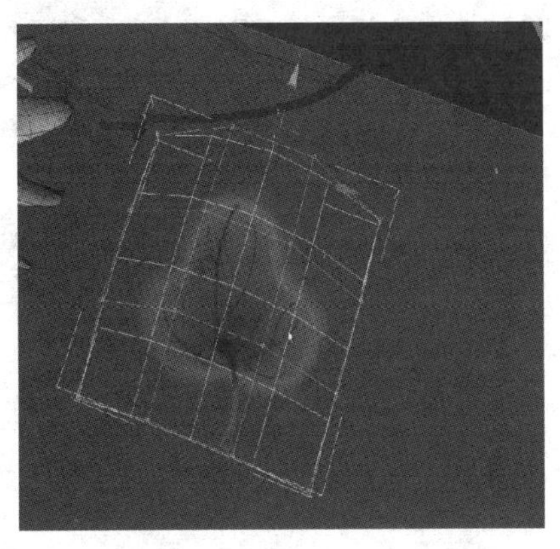

图　2.1.38

(31) 修改坐标轴，移动到叶子末端，方便后续工作的制作，如图 2.1.39 所示。

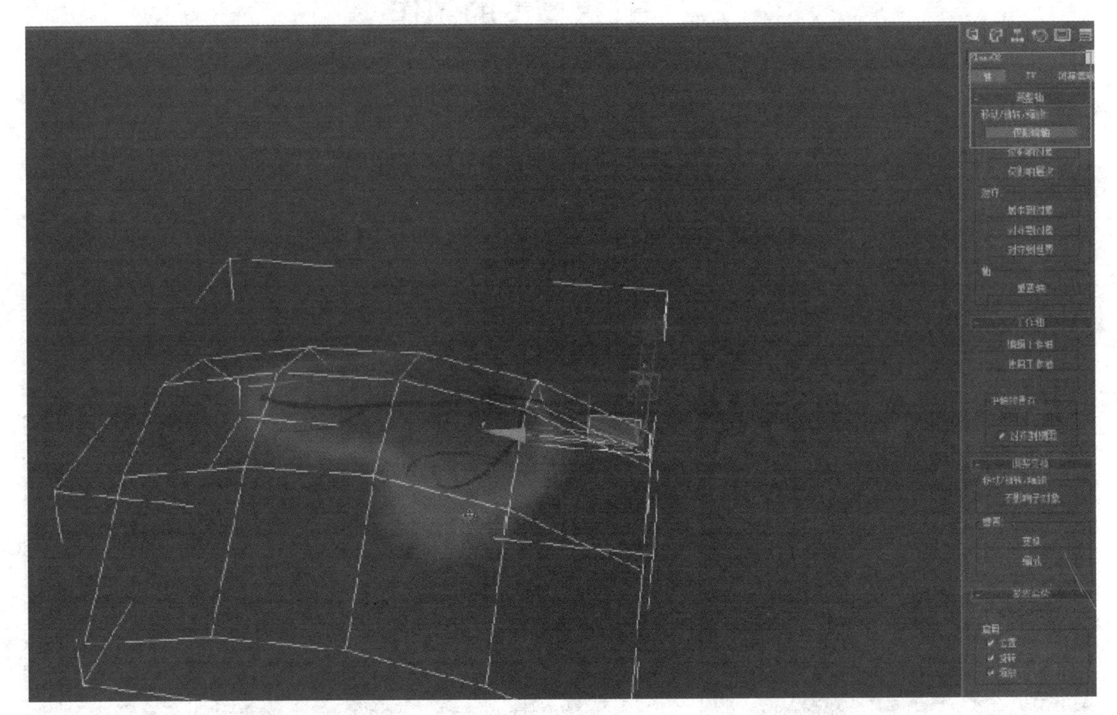

图　2.1.39

(32) 复制多份，按照参考图排列，如图 2.1.40 所示。

图 2.1.40

2.2 蝴蝶模型的制作

(1) 在创建命令面板里创建一个【平面】，给平面添加蝴蝶参考图材质，然后在修改命令面板里面【添加 UVW 贴图】命令，在位图适配里我们再次导入蝴蝶参考图，如图 2.2.1 所示。

(2) 创建蝴蝶模型。在顶视图创建一个分段数为 1×1 的【平面】，为了可以清晰地看到参考图，我们可以对平面做一个半透明的效果 (快捷键：Alt+X) ，如图 2.2.2 所示。

图 2.2.1

图 2.2.2

(3) 编辑模型的形状，进入【可编辑多边形】的【线】的编辑模式，用【连接】工具为模型添加 4 条分段线，如图 2.2.3、图 2.2.4 所示。

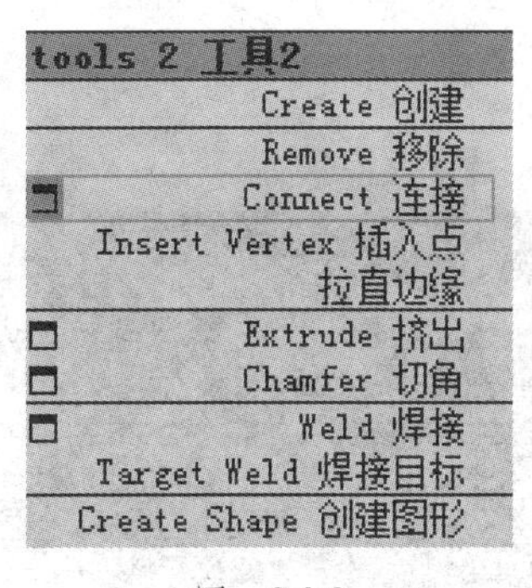

图　2.2.3

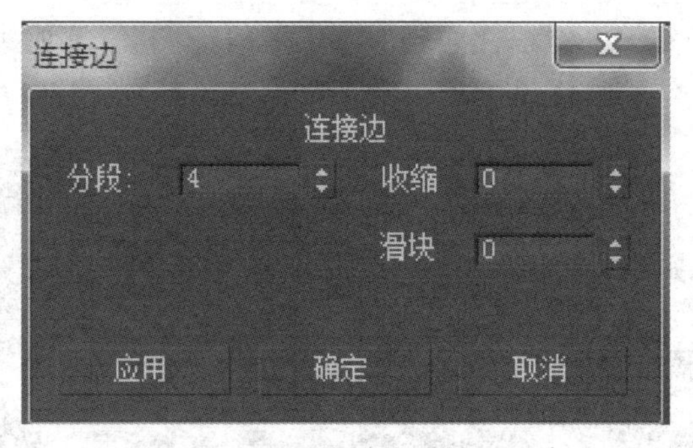

图　2.2.4

(4) 参考蝴蝶参考图，调节点，如图 2.2.5 所示。

(5) 继续添加分段线，编辑点到合适的位置，如图 2.2.6 所示。

图　2.2.5

图　2.2.6

(6) 用同样的办法创建蝴蝶翅膀，效果如图 2.2.7 所示。

(7) 创建蝴蝶身体模型，效果如图 2.2.8 所示。

图　2.2.7

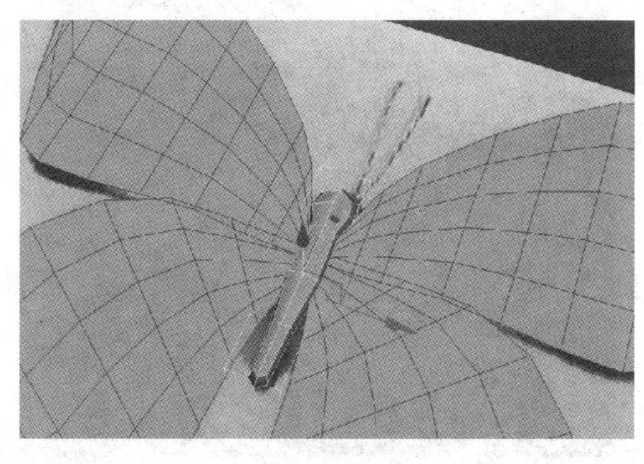

图　2.2.8

(8) 创建一个线段作为蝴蝶须，效果如图 2.2.9 所示。

(9) 最终完成蝴蝶模型，效果如图 2.2.10 所示。

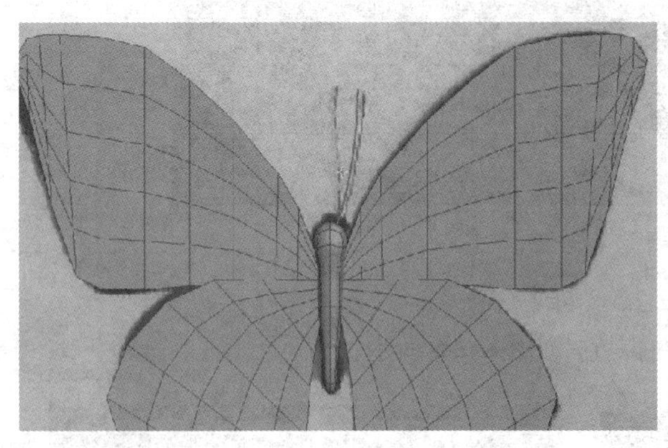
图 2.2.9

图 2.2.10

2.3 蝴蝶模型的绑定

绑定蝴蝶模型的具体操作步骤如下：

(1) 根据蝴蝶飞行的运动状态来为模型创建骨骼，如图 2.3.1 所示。

(2) 创建两条线段作为样条线 IK 解算时需要的载体，注意线与骨头的对位，如图 2.3.2 所示。

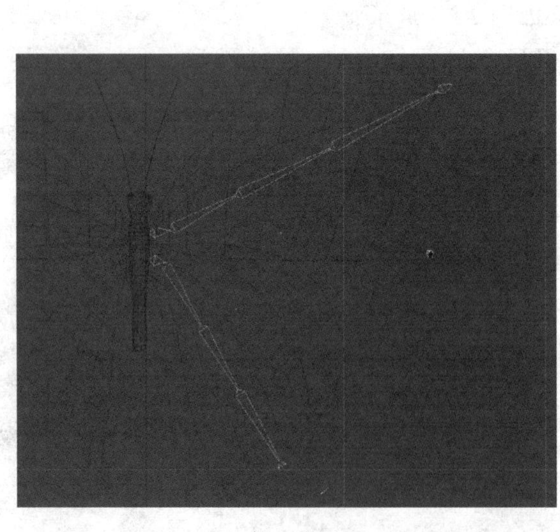
图 2.3.1

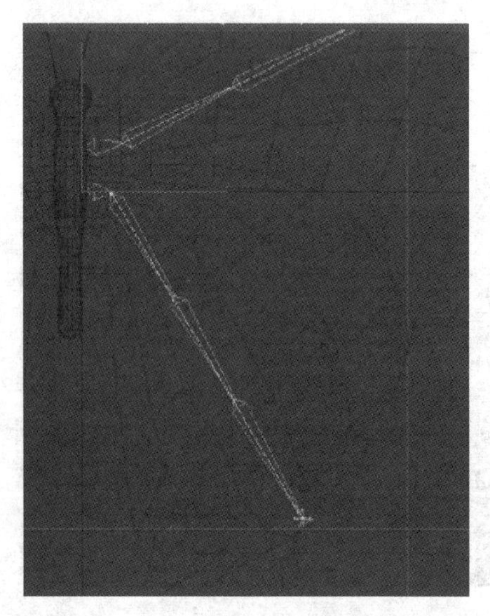
图 2.3.2

(3) 再创建 2 个圆形线段作为骨骼的控制器，如图 2.3.3 所示。

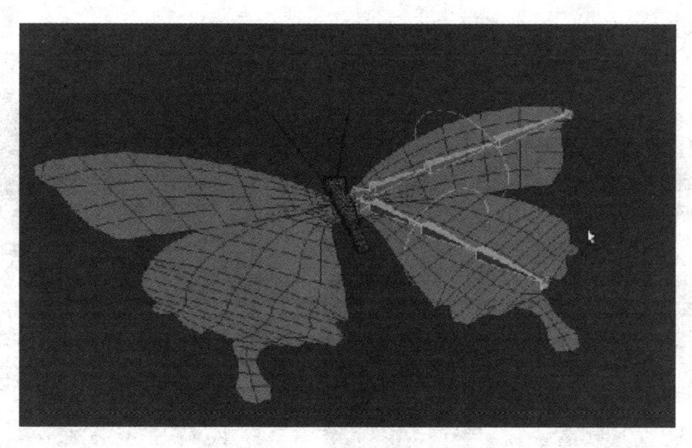

图　2.3.3

(4) 添加样条线 IK 解算。首先选择骨骼始端，然后单击工具栏上的【动画】/【IK 解算器】/【样条线 IK 解算器】，如图 2.4.4 所示。然后选择末端的骨骼，再选择线段，完成样条线 IK 解算器的创建。

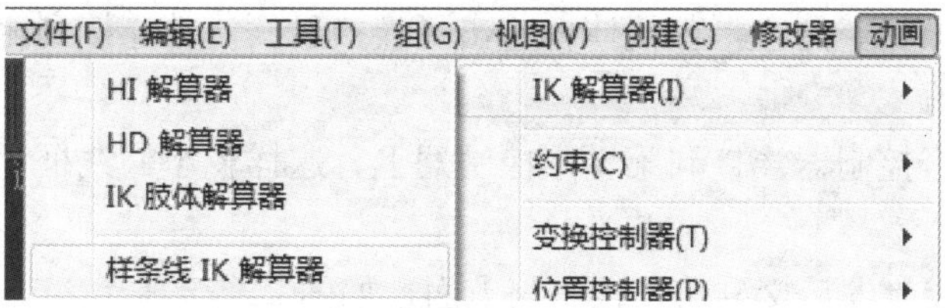

文件(F)　编辑(E)　工具(T)　组(G)　视图(V)　创建(C)　修改器　动画
HI 解算器
HD 解算器
IK 肢体解算器
样条线 IK 解算器
IK 解算器(I)
约束(C)
变换控制器(T)
位置控制器(P)

图　2.3.4

(5) 样条线IK解算完成时会出现十字的虚拟体，还有3个方盒子虚拟体，如图2.3.5所示。

(6) 为了更好地进行编辑，设置 3 个虚拟体的大小为 5.0cm，如图 2.3.6 所示。

图　2.3.5

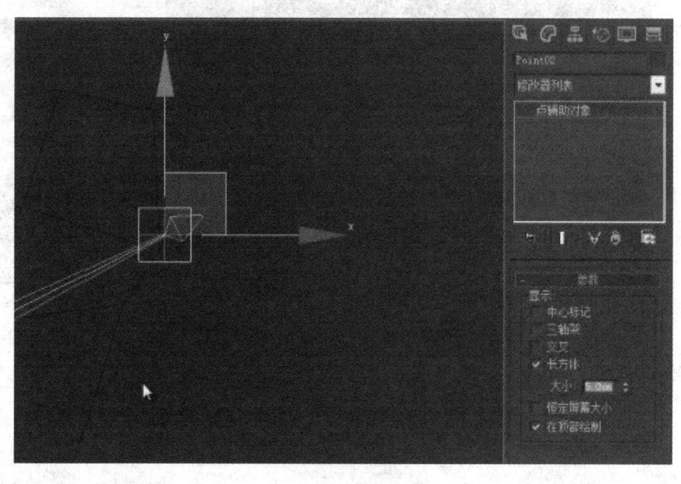

图　2.3.6

(7) 为了能让圆形线框控制骨骼运动，将虚拟体作为圆形线框的子物体，选择末端骨骼的方形虚拟体，单击工具栏上的【连接】，链接到到圆形线框上，如图 2.3.7 所示。

(8) 旋转圆形线框，测试连接是否成功，如图 2.3.8 所示。

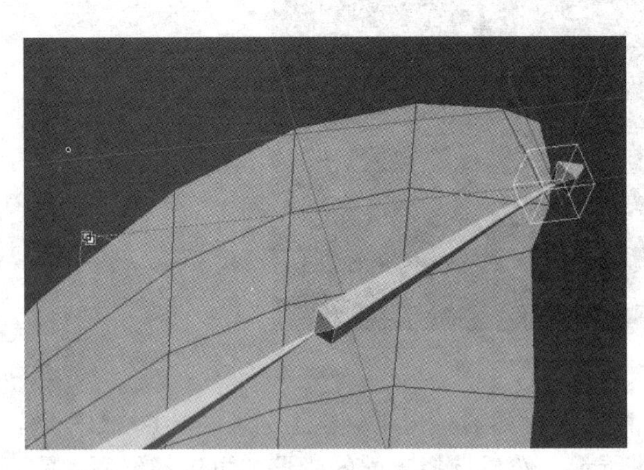

图 2.3.7

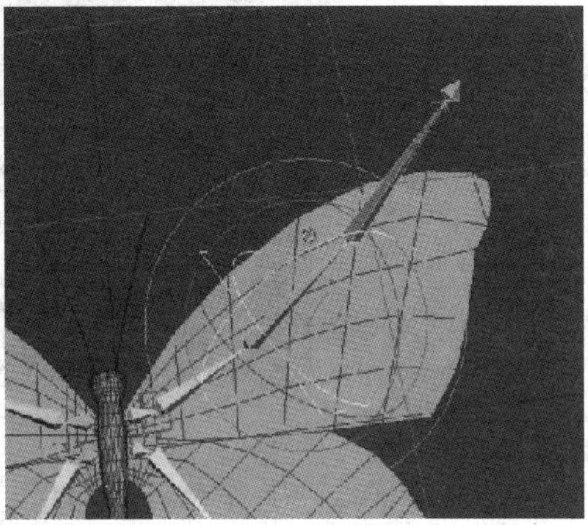

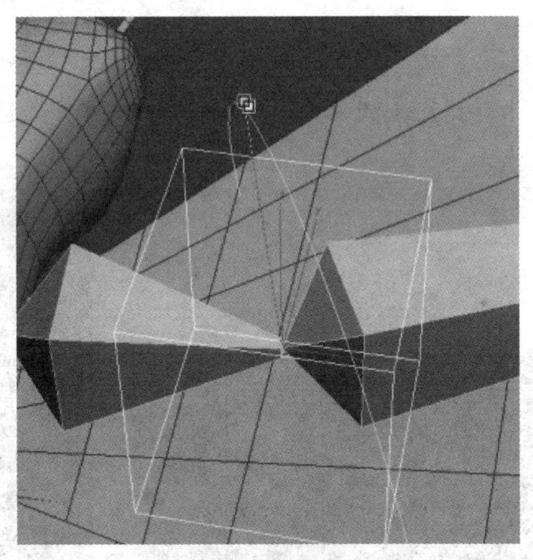

图 2.3.8

(9) 创建第 2 根骨骼的控制器线段，如图 2.3.9 所示。

(10) 选择第 2 根骨骼的方形虚拟体，单击【连接】，使其连接到相邻的圆形线框，如图 2.3.10 所示。

(11) 再把第一个控制器连接到第 2 个控制器上，这样较小的线框就能带动较大线框运动，如图 2.3.11 所示。

(12) 把第 2 个控制器连接到第 1 根骨骼上面，如图 2.3.12 所示。

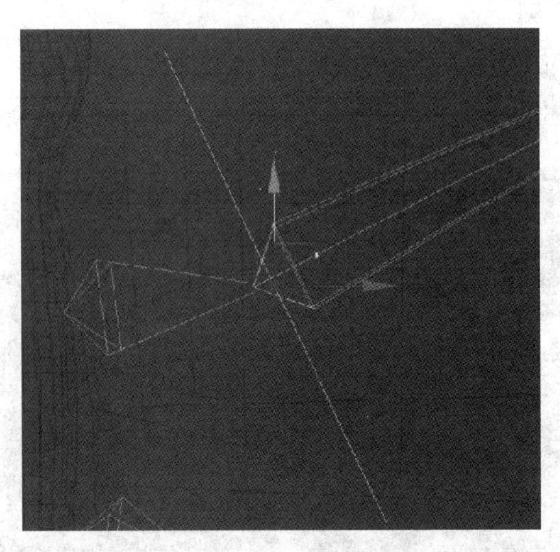

图 2.3.9

图 2.3.10

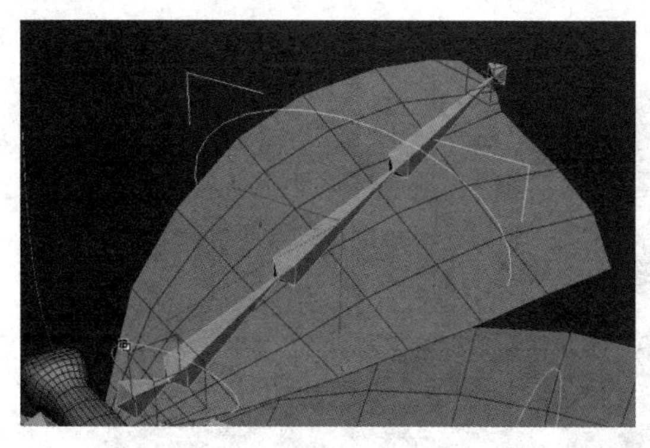
图　2.3.11

图　2.3.12

(13) 用同样的绑定方法对下面的翅膀进行绑定，如图 2.3.13 所示。

图　2.3.13

(14) 选择蝴蝶模型，在修改命令面板里添加【蒙皮】命令，添加对应的骨骼，如图 2.3.14 所示。

(15) 为了更好地进行蒙皮的测试，将冻结线框初始位置的变换，方便测试时可以快速归位。选择控制器，并按住【Shift】键，然后单击鼠标右键。出现一个对话框，如图 2.3.15 所示。这时选择【冻结变换】命令 (图 2.3.16) ，单击“确定”按钮完成冻结初始位置。

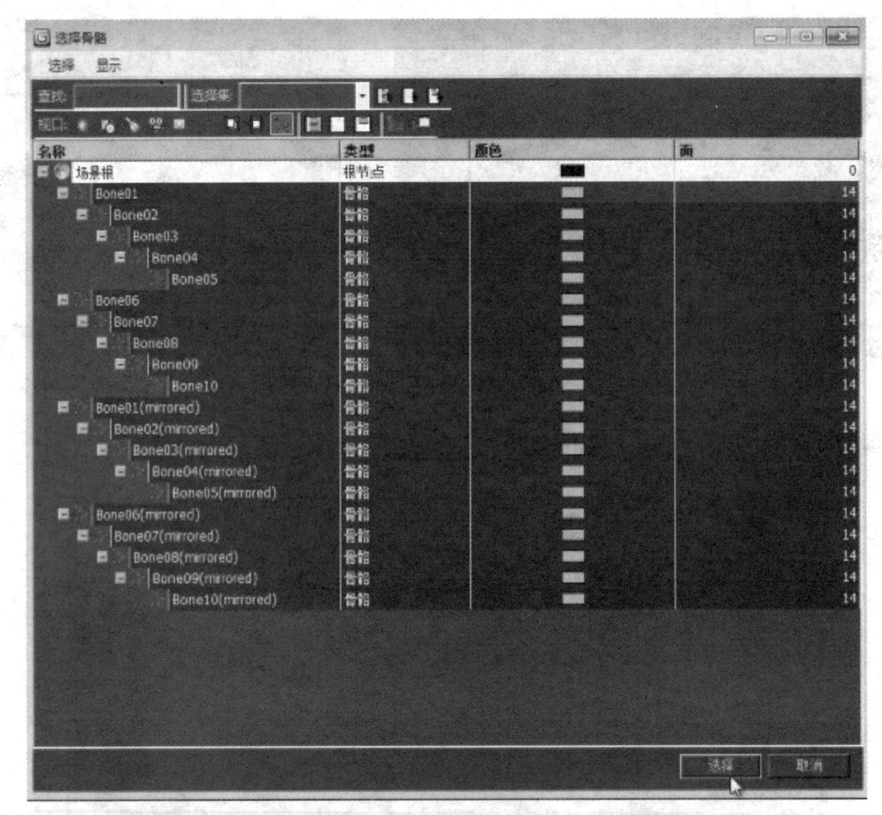
选择骨骼
选择 显示
查找:
选择集:
视口:
名称 类型 颜色 面
场景根 根节点 0
Bone01 骨骼 14
Bone02 骨骼 14
Bone03 骨骼 14
Bone04 骨骼 14
Bone05 骨骼 14
Bone06 骨骼 14
Bone07 骨骼 14
Bone08 骨骼 14
Bone09 骨骼 14
Bone10 骨骼 14
Bone01(mirrored) 骨骼 14
Bone02(mirrored) 骨骼 14
Bone03(mirrored) 骨骼 14
Bone04(mirrored) 骨骼 14
Bone05(mirrored) 骨骼 14
Bone06(mirrored) 骨骼 14
Bone07(mirrored) 骨骼 14
Bone08(mirrored) 骨骼 14
Bone09(mirrored) 骨骼 14
Bone10(mirrored) 骨骼 14
选择
取消

图 2.3.14

图 2.3.15

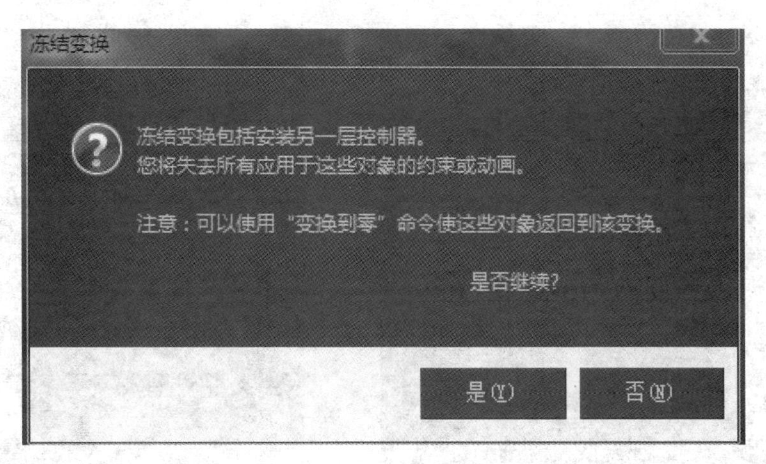

图　2.3.16

(16) 当我们测试蒙皮旋转线框的时候，我们想模型回归到原位。可以按住【Shift】键，然后单击鼠标右键，选择【变换到零】，如图 2.3.17 所示。这时线框回归回到初始位置。

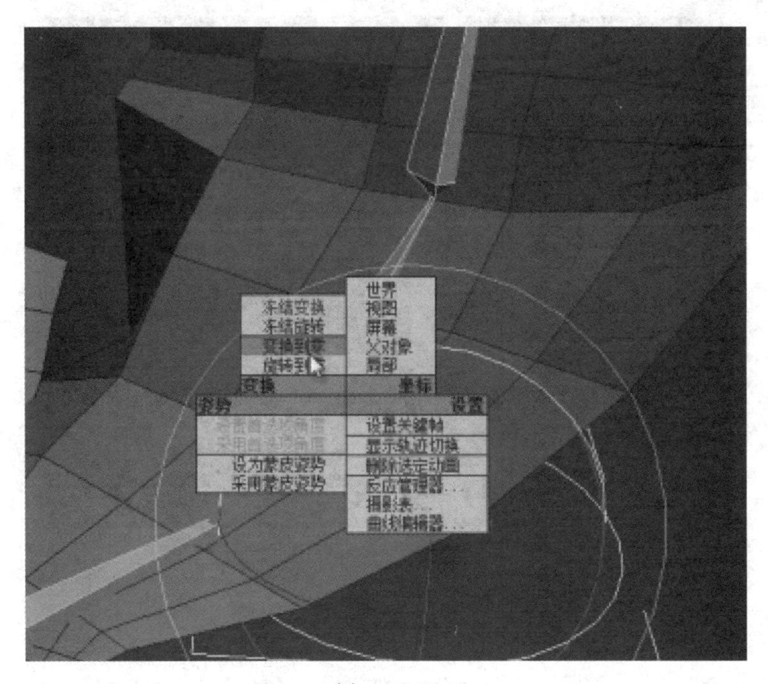

图　2.3.17

(17) 接下来调节蝴蝶模型的权重，如图 2.3.18 所示。

(18) 最终完成蝴蝶的蒙皮，如图 2.3.19 所示。

(19) 用上述方法把蝴蝶左右翅膀进行绑定，如图 2.3.20 所示。

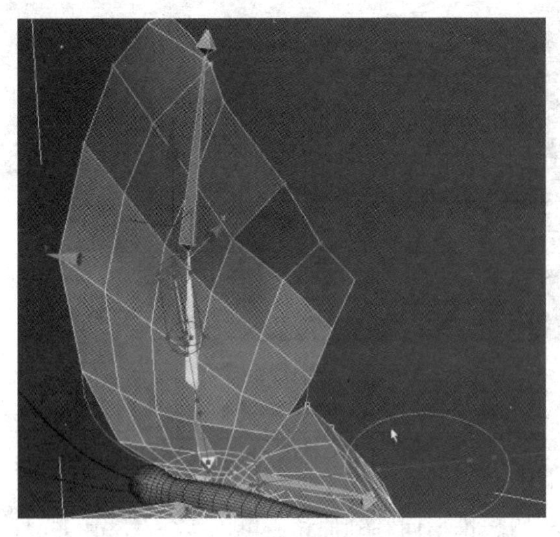

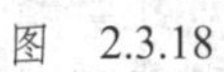

图　2.3.18

图　2.3.19

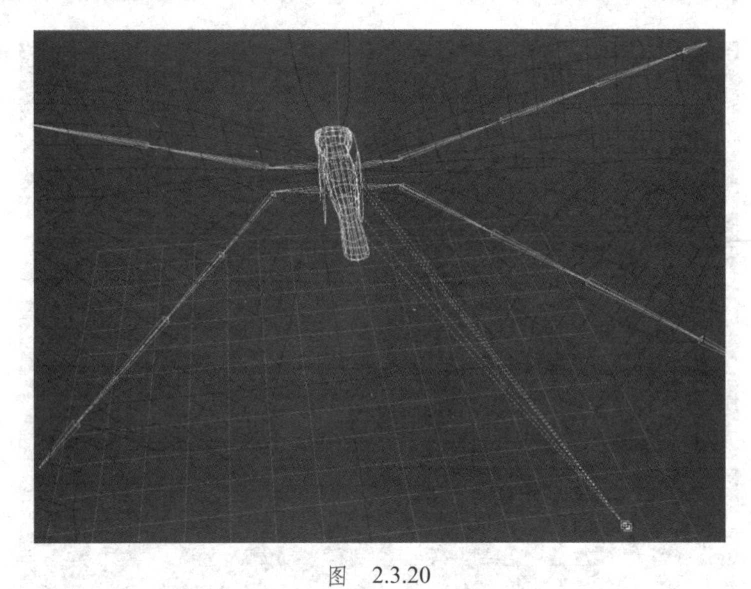

图　2.3.20

2.4　蝴蝶循环动画的设置

(1) 首先做设置动画前的准备。设置关键点过滤和时间配置，如图 2.4.1 所示。

图　2.4.1

(2) 打开关键点过滤器，勾选【位置】/【旋转】/【IK 参数】，如图 2.4.2 所示。

(3) 鼠标右键单击“播放动画”按钮，弹出时间配置，如图 2.4.3 所示。选择帧速率为【PAL】，如图 2.4.4 所示。

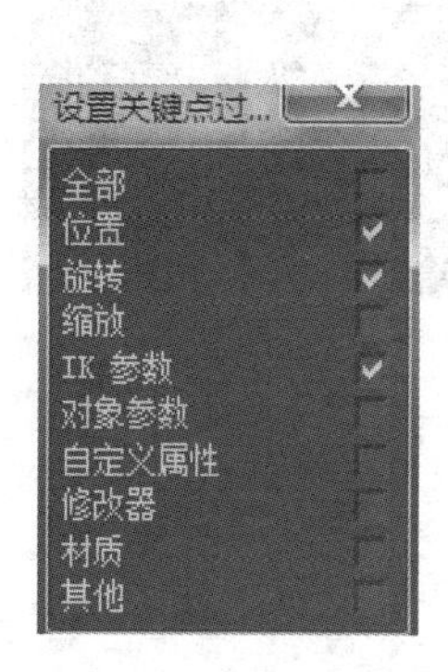

图　2.4.2

图　2.4.3

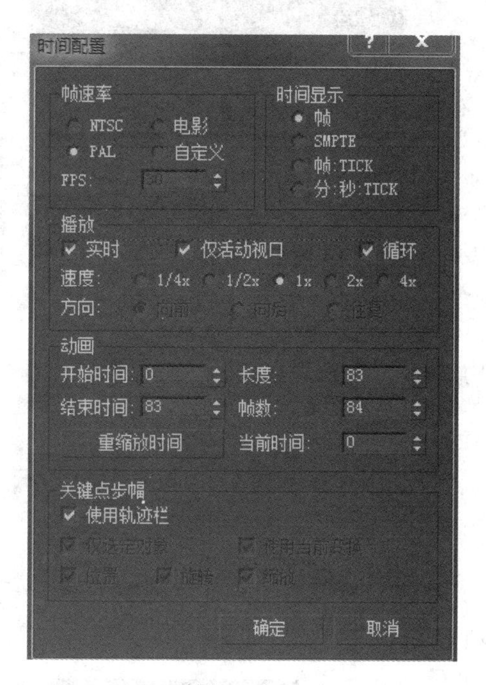

图　2.4.4

(4) 打开【自动关键点】，系统自动记录改动的关键点，如图 2.4.5 所示。

图　2.4.5

(5) 在第 1 帧我们设置第 1 个 pose，选择全部的控制器按钮，记录关键帧 (图 2.4.6)。

(6) 在第 5 个关键帧，设置第 2 个 pose(图 2.4.7)。

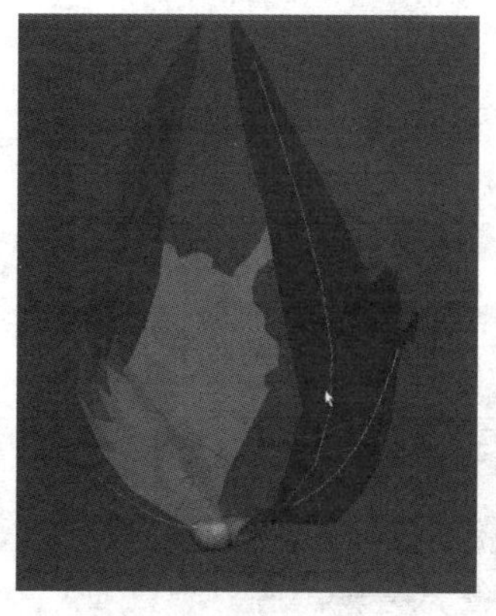

图　2.4.6

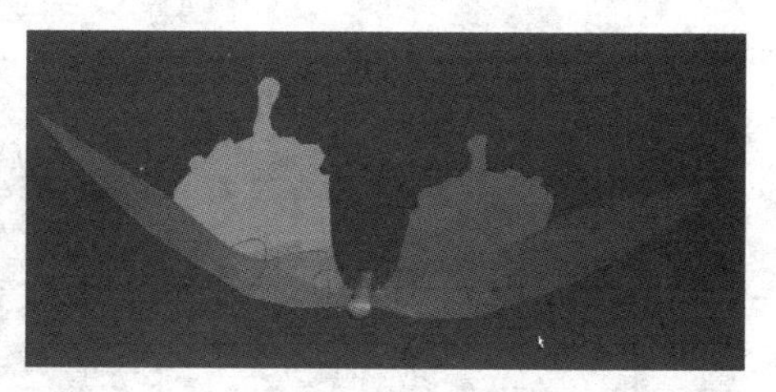

图　2.4.7

(7) 在第 3 个关键帧，设置第 3 个 pose(图 2.4.8)。

(8) 在第 7 个关键帧，设置第 4 个 pose(图 2.4.9)。

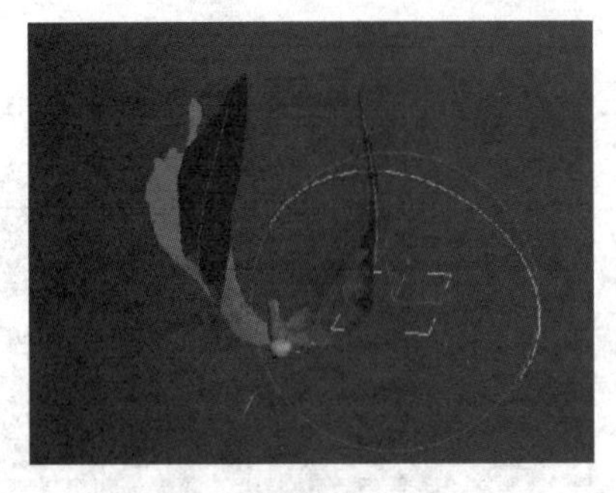

图 2.4.8

图 2.4.9

(9) 播放动画，观察动画，进行微调。

2.5 LOGO 动画的设置

(1) 创建 LOGO 模型。在前视图创建一个平面，为平面添加一个 LOGO 参考贴图，如图 2.5.1 所示。

图 2.5.1

(2) 在前视图用线描绘出 LOGO，如图 2.5.2、图 2.5.3 所示。

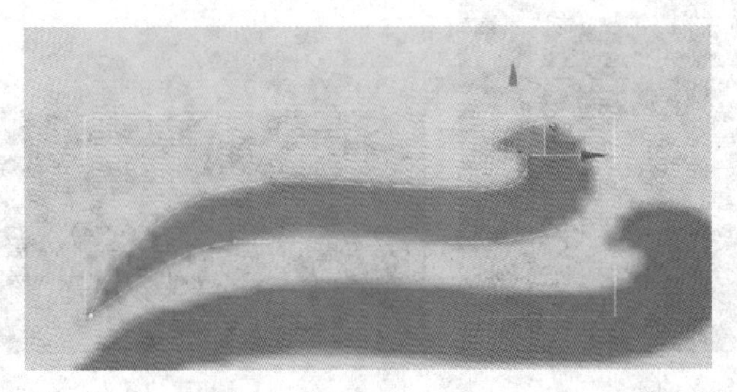

图 2.5.2

图　2.5.3

(3) 为线段添加【挤出】命令 (图 2.5.4)。

图　2.5.4

(4) 首先做设置动画前的准备。设置关键点过滤和时间配置，如图 2.5.5 所示。

图　2.5.5

(5) 打开关键点过滤器，勾选【位置】/【旋转】/【IK 参数】，如图 2.5.6 所示。

(6) 右击“播放动画”按钮，弹出时间配置，如图 2.5.7 所示。选择帧速率为 PAL，如图 2.5.8 所示。

图　2.5.6

图　2.5.7

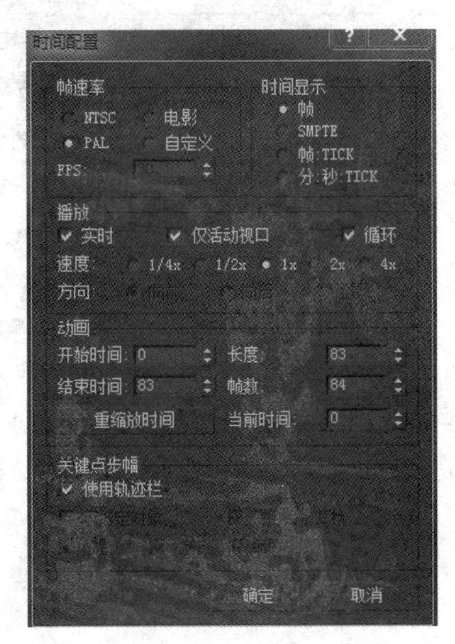

图　2.5.8

(7) 打开【自动关键点】，系统自动记录改动的关键点，如图 2.5.9 所示。

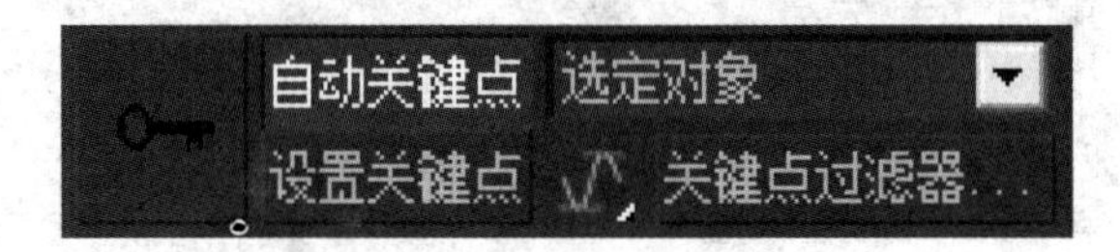

图 2.5.9

(8) 设置蝴蝶第 9 帧动画，如图 2.5.10 所示。

(9) 设置蝴蝶第 46 帧动画，如图 2.5.11 所示。

图 2.5.10

图 2.5.11

(10) 设置蝴蝶第 66 帧动画，如图 2.5.12 所示。

(11) 设置蝴蝶第 83 帧动画，如图 2.5.13 所示。

图　2.5.12

图　2.5.13

(12) 设置蝴蝶第 143 帧动画，如图 2.5.14 所示。

图　2.5.14

(13) 设置蝴蝶第 184 帧动画，如图 2.5.15 所示。

图 2.5.15

2.6 蝴蝶的循环动画的设置

(1) 首先作设置动画前的准备。设置关键点过滤和时间配置，如图 2.6.1 所示。

图 2.6.1

(2) 打开关键点过滤器，勾选【位置】/【旋转】/【IK 参数】，如图 2.6.2 所示。

(3) 右击【播放动画】，弹出时间配置，如图 2.6.3 所示。选择帧速率为【PAL】，如图 2.6.4 所示。

图 2.6.2

图 2.6.3

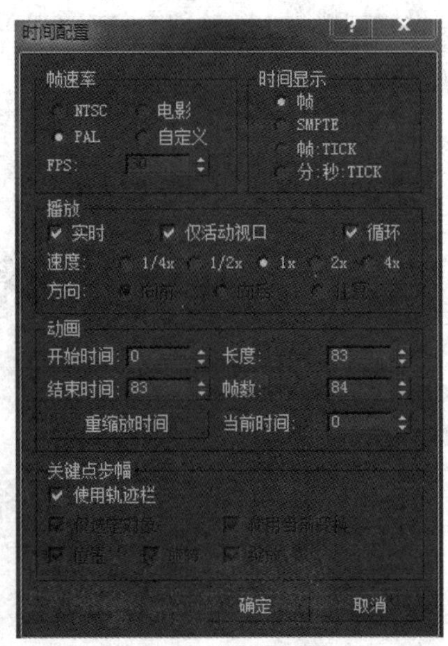

图 2.6.4

(4) 打开【自动关键点】，系统自动记录改动的关键点，如图 2.6.5 所示。

图　2.6.5

(5) 创建一个摄像机 camera001，调节摄像机动画。设置第 1 帧的摄像机角度，如图 2.6.6 所示。

(6) 设置第 138 帧的摄像机角度，如图 2.6.7 所示。

(7) 设置第 285 帧的摄像机角度，如图 2.6.8 所示。

(8) 导入蝴蝶循环动画到场景，如图 2.6.9 所示。

图　2.6.6

图　2.6.7

图　2.6.8

图 2.6.9

(9) 设置蝴蝶第 24 帧动画，如图 2.6.10 所示。

(10) 设置蝴蝶第 60 帧动画，如图 2.6.11 所示。

(11) 设置蝴蝶第 97 帧动画，如图 2.6.12 所示。

图 2.6.10

图 2.6.11

图　2.6.12

(12) 设置蝴蝶第 145 帧动画，如图 2.6.13 所示。

(13) 设置蝴蝶第 178 帧动画，如图 2.6.14 所示。

(14) 设置蝴蝶第 276 帧动画，如图 2.6.15 所示。

图　2.6.13

图　2.6.14

图 2.6.15

2.7 片头动画的设置

(1) 打开 max 文件，如图 2.7.1 所示。

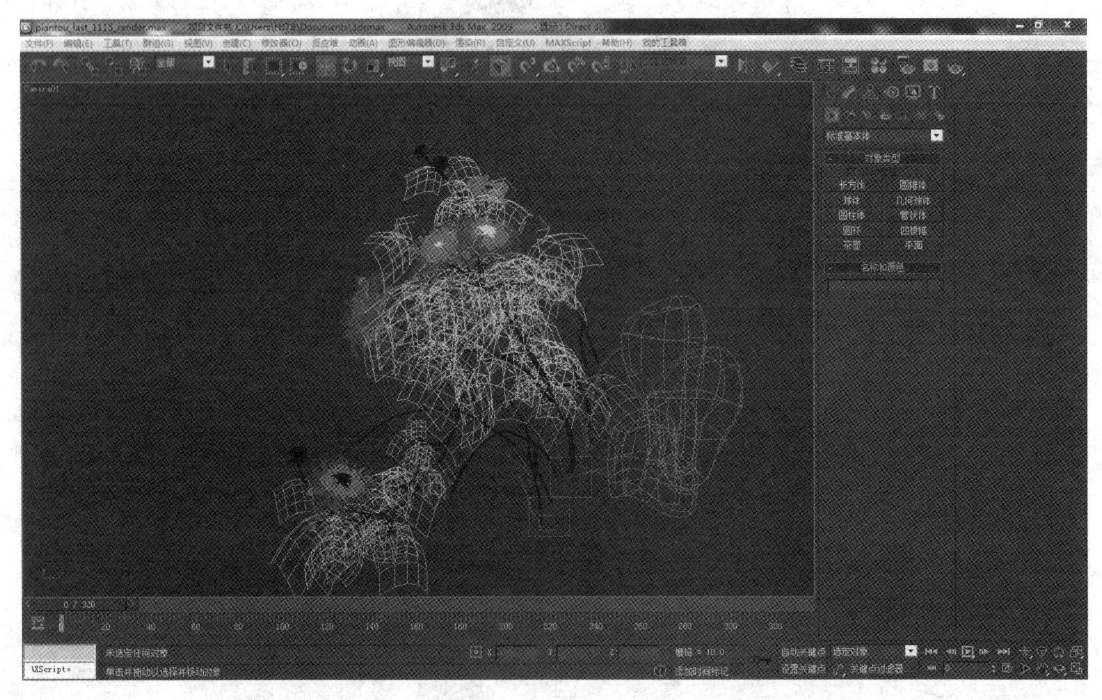

图 2.7.1

(2) 检查动画文件是否有问题，如图 2.7.2 所示。

(3) 打开渲染设置，检查输出大小比例，调至指定【输出大小】为 960×540。

(4) 渲染检查文件 (图 2.7.3)。

图　2.7.2

图　2.7.3

(5) 移动时间轴，再次检查文件 (图 2.7.4)。

(6) 检查无误后，打开渲染设置，指定渲染器，将默认扫描线渲染器更改为 V-RayADV1.50SP4 渲染器，如图 2.7.5 所示。

图　2.7.4

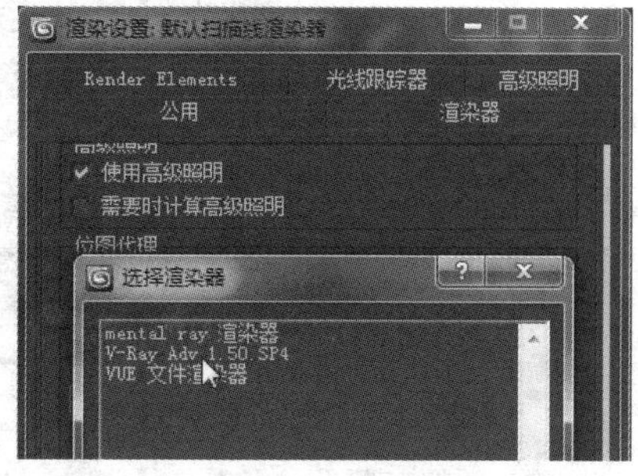

图　2.7.5

(7) 更改完成后，切换到上方的【V-Ray】选项板，修改【图像采样器 (反锯齿) 】参数，【图像采样器类型】为固定，关闭【抗锯齿过滤器】，如图 2.7.6 所示。

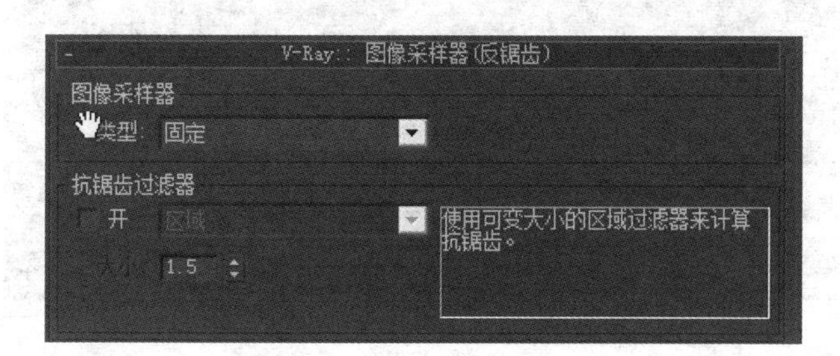

图　2.7.6

(8) 修改全局开关参数，关闭【默认灯光】，将【二次光线偏移】调为 0.001，如图 2.7.7 所示。

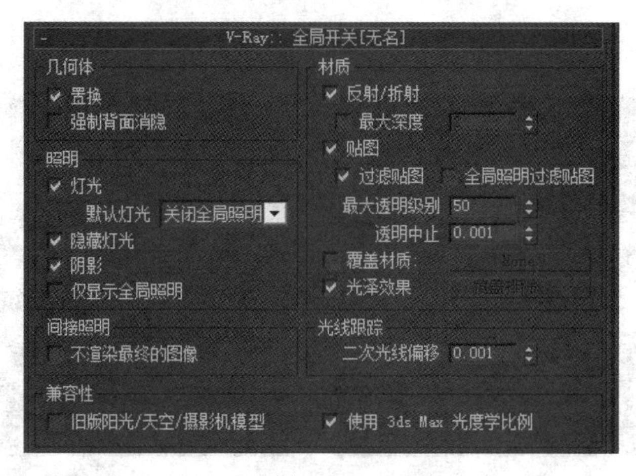

图 2.7.7

(9) 切换到上方的【间接照明】选项板，修改【间接照明】参数，打开【GI】开关，将【全局照明引擎】调为【灯光缓存】，将【倍增器】调为 0.8，如图 2.7.8 所示。

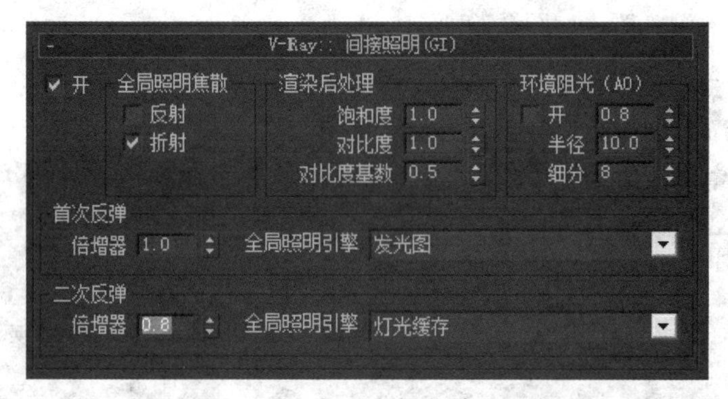

图 2.7.8

(10) 修改发光图参数，将当前预设调为非常低。半球细分调为 30，插值采样调为 10，打开现实计算相位，如图 2.7.9 所示。

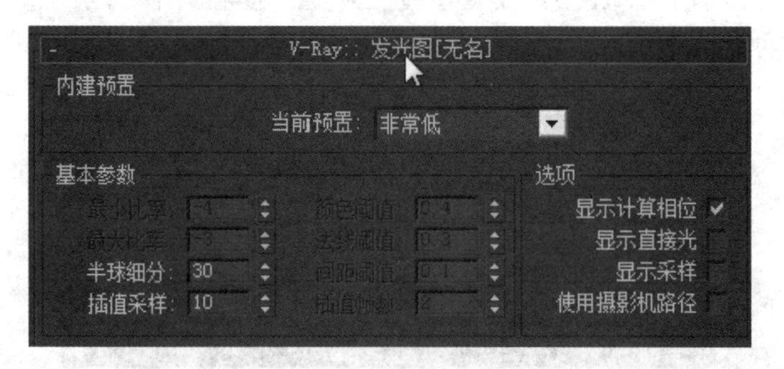

图 2.7.9

(11) 修改灯光缓存参数，细分调为 200，打开【显示计算相位】，如图 2.7.10 所示。

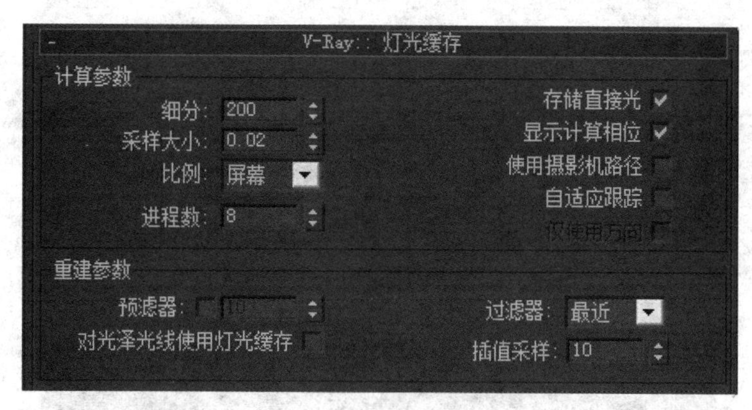

图　2.7.10

(12) 渲染查看调试效果，如图 2.7.11 所示。

(13) 如果觉得画面整体饱和度和对比度需要微调，修改【间接照明】参数，如图 2.7.12 所示。

图　2.7.11

图　2.7.12

(14) 测试完成后，可以设置最终渲染 (图 2.7.13 至图 2.7.15)。

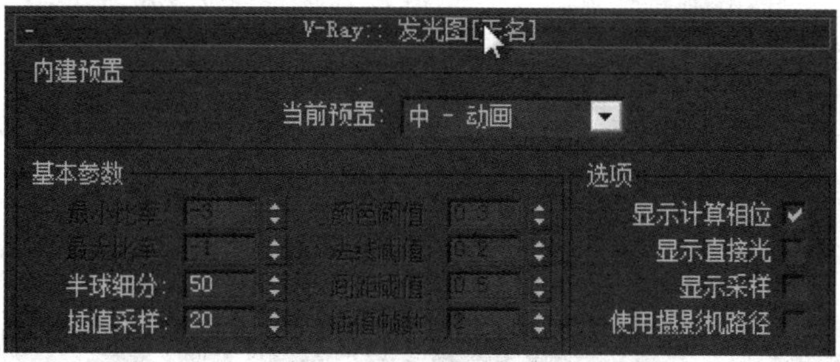

图　2.7.13

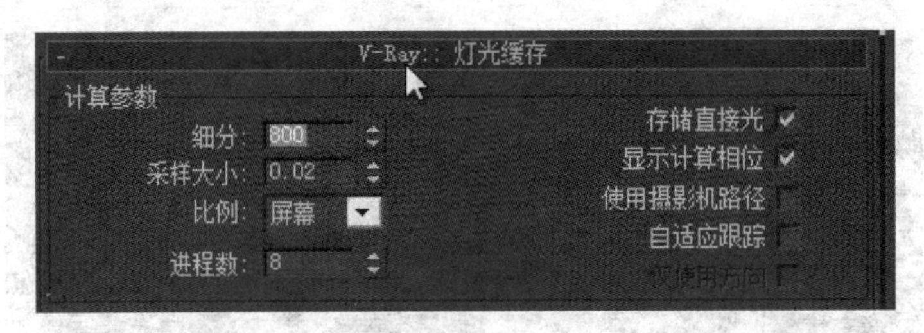

图 2.7.14

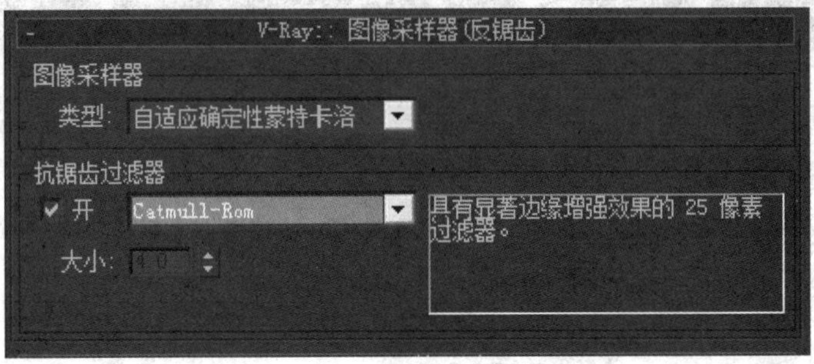

V-Ray:: 图像采样器(反锯齿)
图像采样器
类型: 自适应确定性蒙特卡洛
抗锯齿过滤器
开 Catmull-Rom
具有显著边缘增强效果的 25 像素过滤器。
大小: 4.0

图 2.7.15

(15) 单击渲染测试一帧，如图 2.7.16 所示。查看通道是否正常，如图 2.7.17 所示。

图 2.7.16

图 2.7.17

(16) 当确认无误后，修改最终输出大小和帧数，保存序列位置和格式(图 2.7.18 至图 2.7.21)。

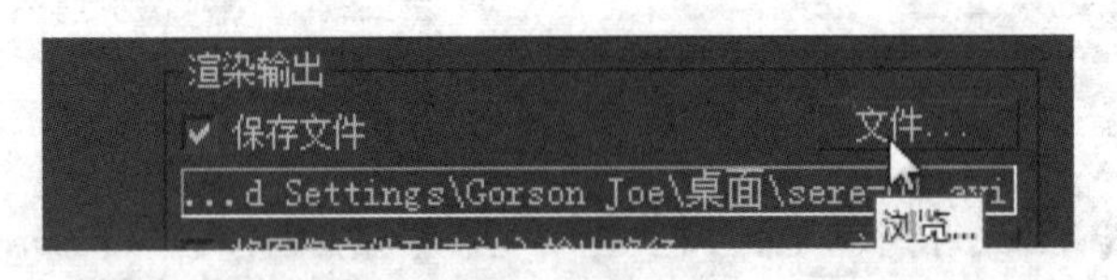

图 2.7.18

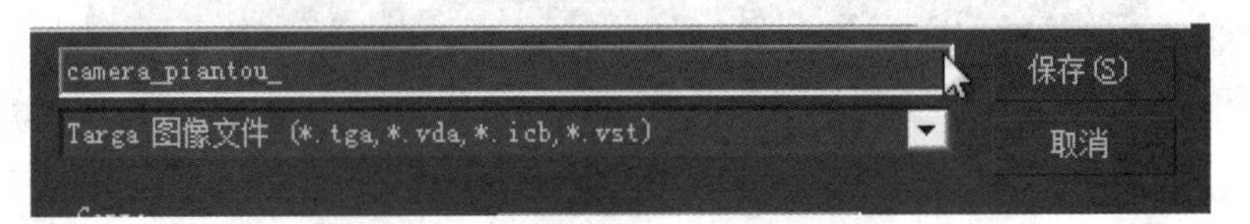

图 2.7.19

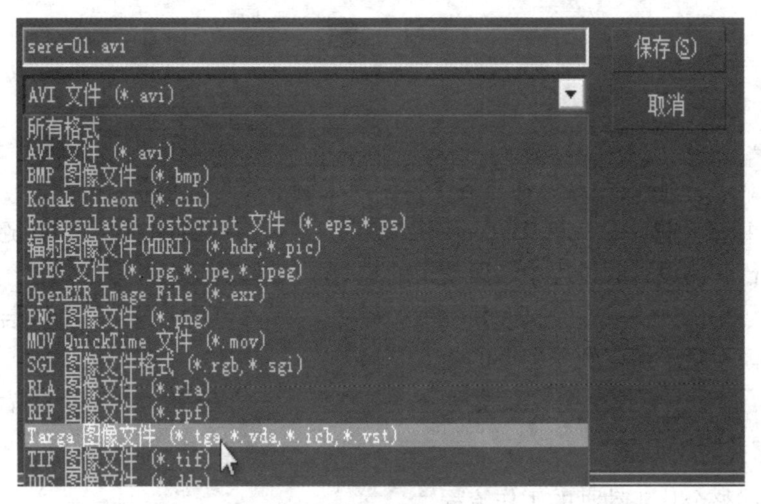

图　2.7.20

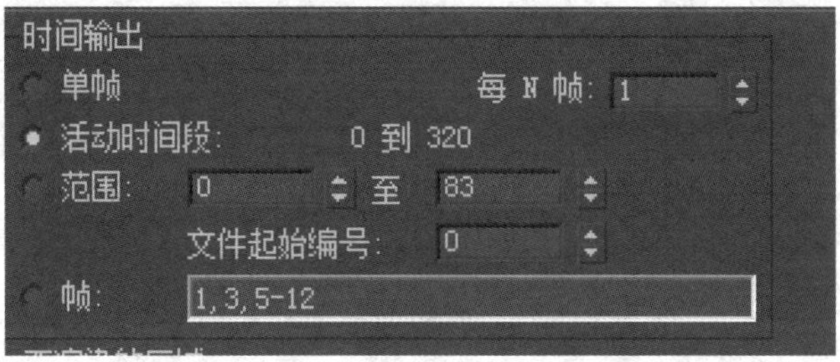

图　2.7.21

(17) 最后单击渲染，等待渲染完成 (图 2.7.22)。

图　2.7.22

本章小结

本课程学习了片头中菊花和蝴蝶的多边形建模的方法和步骤，通过项目实践掌握动画骨骼绑定领域的知识和实用技能，了解了在 3ds Max 中制作水墨效果的动画的基本思路和制作方法及步骤，为学生今后开拓创新动画制作方法提供了尝试的机会，实现了现代科技与中国传统文化结合创新的探讨，对学生具有重要实践意义。

习　题

1. 选择题

(1) 添加 (　　) 修改命令，通过各个控制点来调节模型的形状。

A.【FFD4×4×4】　B. 多边形编辑　C. 弯曲　D. 链接

(2) 在进行骨骼设置的过程中，所使用的是 (　　) 结算器。

A. IK　B. HI　C. HD　D. 样条线 IK

(3) 能使模型赋予绑定到骨骼上的是 (　　)。

A. 扭曲　B. 蒙皮　C. 链接　D. 置换

2. 简答题

(1) 请简述整个片头动画的工作流程。

(2) 请简述动画创意的思路。

第 3 章

小榄创意产业园中高层建筑的制作

教学目标

通过学习，详细掌握在 3ds Max 界面中设置楼群制作的单位尺寸，视口背景中调集图片的方法，利用 Google Earth 测量工具测量建筑物的长宽尺寸的方法，根据提供的图片，运用多边形建模工具进行楼群的建模和材质设定，掌握三维城市漫游动画中高层建筑的基本制作步骤和方法。

教学要求

知识目标	能力目标	素质目标	权重	自测分数
了解建筑和室内设计尺寸的运用知识	掌握在 3ds Max 界面中高层建筑制作中设置尺寸的方法	培养在综合项目中按规范化、标准化制作项目流程的能力	25%	
了解在 3ds Max 中视口工具栏的运用知识	掌握在视口背景中调整、移动和缩放图片的方法	培养在项目制作中熟练运用素材的能力	20%	
了解在 3ds Max 中运用各种建模的基本知识	掌握在 3ds Max 中运用多边形建模的基本工作流程和建模能力	培养在综合项目制作中的团队协作能力	35%	
了解 3ds Max 中贴图的相关知识	掌握在 3ds Max 中对多边形建模对象的贴图技巧和能力	培养在综合项目制作中的团队协作能力	20%	

3.1 高层建筑模型制作方法

(1) 本次案例是作者设计制作的小榄创意产业园项目，在案例教学过程中，通过将一个大项目分解成若干个小项目的教学方式，从简单的单体项目入手，逐步增加项目内容的难度和丰富度，既能让学生在学习中运用已学知识点，又有渴望挑战新知识的刺激和需求，达到循序渐进的教学目的。课程设计还注重让学生逐步形成整体把控项目的思维，通过从局部到整体，再从整体回到局部的教学训练过程，锻炼学生整体把握项目设计制作的能力。

(2) 首先，我们可以在网上搜集一些参考资料，分析和研究一些高层建筑的特点，对于非主要建筑物的楼群制作一般比较简易，不需要太过细化。参考图 3.1.1 所示。

图 3.1.1

图 3.1.2

(3) 首先打开 Google Earth 软件 (Google Earth 即谷歌地球，是一款 Google 公司开发的虚拟地球仪软件，它把卫星照片、航空照相和 GIS 布置在一个地球的三维模型上 (图 3.1.2)。Google Earth 于 2005 年向全球推出，被《PC 世界杂志》评为 2005 年全球 100 种最佳新产品之一。用户可以通过下载，免费浏览全球各地的高清晰度卫星图片) 。

(4) Google Earth 程序界面，如图 3.1.3 所示。

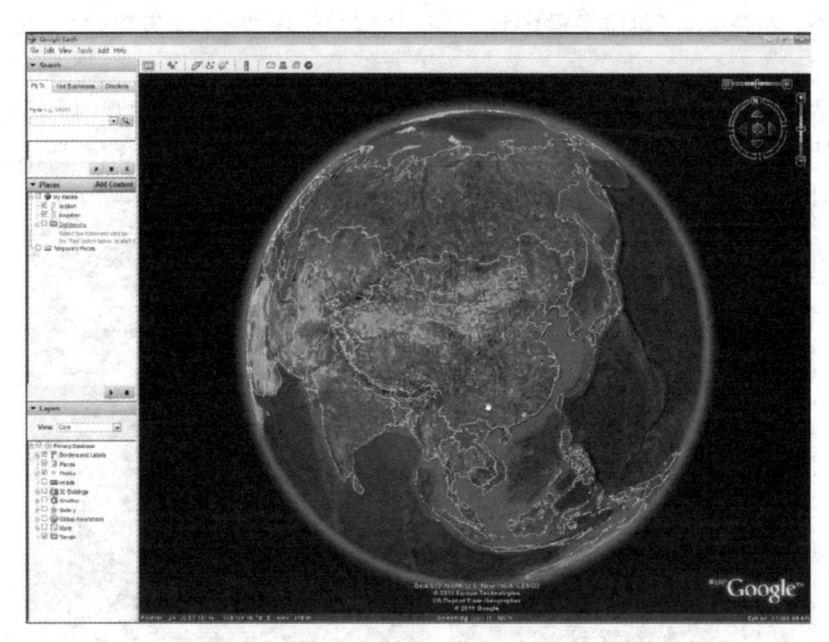

图　3.1.3

(5) 通过搜索功能找到要制作的区域，缩放到合适大小，用截图工具把地图复制下来作为制作模型时的参考如图 3.1.4 所示。

图　3.1.4

(6) 打开 3ds Max2009 中文版。首先，我们统一场景单位，单击菜单栏【自定义】/【单位设置】命令，在弹出的【单位设置】对话框中，把【显示单位比例】设置成“米”，如图 3.1.5 所示。

(7) 导入收集好的参考图片作为显示背景以方便我们定位。选择顶视图为活动视图，选择菜单【视图】/【视口背景】命令，弹出【视口背景】对话框，如图 3.1.6 所示。

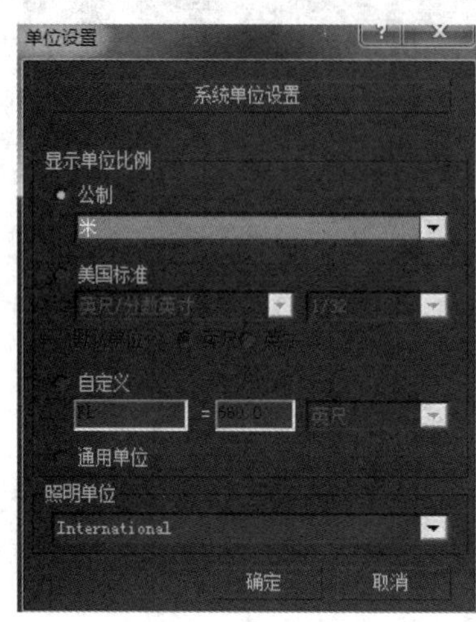

图 3.1.5

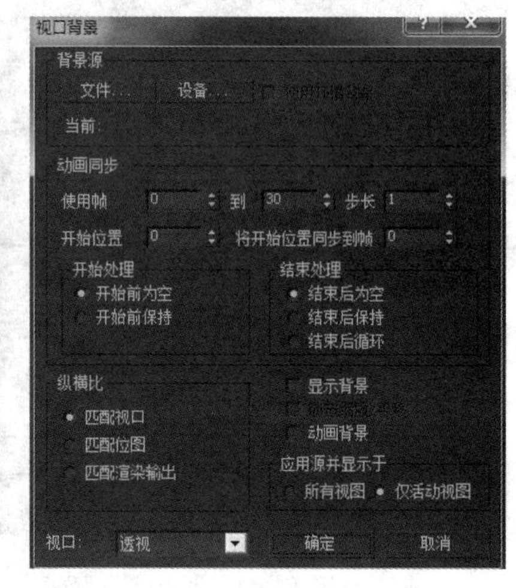

图 3.1.6

(8) 单击文件选项，弹出的选择背景图像对话框，选择参考图片文件的存放路径，选择打开参考图片，如图 3.1.7 所示。

图 3.1.7

(9) 选择参考图片后，在视口背景对话框中，勾选【显示背景】，【纵横比匹配位图】和【锁定缩放 / 平移】，如图 3.1.8 所示设置，单击“确定”按钮结束设置。

(10) 为了更好地观察背景对位图，选择菜单栏【视图】/【栅格】/【显示主栅格】，或者按快捷键【G】，取消栅格显示，如图 3.1.9 所示。

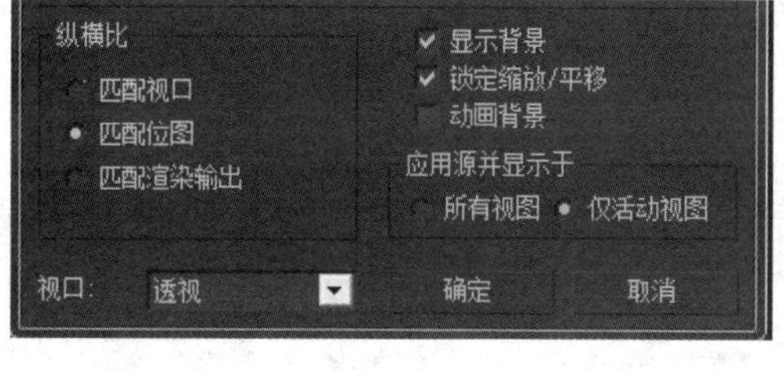

图　3.1.8

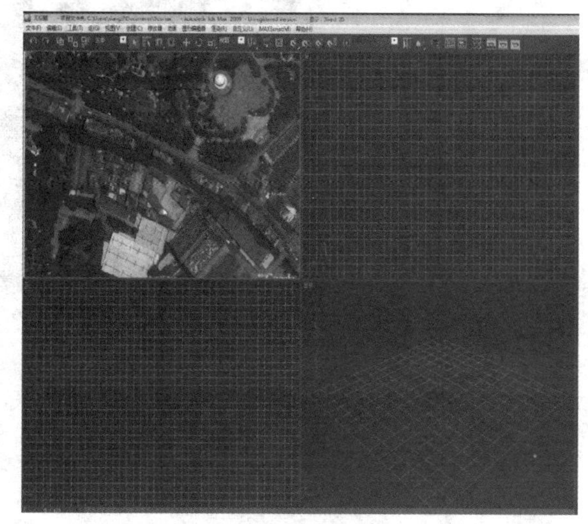

图　3.1.9

(11) 现在我们可以回到 Google Earth，利用 Google Earth 测量建筑物的长宽尺寸。选择菜单【Tools】/【Ruler】命令，弹出 Ruler 对话框，在 Length 里面选择 Meters，如图 3.1.10 所示。

(12) 确定测试起点和终点，在 Length 参数中取得数据 6.40m。用同样的方法测出建筑物的长宽尺寸，长：24.23m 宽：6.4m。观察楼房参考图确定楼房共有 5 层楼，按每层 3m 高算，算出高为 15m，如图 3.1.11 所示。

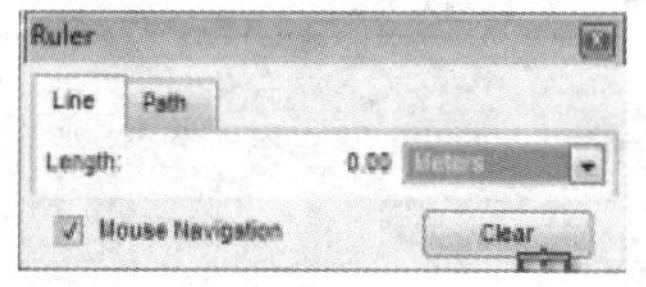

图　3.1.10

图　3.1.11

(13) 回到 3ds Max 中，在命令面板中选择【创建】/【标准基本体】/【长方体】，如图 3.1.12 所示。在视图中按住鼠标左键拉出一个长方体，释放左键确定。修改长宽高参数为：24.23m，6.4m，12m，如图 3.1.13 所示。

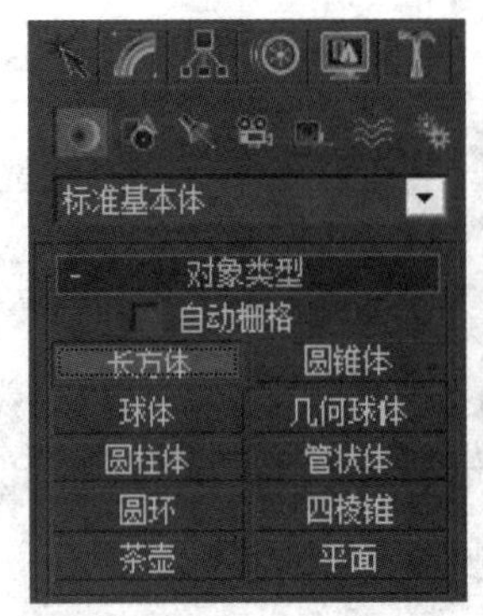

图 3.1.12

参数

长度:	24.23m
宽度:	6.4m
高度:	12.0m
长度分段:	1
宽度分段:	1
高度分段:	1

生成贴图坐标
真实世界贴图大小

图 3.1.13

(14) 回到顶视图我们发现修改完尺寸的长方体与图片比例大小不正确，如图 3.1.14 所示。选择菜单【视图】/【视口背景】命令打开“视口背景”对话框，取消勾选【锁定缩放 / 平移】选项，如图 3.1.15 所示。

图 3.1.14

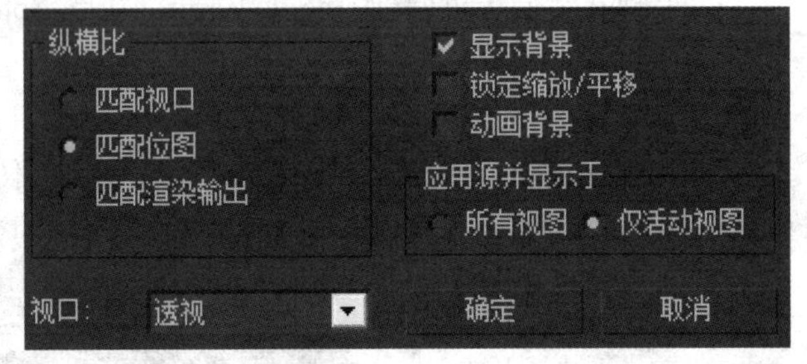

图 3.1.15

图 3.1.16

(15) 通过【视口控制区】的缩放工具调整长方体与对应参考图大小一致，然后，选择菜单【视图】/【视口背景】命令，打开“视口背景”对话框，勾选【锁定缩放 / 平移】选项，锁定视口背景与模型的比例关系。这样就完成了对位。现在就可以开始制作模型 (需要注意的是此阶段的工作要认真谨慎完成)，如图 3.1.16 所示。

(16) 对好位后，我们开始制作楼房模型，选择长方体，将模型转换为可编辑多边形。在模型上单击鼠标右键，弹出快捷菜单，在弹出的快捷菜单中单击转换为→转换为可编辑多边形命令即可，单击按钮，进入【线】编辑模式，如图 3.1.17 所示。

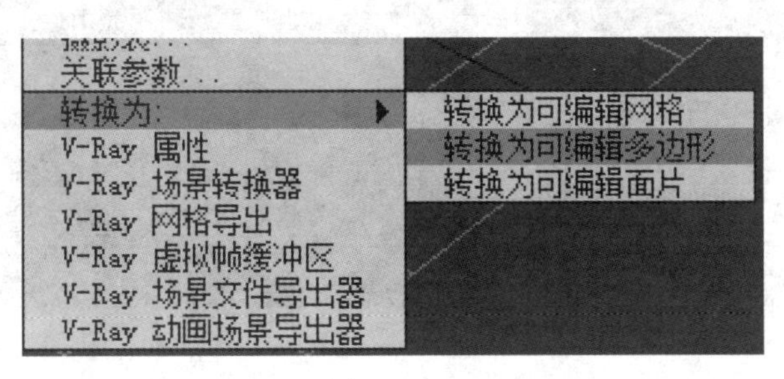

图　3.1.17

(17) 由于多边形现在可以调节的线不多，为多边形添加细节，选择需要添加线，然后单击右键弹出菜单，选择连接【连接】前面的菜单，在弹出的对话框中可以选择添加的线的数量，这里将【分段】修改为 1，然后单击“确定”按钮完成添加线，如图 3.1.18 所示设置，单击“确定”按钮结束设置。

(18) 为了移动时不破坏原有线条，将【移动方向选择】选择为方向【万向】。拖动箭头，移动创建的线到合适的位置，如图 3.1.19 所示。

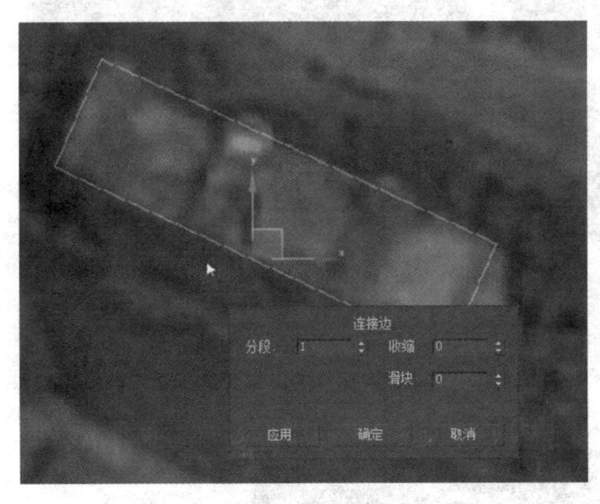

图　3.1.18

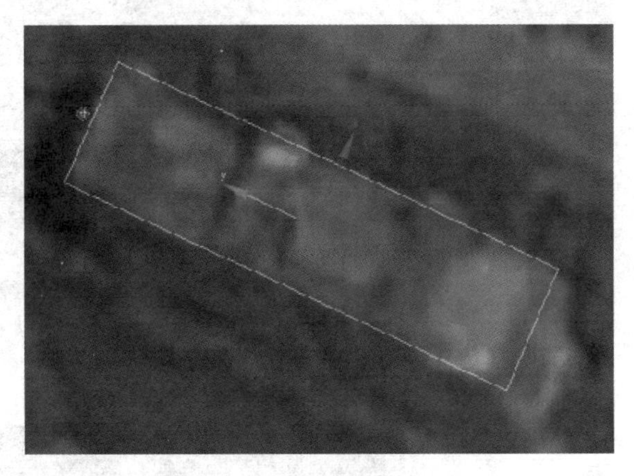

图　3.1.19

(19) 继续添加 4 圈线段，作为楼房房间的分隔线，如图 3.1.20 所示。

(20) 用同样的方法为楼房分层，添加高度的分段线，【分段】数为 3，如图 3.1.21 所示设置，单击“确定”按钮结束设置。

图 3.1.20

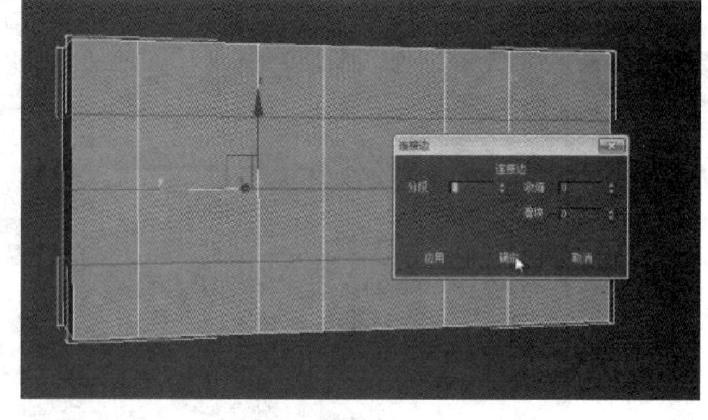

图 3.1.21

(21) 参考楼房照片，继续为楼房顶部添加细节，如图 3.1.22 所示。

(22) 在可编辑多边形堆栈命令面板中，单击■按钮，进入【面】编辑模式。选择要编辑的面，按住【Ctrl】键可以继续添加选择，如图 3.1.23 所示。

图 3.1.22

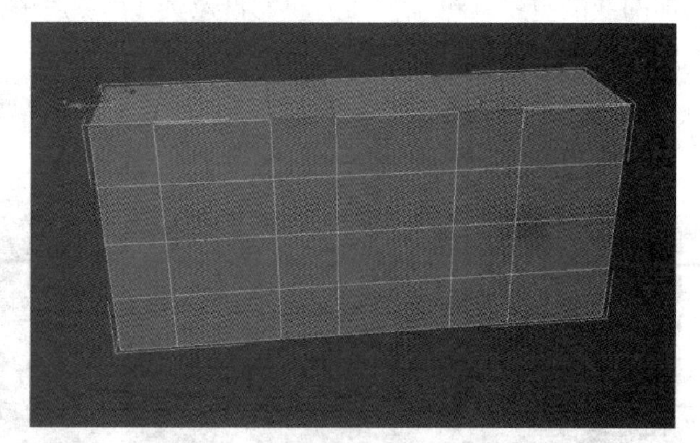

图 3.1.23

(23) 单击鼠标右键弹出菜单，选择【挤出】命令。在弹出的对话框中修改挤出【高度】参数为 3m，如图 3.1.24 所示。

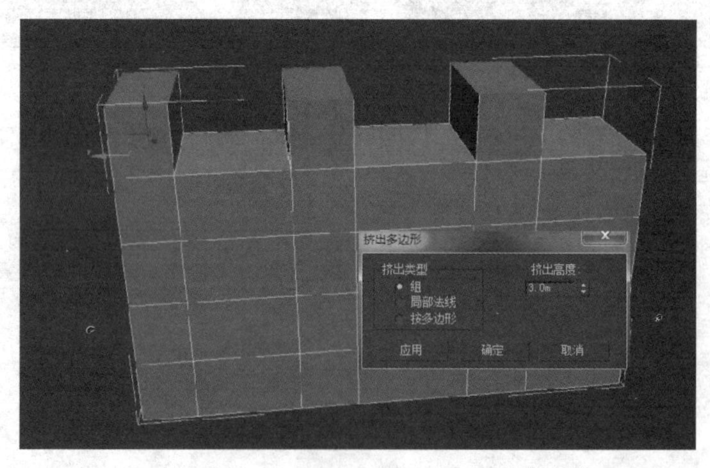

图 3.1.24

(24) 为楼顶添加围栏，返回进入【线】编辑模式。选择 4 层顶的线段添加 挤出 【挤出】命令，修改参数【分段】为 2，【收缩】为 93，如图 3.1.25 所示设置，单击“确定”按钮结束设置。

(25) 添加横向的围栏，用同样的方法，选择需要添加的边，添加【连接】命令，修改参数【分段】为 1，【滑块】为−94，如图 3.1.26 所示设置，单击“确定”按钮结束设置。

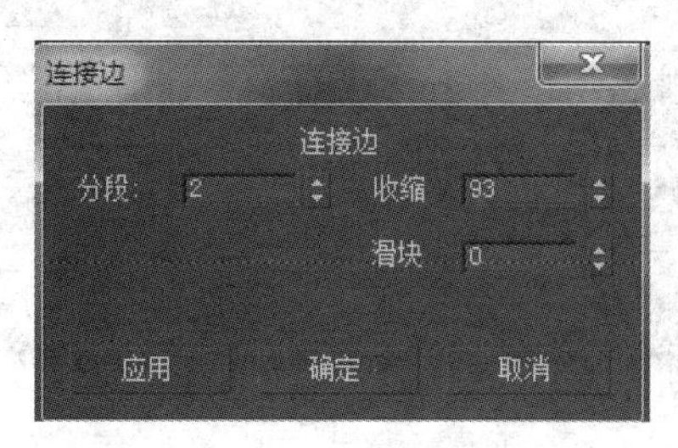

图　3.1.25

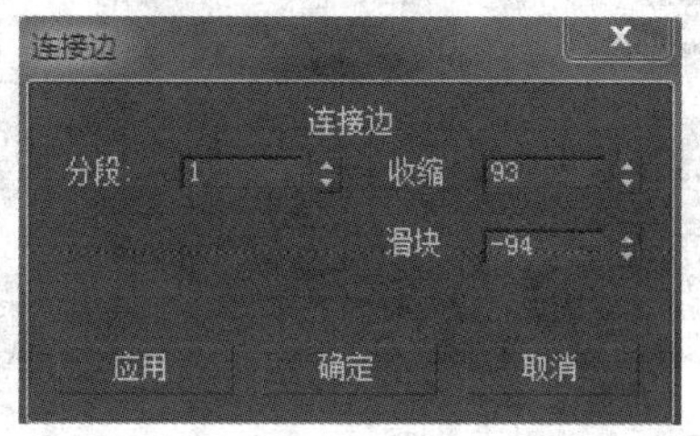

图　3.1.26

(26) 进入【面】编辑模式。选择 4 层楼围栏的面，如图 3.1.27 所示。

(27) 为选择的面添加 挤出 【挤出】命令，修改参数，挤出类型为“组”，挤出高度为 1.2m，如图 3.1.28 所示。

图　3.1.27

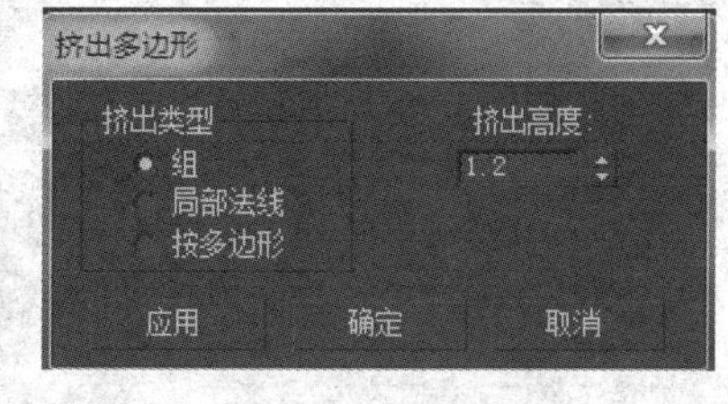

图　3.1.28

(28) 为顶楼添加屋顶，进入【面】编辑模式。选择中间的面，添加【挤出】命令，如图 3.1.29 所示。

(29) 在可编辑多边形堆栈命令面板中，进入【线】编辑模式。选择左右两条线，添加 连接 【连接】命令。创建一条新的线段，用移动工具编辑线的高度，形成屋顶，如图 3.1.30 所示。

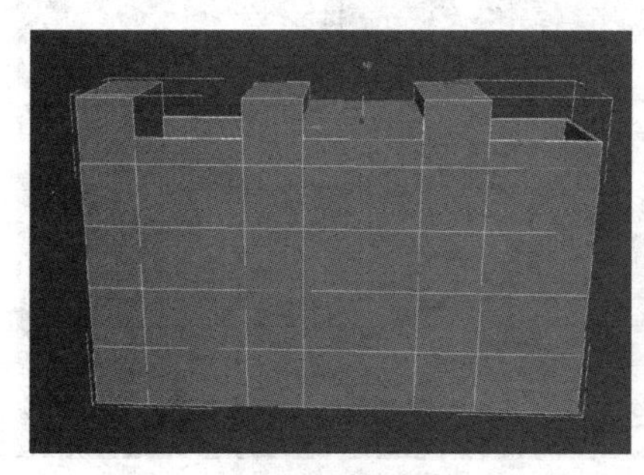
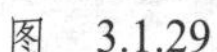
图　3.1.29

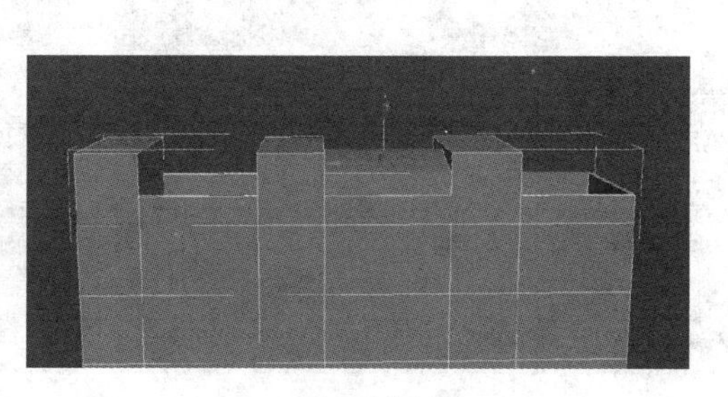
图　3.1.30

(30) 为屋顶添加屋檐，先进入“面编辑”模式。选择【屋顶面】，添加 挤出 【挤出】命令，挤出高度为 0.037m，如图 3.1.31 所示。

(31) 选择屋檐的面，添加 挤出 【挤出】，挤出高度为 0.051m，如图 3.1.32 所示。

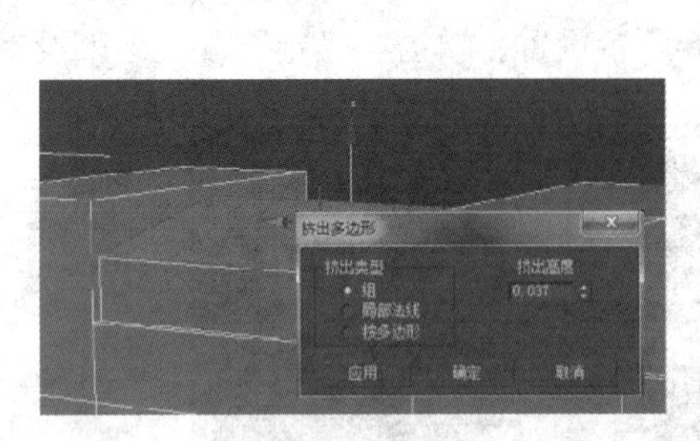

图　3.1.31

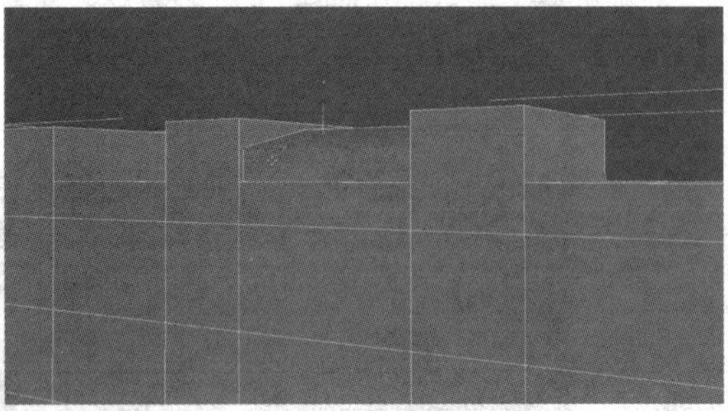

图　3.1.32

(32) 在可编辑多边形堆栈命令面板中，进入【面编辑】。选择 5 层楼顶的面，添加 插入 【插入】命令。插入量为 0.127m，如图 3.1.33 所示。

(33) 添加 挤出 【挤出】命令，把面向下挤出到合适高度，如图 3.1.34 所示。

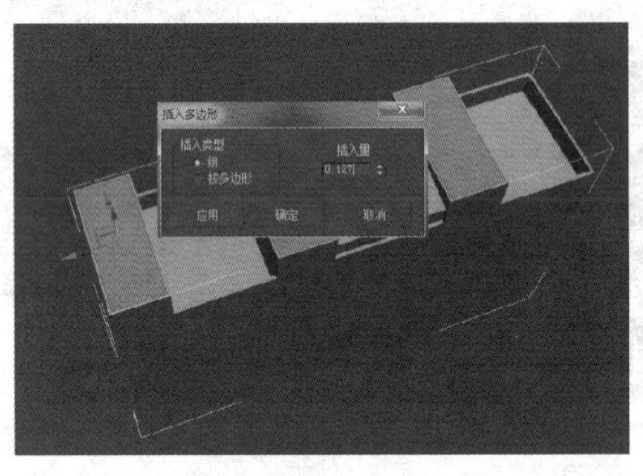

图　3.1.33

图　3.1.34

(34) 为楼房添加窗户，选择模型需要添加窗口的面，如图 3.1.35 所示。

(35) 添加 插入 【插入】命令，插入类型选择【按多边形】，插入量为 0.85m，如图 3.1.36 所示。

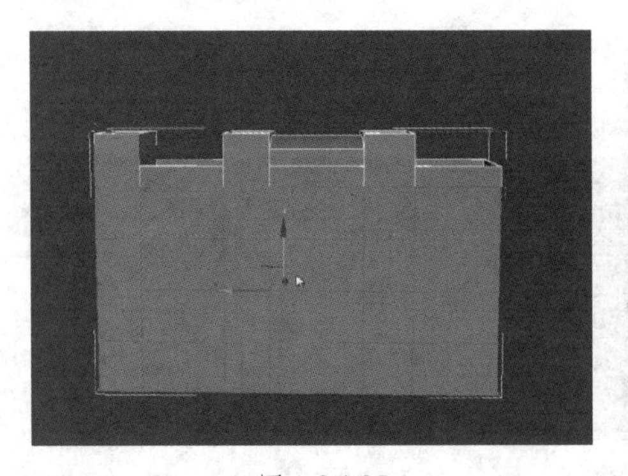

图　3.1.35

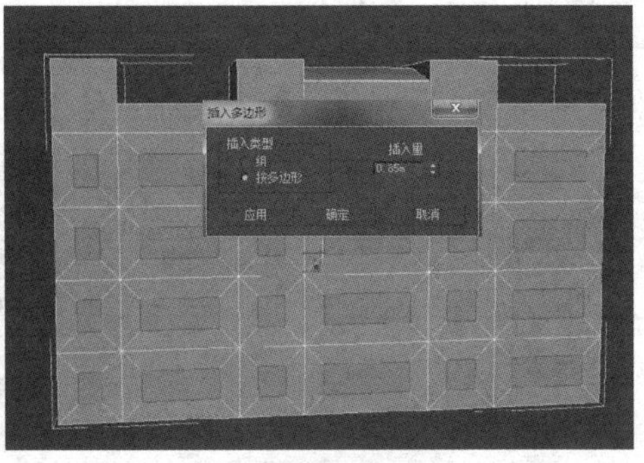

图　3.1.36

(36) 利用移动工具和缩放工具对个别的窗口面进行大小调节，调节至合适位置和大小，如图 3.1.37 所示。

(37) 然后添加挤出【挤出】命令，修改参数，挤出高度为−0.078m，如图 3.1.38 所示。

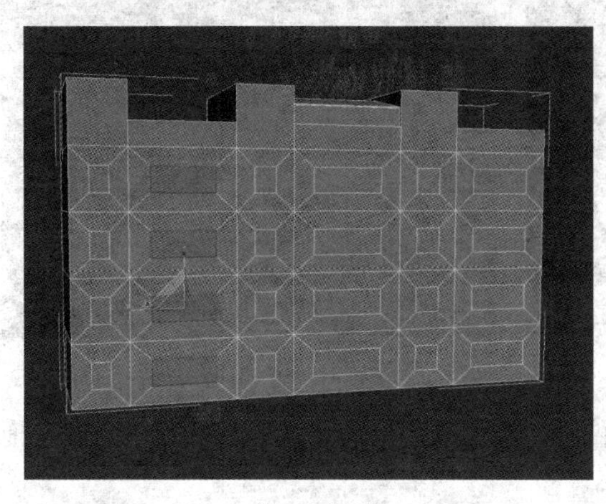

图　3.1.37

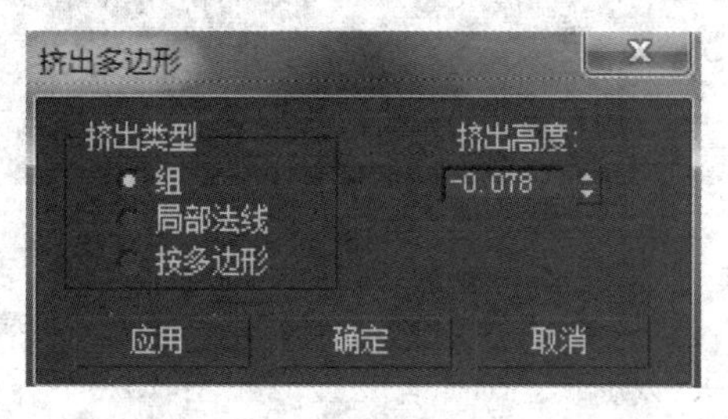

图　3.1.38

(38) 在顶视图，在命令面板中，选择【图形】/【圆】，在视图中按住鼠标左键拉出一个圆线框，释放左键确定。直径大小跟楼房隔断相同，如图 3.1.39 所示。

(39) 单击鼠标右键，在弹出的菜单栏中选择转换为:→转换为可编辑样条线命令，进入线条线编辑模式，或按快捷键【3】，在【几何体】面板下找到轮廓 0.254m【轮廓】，调节参数为 0.254m，得到以下线框，如图 3.1.40 所示。

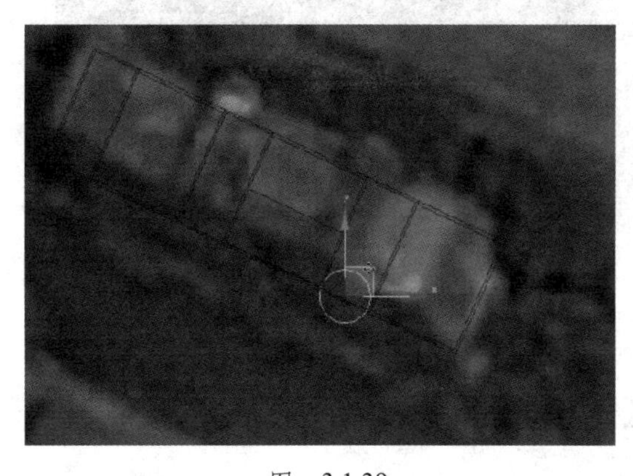

图　3.1.39

图　3.1.40

(40) 单击【修改器列表】，为样条线添加【挤出】挤出修改器，调节挤出高度为 0.216m，将样条线由线框转变为立体图形，如图 3.1.41 所示。

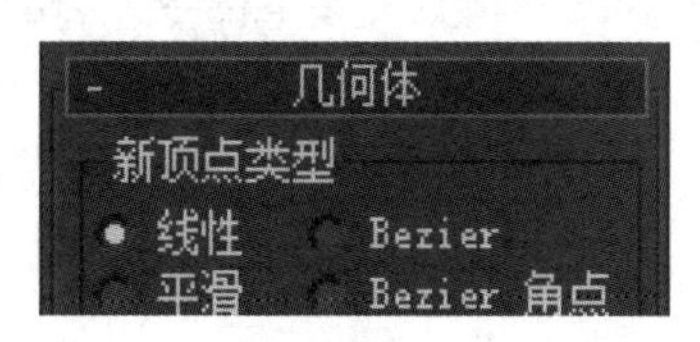

图　3.1.41

(41) 并用移动工具和旋转工具将多边形移动旋转到合适位置，如图 3.1.42 所示。

(42) 并用移动工具和旋转工具将多边形移动旋转到合适位置，如图 3.1.43 所示。

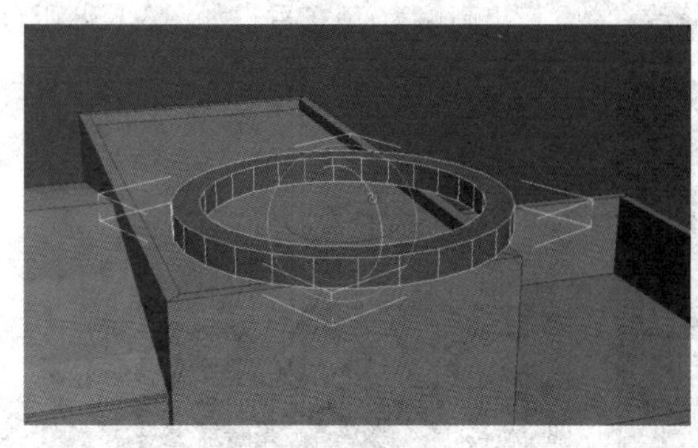

图 3.1.42

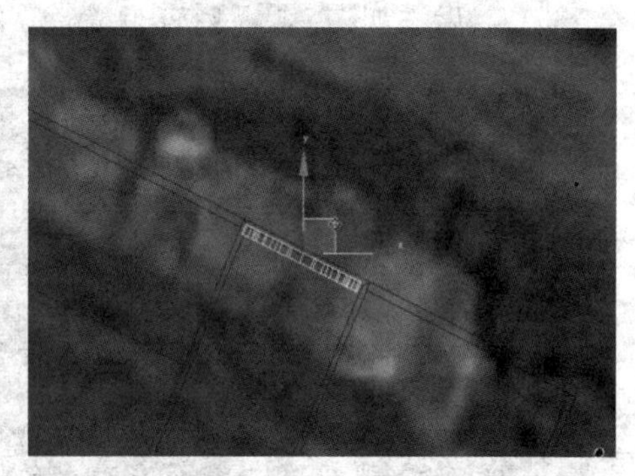

图 3.1.43

(43) 接下来复制 2 个模型到其他楼房位置，按住【Shift】键，单击移动工具，拖动箭头移动模型到合适位置，如图 3.1.44 所示。

(44) 最终完成建筑的总体模型。由于不是主要建筑物，所以不需要太多细节，只需有一个大概的形态就可以了，如图 3.1.45 所示。

图 3.1.44

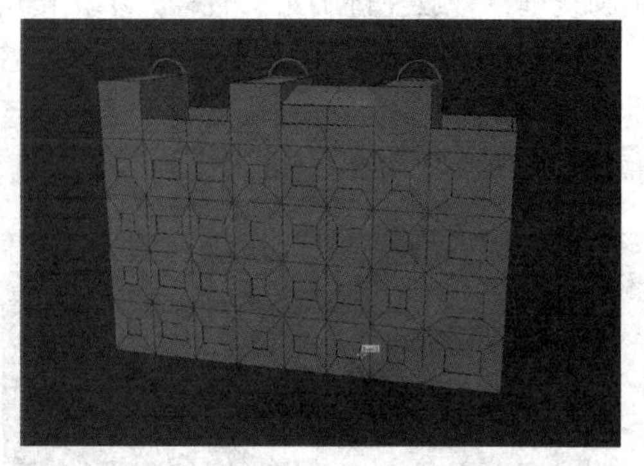

图 3.1.45

3.2 高层建筑的建筑贴图

(1) 为了便于观察建筑参考图以及细节部分的纹理，我们可以导入参考图。选择菜单【文件】/【查看图像文件】命令，在弹出的“查看图像文件”对话框中，选择“参考图片”后打开调整窗口，以便我们一边观察一边操作，如图 3.2.1 所示。

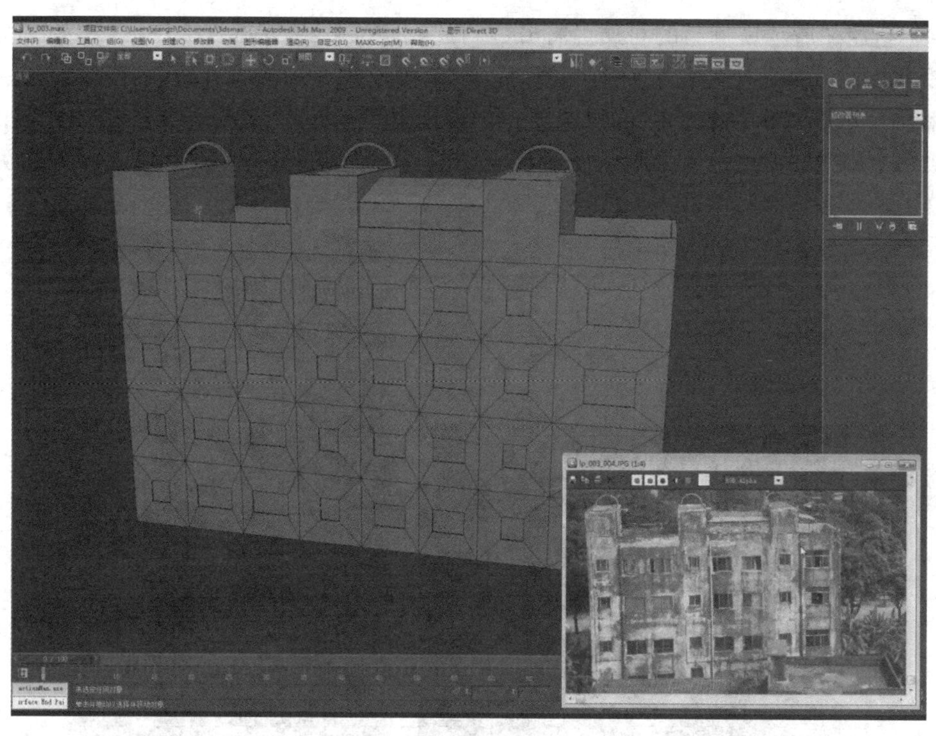

图　3.2.1

(2) 首先对楼房顶部的三个半圆模型进行贴图，打开【材质编辑器】或按快捷键【M】，弹出材质编辑器，选择一个空白的材质编辑球。在漫反射里面调节我们需要的颜色 (R：111 G：75 B：55)，如图 3.2.2 所示设置，单击“确定”按钮结束设置。

(3) 调节反射高光中的高光级别为 14 和光泽度为 7。然后选择需要赋予材质的模型，单击【将材质指定给选定对象】，将材质球材质赋予模型。同时选择 (在视图中显示标准贴图)，如图 3.2.3 所示。

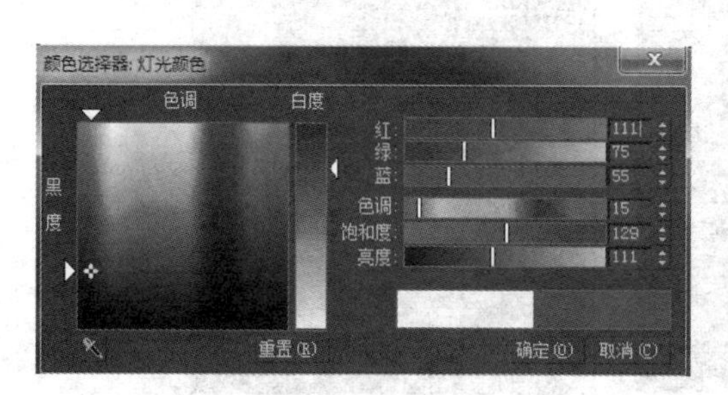

图　3.2.2

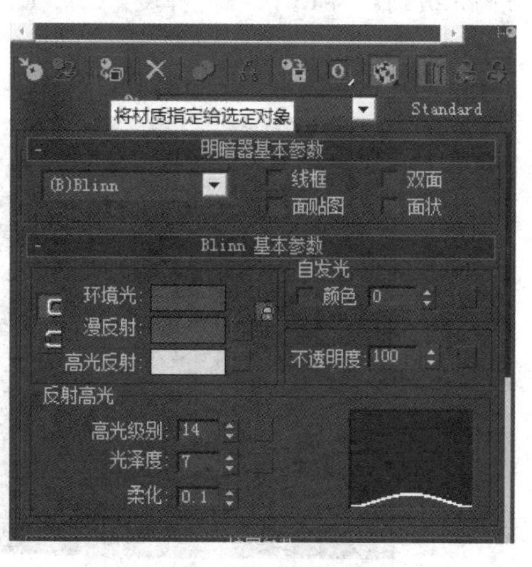

图　3.2.3

(4) 创建“屋顶铁棚”的材质。打开【材质编辑器】或按快捷键【M】，弹出“材质编辑器”，选择一个空白的材质编辑球。单击漫反射旁边的小方块，弹出【材质 / 贴图浏览器】，选择【位图】，在位图选项中，单击 None 位图链接，指定铁棚材质的图像文件路径，如图 3.2.4 所示。调节反射高光中的【高光级别】为 10 和【光泽度】为 10，如图 3.2.5 所示。

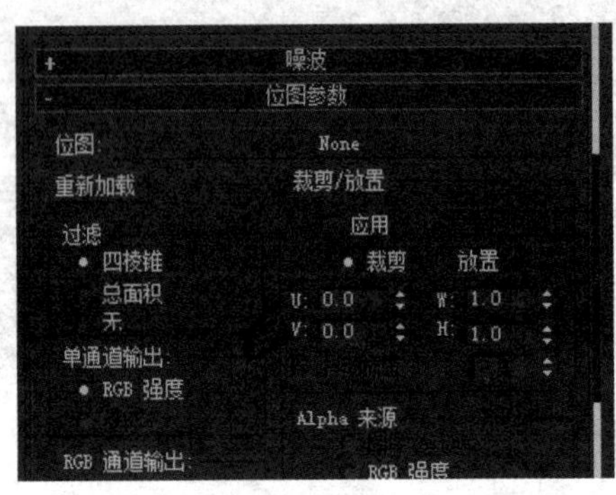

图 3.2.4

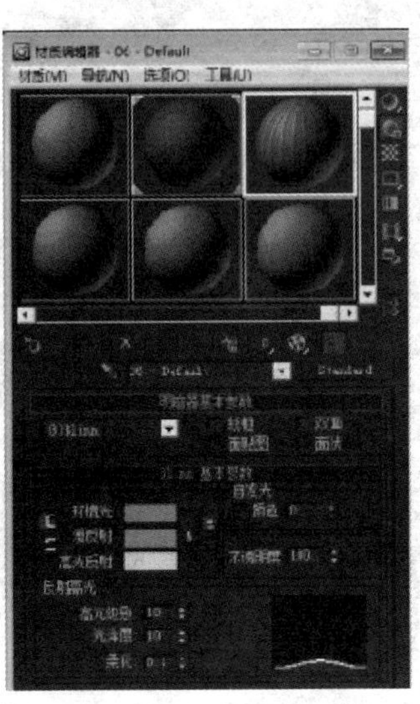

图 3.2.5

(5) 选择楼房顶部需要赋予铁棚的面，用鼠标直接把材质球拖到选择模型的面上，赋予铁棚的材质到场景中，如图 3.2.6 所示。

(6) 创建窗口 001 的材质。打开【材质编辑器】或按快捷键【M】，弹出“材质编辑器”，选择一个空白的材质编辑球。单击漫反射旁边的小方块，弹出【材质 / 贴图浏览器】，选择【位图】，在位图选项中，单击 None 位图链接，指定窗口的图像文件路径。调节反射高光中的【高光级别】为 13 和【光泽度】25，如图 3.2.7 所示。

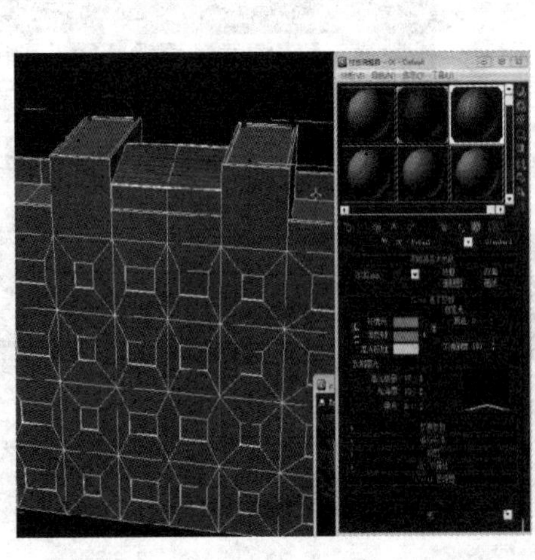

图 3.2.6

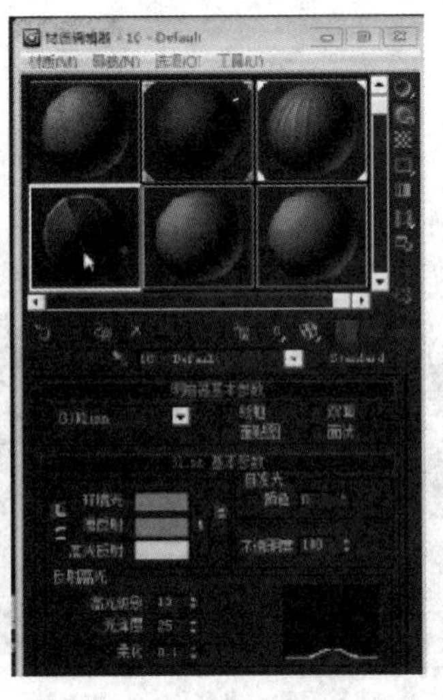

图 3.2.7

(7) 选择楼房顶部需要赋予窗口的面，用鼠标直接把材质球拖到选择模型的面上，赋予窗口的材质到场景中，如图 3.2.8 所示。

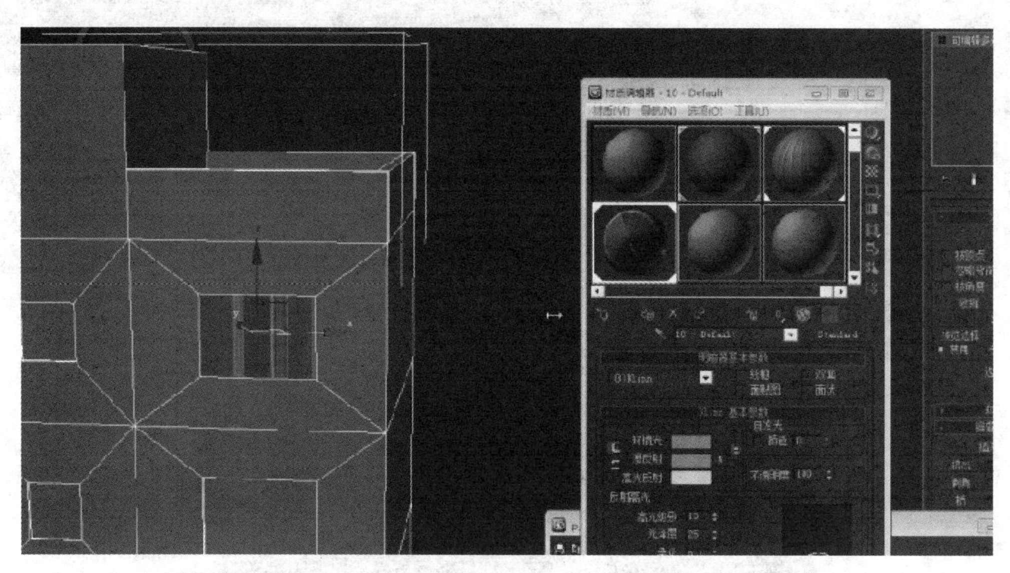

图　3.2.8

(8) 将材质赋予相对应的模型后，发现贴图纹理不对，需要进行 UVW 纹理的纠正，在命令面板修改器列表中，添加【UVW 贴图】命令，在贴图参数里面选择长方体，如图 3.2.9 所示。

(9) 单击鼠标左键激活【UVW 贴图】命令，如图 3.2.10 所示。

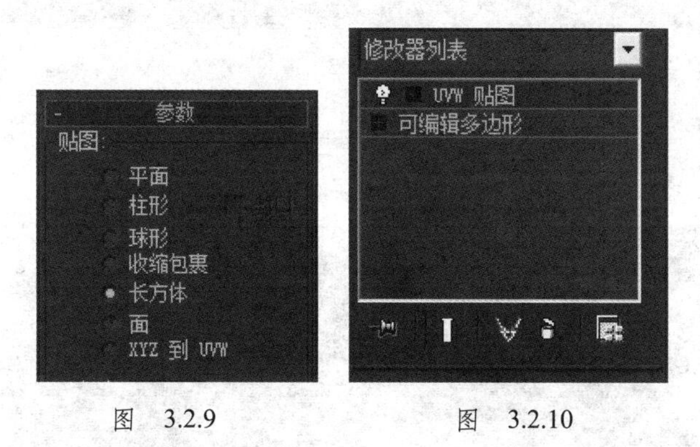

图　3.2.9　　　　图　3.2.10

(10) 单击鼠标右键，选择【塌陷到】，塌陷 UVW 贴图到模型中，如图 3.2.11 所示。

(11) 单击【是】，塌陷贴图。注意此操作不可返回，如图 3.2.12 所示。

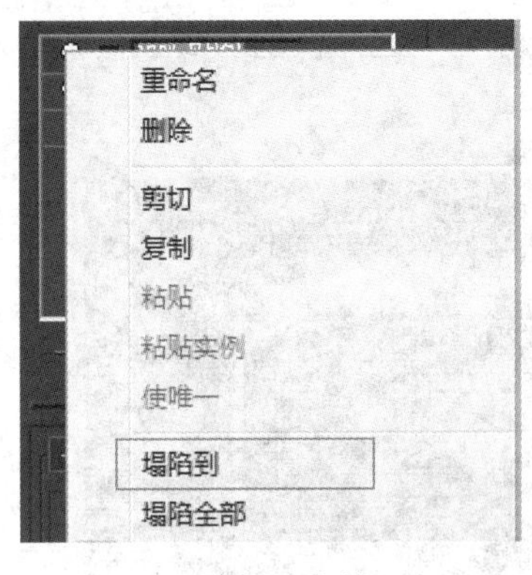

图 3.2.11

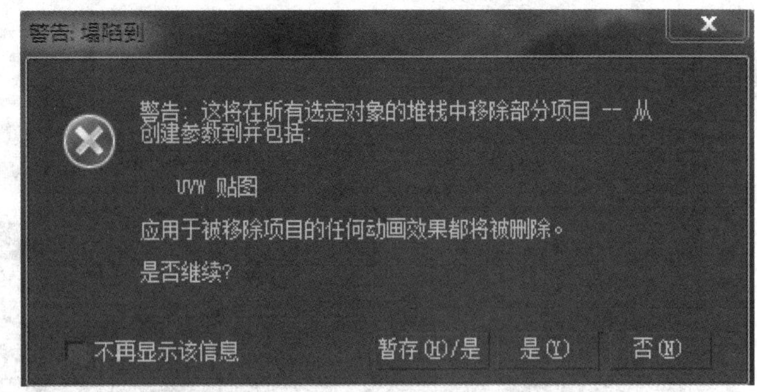

图 3.2.12

(12) 完成窗贴图，如图 3.2.13 所示。

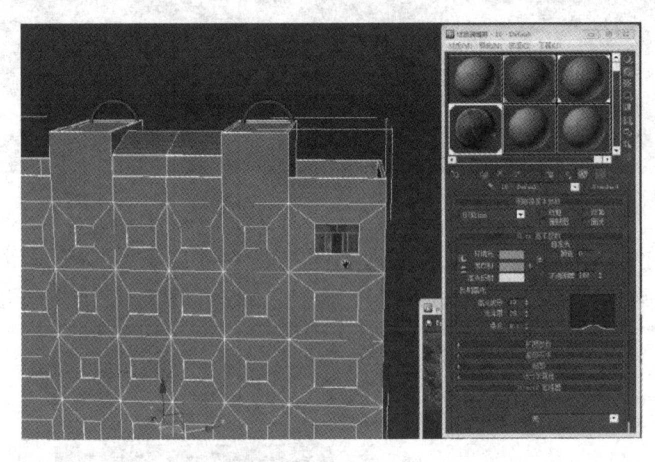

图 3.2.13

(13) 用同样办法创建其余 3 种窗口的材质贴图，分别赋予材质到场景的模型中，如图 3.2.14 所示。

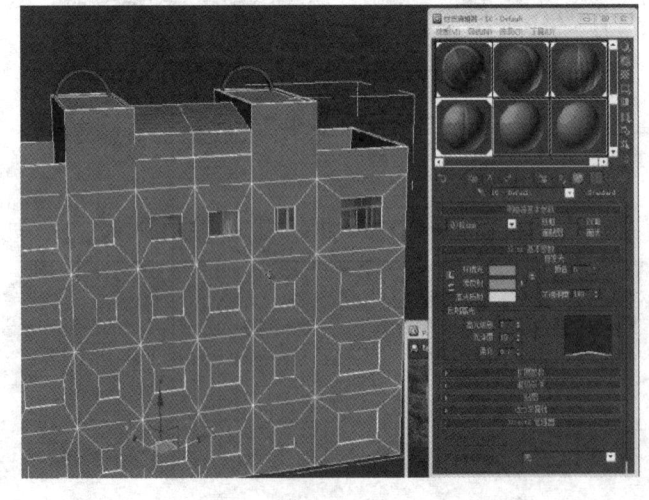

图 3.2.14

(14) 把其他同种窗口赋予材质到场景的模型中，如图 3.2.15 所示。

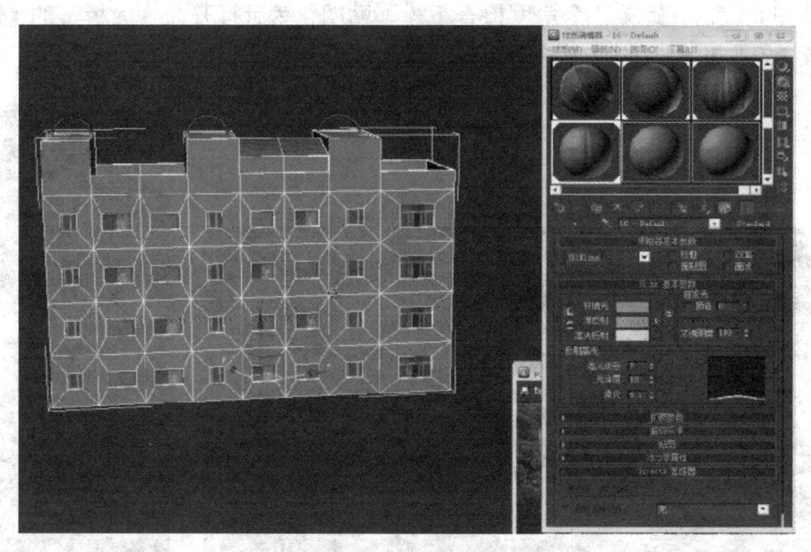

图　3.2.15

(15) 创建外墙材质。打开【材质编辑器】或按快捷键【M】，弹出“材质编辑器”，选择一个空白的材质编辑球。单击漫反射旁边的小方块，弹出【材质 / 贴图浏览器】，选择 None 【位图】，在位图选项中，单击位图链接，指定窗口的图像文件路径。调节反射高光中的【高光级别】为 8 和【光泽度】为 10，如图 3.2.16 所示。

(16) 选择所有墙体模型的面，进行贴图，如图 3.2.17 所示。

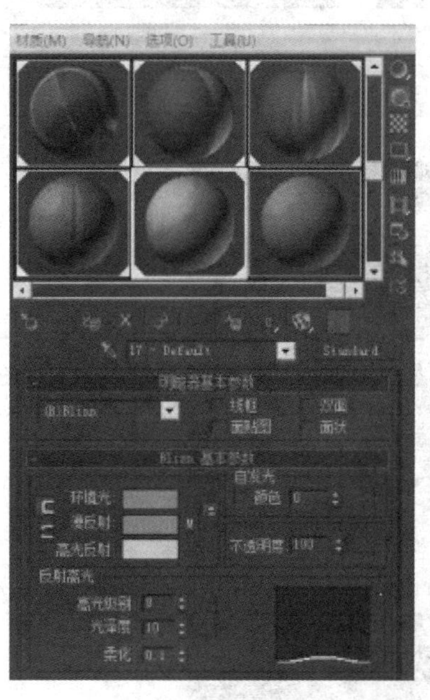

图　3.2.16

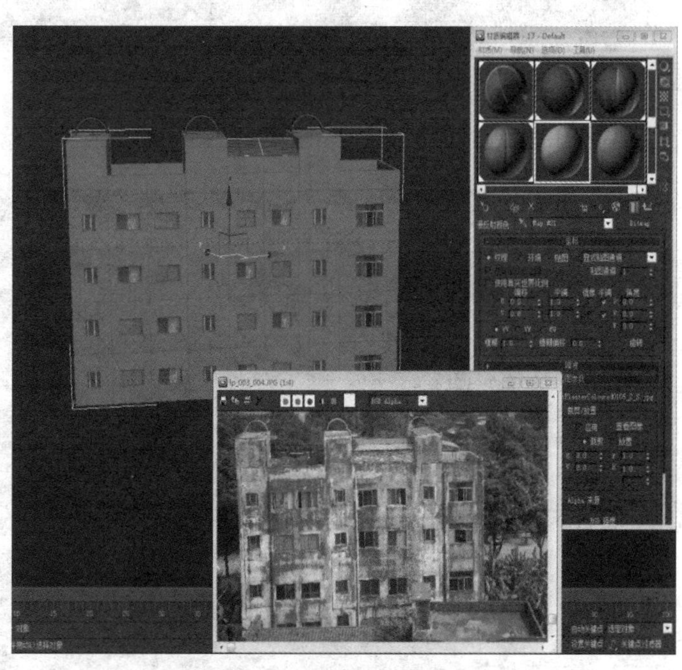

图　3.2.17

(17) 赋予外墙材质到场景的模型中，调节材质 UVW 贴图，如图 3.2.18 所示。

(18) 贴图完成后，旋转各个角度检查下模型贴图，然后打开命令面板下的【灯光】/【标准】，选择【天光】，勾选【投影阴影】，如图 3.2.19 所示。

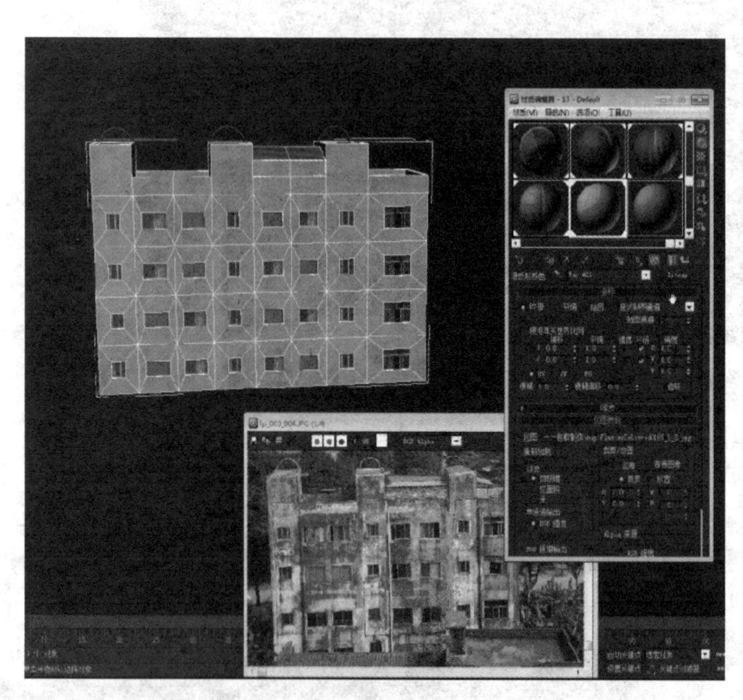

图 3.2.18

图 3.2.19

(19) 单击工具面板上的“渲染”按钮，测试渲染，检查模型贴图，如图 3.2.20 所示。

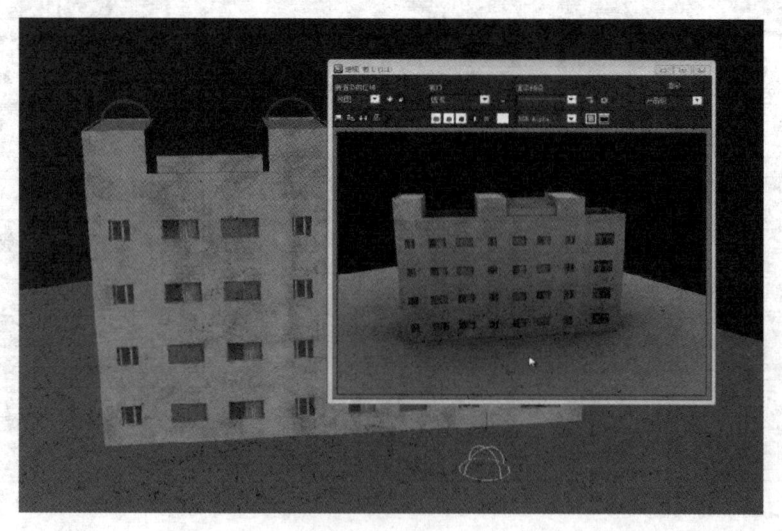

图 3.2.20

(20) 根据参考图摆放建筑。选择“全部模型”，选择菜单【群组】/【成组】命令，将模型组成一个组，方便以后在模型较多的场景中选择和移动。选择【顶视图】(快捷键【T】)，并移动模型到合适的位置，调节视角与建筑物的大小，如图 3.2.21 所示。选择菜单【视图】/【视口背景】命令。在弹出的【视口背景】对话框中，勾选纵横比下面的【匹配位图】和【锁定缩放 / 平移】，单击“确定”按钮。

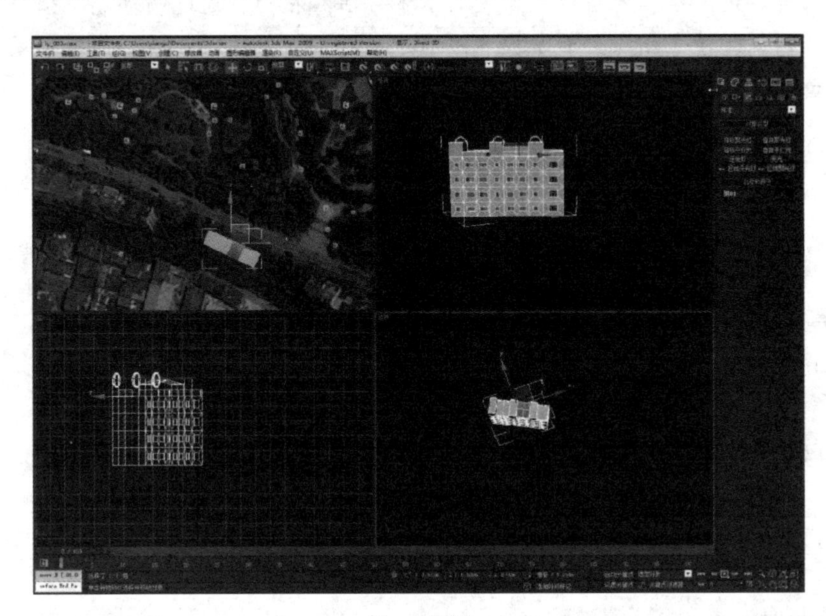

图　3.2.21

拓展知识

在 3ds Max 中建模的类型主要包括以下几种类型：

1. Polygon(多边形) 建模

Polygon(多边形) 建模是3ds Max 中最为广泛和完善的建模方法，特别适用于建筑建模、游戏角色类建模。

2. patch(面片)建模

patch(面片) 建模是介于多边形建模和 numbs 之间的一种建模方法，使用面不是很广泛，但在以曲线的调节方法来调节曲面方面比较优秀，对习惯于多边形建模的人尤其适用，主要运用于生物有机模型的创建。

3. NURBS建模

NURBS 建模是目前比较流行的一种建模方法，它能产生光滑的曲面，它是用数学函数来定义曲线和曲面，最大的优势是表面精度的可调节性，可以在不改变外形的前提下自由控制曲面的精度，这种建模方法适用于工业造型、生物有机模型的建模。

本章小结

本章介绍了三维城市漫游动画中高层建筑建模的基本方法和工作流程，着重讲解了高层建筑建模的单位设置方法和视口图片的调集知识，学会多边形建模的工具运用、建模流程以及贴图的基本方法和技巧。通过高层建筑项目的制作流程训练，学生可以全面掌握多边形建模的工具运用，让学生能够在团队合作状态下进行综合项目的制作。

习　题

1. 选择题

(1) 楼群的单位设置通常是 (　　)。

A. 厘米　　B. 毫米　　C. 英尺　　D. 米

(2) 视口背景的设置是在什么菜单下？ (　　)

A. 菜单　　B. 编辑　　C. 视图　　D. 建模

(3) 将长方体转变成可编辑多边形的方法有 (　　)。

A. 在鼠标中单击右键出现转换成可编辑多边形的方式

B. 在修改器中选择可编辑多边形的方式

C. 复合对象的修改方式

D. 标准对象中建模的方式

(4) 贴图的快捷键是 (　　)。

A. T　　B. M　　C. F　　D. R

(5) 渲染的快捷键 (　　)。

A. F7　　B. F8　　C. F9　　D. T10

2. 简答题

(1) 请简述多边形建模的工作流程。

(2) 请简述高层建筑建模的方法、步骤和技巧。

第 4 章

小榄创意产业园中公园的制作

教学目标

通过学习，掌握运用 3ds Max 软件中的建模工具进行三维城市漫游建筑动画中公园、周边环境及地块地貌的制作方法，把握好项目制作中的比例尺度关系，解决好项目中建模对象主次的精度问题，学会优化建模资源，节省建模时间和系统空间。通过项目制作，了解三维城市漫游建筑动画制作中环境艺术领域方面的知识。

教学要求

知识目标	能力目标	素质目标	权重	自测分数
了解三维贴图方面的知识	通过项目制作，掌握三维制作过程中材质贴图 UVW 纹理的纠正运用方面的能力	通过项目学习，增强贴图表现方面的审美能力	25%	
了解城市建筑和环境艺术方面的知识	通过项目制作，掌握三维制作过程中图形轮廓的绘制及挤出工具的运用	通过项目学习，增强环境艺术的审美水平和鉴赏水平	40%	
了解地形地貌方面的知识	通过项目制作，掌握山形的建模工具及建模调节运用的技能	通过项目学习，提高对山形山貌的三维造型审美能力	35%	

4.1 Google 地图软件介绍

这一章将介绍项目中如何制作地形，包括：公路、河道和山体和其他小部件。接到项目的时候，客户一般都有提供地形的划分图。我们可以利用这个划分图来建立地形。如果没有划分图的时候，我们就可以用 Google Earth。Google Earth 软件也可以帮助我们很直观地看清楚地形并建立地形。

打开 Google 地图软件。查找需要用到的区域，用截图工具把图片保存下来。然后可以利用这张图片作为制作地形的参考图。

通过搜索功能找到要制作的区域，缩放到合适大小，用截图工具把地图复制下来当作对位图，然后分析参考图 4.1.1，确认地形中的公路、河道和山体。

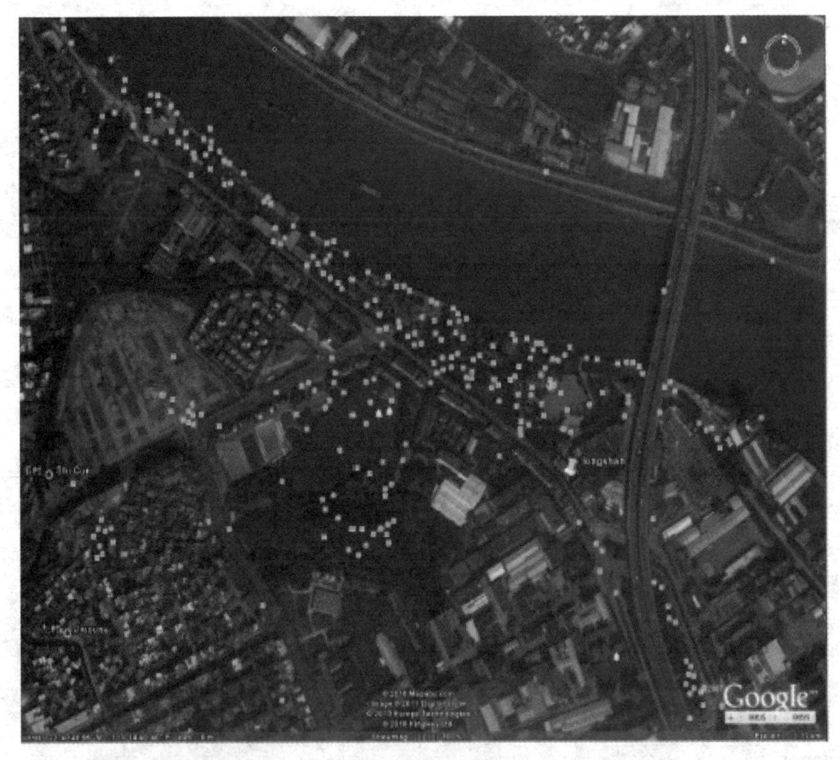

图 4.1.1

首先简单分析一下地形，场景中主要包括主要公路（红色）、河道和湖（蓝色）还有山体（绿色），这些是需要在场景表现出来的标志性物体，如图 4.1.2 所示。

图　4.1.2

4.2　Google 地图中的地形制作

Google 地图中的地形制作的具体步骤如下：

(1) 打开 3ds Max 2009 中文版，首先，我们统一场景单位，选择菜单【自定义】/【单位设置】命令，弹出【单位设置】对话框，把显示单位比例设置成“米”。

首先我们先创建一个平面，在命令面板中选择【标准基本体】/【平面】，在视图中按住鼠标左边拉出一个平面，释放左键确定。把【长度分段】和【宽度分段】都设置为 1，如图 4.2.1 所示。

(2) 打开【材质编辑器】或按快捷键【M】，弹出“材质编辑器”，选择一个空白的材质编辑球。单击漫反射旁边的小方块，弹出【材质 / 贴图浏览器】，选择【位图】，在位图选项中，单击 None 位图链接，如图 4.2.2 所示。指定卫星地图参考的图像文件路径。

图　4.2.1

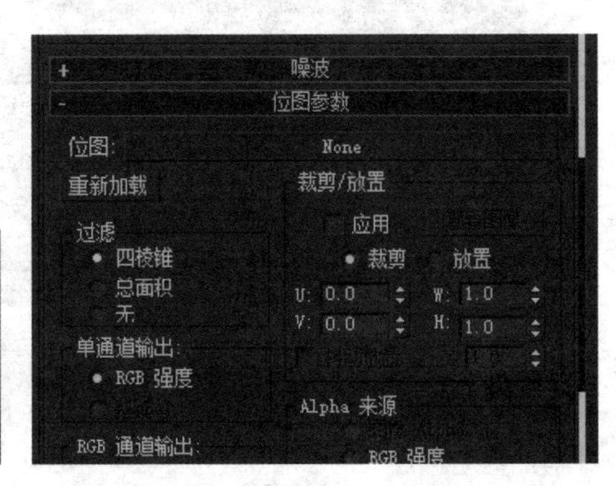

图　4.2.2

(3) 单击将材质指定给选定对象，将材质球材质赋予模型。同时选择(在视图中显示标准贴图)，如图 4.2.3 所示。

(4) 赋予材质后发现，材质贴图因为与创建平面的大小比例不一样而导致贴图拉伸。所以需要进行 UVW 纹理的纠正，在命令面板的修改器列表中，添加【UVW 贴图】命令，在贴图参数里面选择“长方体”，如图 4.2.4 所示。

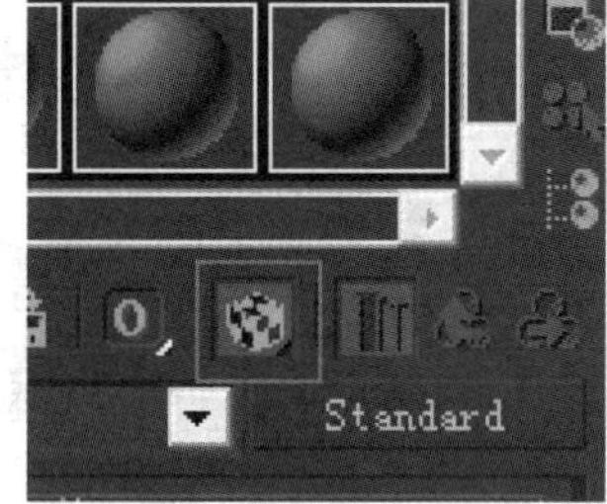

图 4.2.3

图 4.2.4

(5) 注意，现在的材质贴图并非是正确的，因为平面的大小会影响贴图的拉伸问题。所以还需要做一个步骤。在命令面板的修改器列表里面，选择 UV 贴图，如图 4.2.5 所示。在修改面板里面选择“位图适配”，如图 4.2.6 所示。指定到参考图路径，完成后参考图的拉伸问题就能解决了。

图 4.2.5

图 4.2.6

(6) 修改完参考图的拉伸问题后，我们就可以把平面各个轴的位移和旋转给锁定了，这样可以解决我们的误操作。在命令面板中选择【层次】/【链接信息】，把移动 X、Y、Z 和旋转 X、Y、Z 勾选上，如图 4.2.7 所示。

(7) 接下来我们要进行公路的制作。首先在顶视图面板上沿着参考图用线把公路描出来。在命令面板中选择【图形】/【线】，如图 4.2.8 所示。

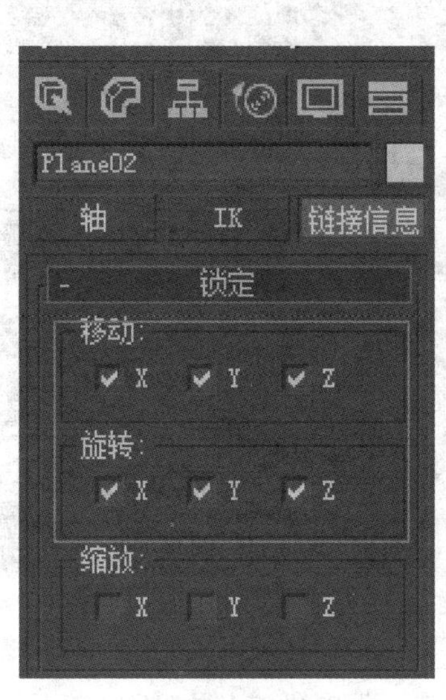

图　4.2.7

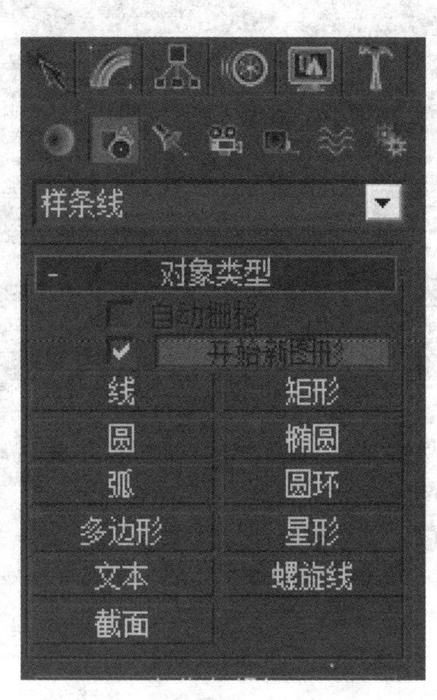

图　4.2.8

(8) 然后在顶视图按下鼠标左键作为线的起点，移动鼠标到你下一个点的位置，再单击鼠标左键创建第二个点，依次创建所需要的点，如图 4.2.9 所示。最后回到起点，闭合曲线，如图 4.2.10 所示。此步骤为建立初步的形状，要求线尽量准确，线的描绘尽量使用直线，最后通过倒圆角和转换贝塞尔等方式调整成变化的曲线。

图　4.2.9

图 4.2.10

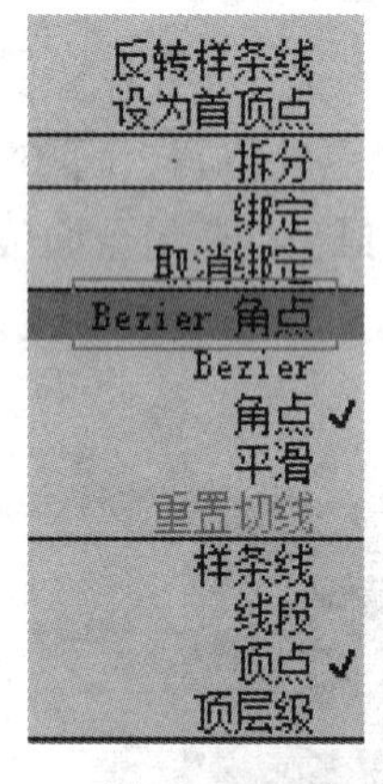

图 4.2.11

(9) 完成大体的建立后，我们进行细部的刻画，选择曲线，单击鼠标右键弹出菜单，选择 转换为: → 转换为可编辑样条线 命令，现在创建出来的都是直线，在可编辑样条线堆栈命令面板中，单击“顶点”，进入【顶点】编辑模式，这时可以对点进行编辑操作。圈选需要编辑的点，右击弹出菜单栏，选择【Bezier 角点】，将角点转换为贝塞尔曲线，如图 4.2.11 所示。

(10) 选择工具栏的移动工具，选取已经转换为 Bezier 角点的顶点，出现了绿色的调节手柄，单击并拖动绿色摇杆的一端，会发现线条曲线曲度发生变化，如图 4.2.12 所示。在此顶点单击鼠标右键，还有其他 4 种点的平滑状态，调节的不同方式，如图 4.2.13 所示。

图 4.2.12

图 4.2.13

(11) 完成路面曲线的绘制，如图 4.2.14 所示。

图　4.2.14

(12) 单击修改器列表，为样条线添加【挤出】修改器，调节挤出高度为 0.4cm，将样条线由线框转变为立体图形，如图 4.2.15 所示。

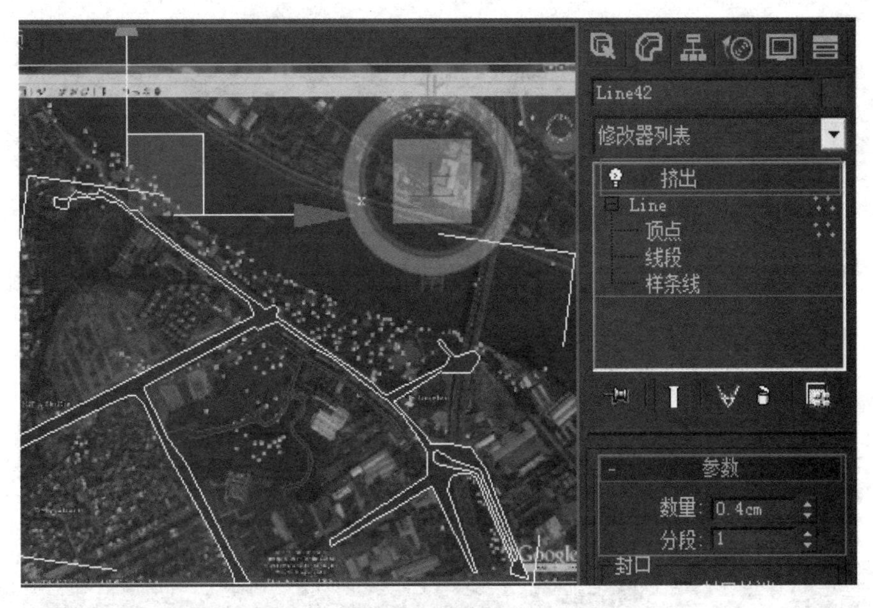

图　4.2.15

(13) 这样公路的建模就完成了，如图 4.2.16 所示。

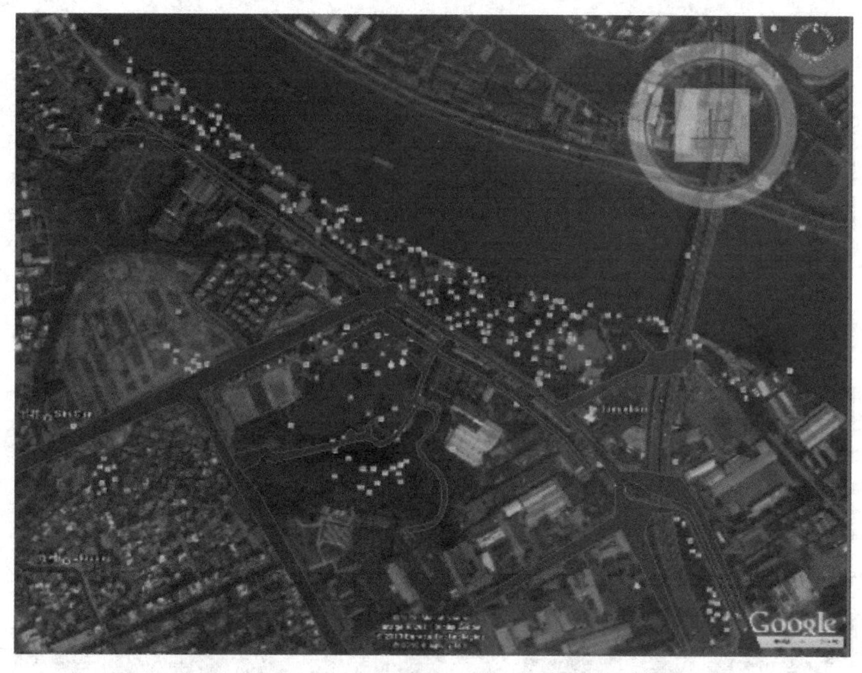

图　4.2.16

(14) 然后制作龙山公园里面的湖和江滨公园旁边的江。在顶视图面板中，用制作路面的方法，继续绘制出湖，在命令面板中选择【图形】/【线】，在控制面板上的创建方法中，选择拖动类型为 Bezier，绘制出湖面的大概轮廓，如图 4.2.17 所示。

图　4.2.17

(15) 单击修改器列表，为样条线添加【挤出】修改器，调节挤出【高度数量】为 −2.0m，如图 4.2.18 所示。

图　4.2.18

(16) 然后我们需要把湖和江的顶面删除，因为湖是向下凹的。选择湖挤出模型，将其转化为可编辑多边形，按快捷键 4 进入面编辑模式，选择湖的顶面，按【Delete】键，删除选择的面。然后选择整个模型的面，在修改命令面板上的【编辑多边形】里选择 翻转 【翻转】命令，如图 4.2.19 所示。这样使模型得以正确的显示，因为正常情况下，背面是不显示的。

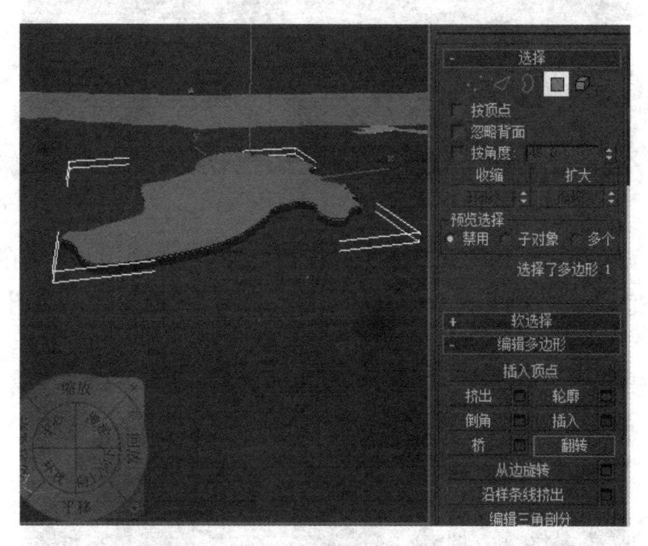

图　4.2.19

(17) 由于后期需要对湖面赋予不同材质，所以需要把湖面从模型分离出来。选择湖模型，进入多边形用面编辑模式，选择湖底的面，在修改命令面板上的【编辑多边形】里面选择【分离】。单击“确定”按钮完成分离，如图 4.2.20 所示。这样就完成湖面的制作。江的制作方法同上。

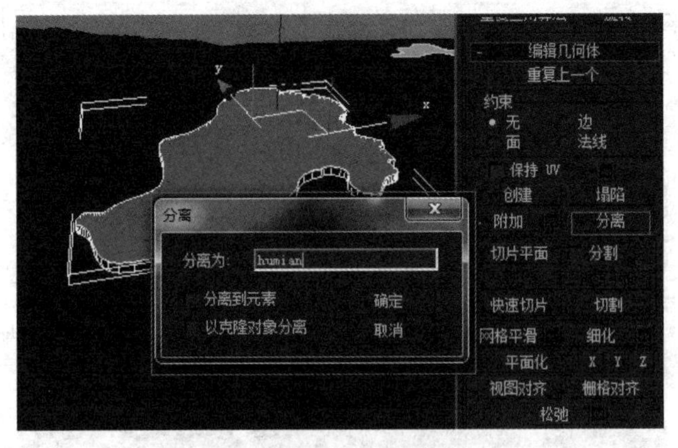

图 4.2.20

(18) 接下来需要对地形中的山体进行制作。首先要分析参考图中山体的描绘。一圈一圈的就是山体的平面图，圈数越密集山体越陡峭。了解山体的平面图后，我们可以根据平面图所示用线描出来，如图 4.2.21 所示。

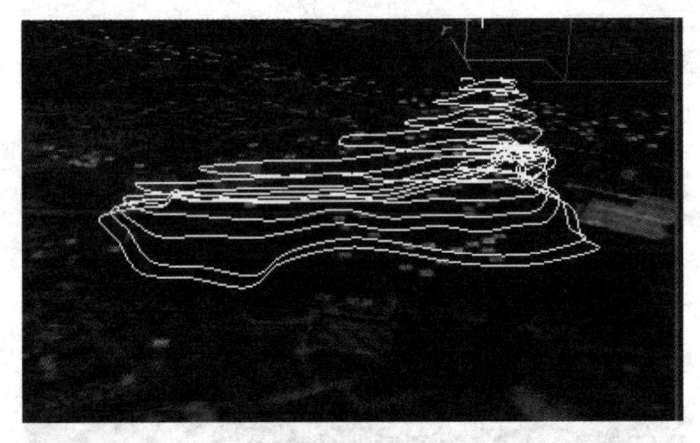

图 4.2.21

(19) 首先进行顶视图描绘，在创建命令面板中选择【图形】/【线】，在【控制面板】/【创建方法】中，选择拖动类型为【Bezier】。绘制出湖面的大概轮廓，如图 4.2.22 所示。

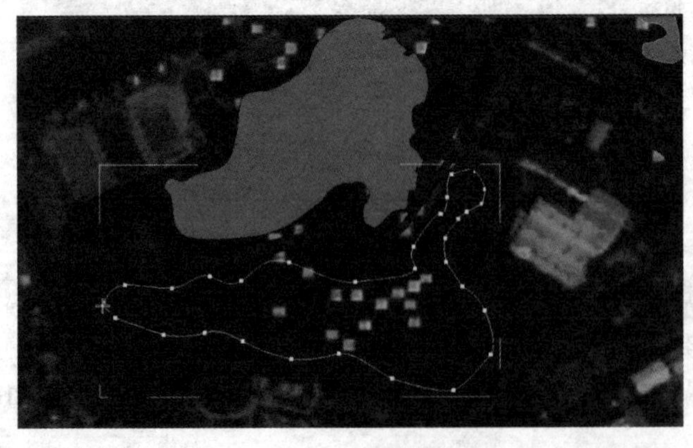

图 4.2.22

(20) 将整体顶点的方式改为“平滑”，单击鼠标右键，在弹出的菜单栏中选择【平滑】。然后调节下顶点，使其更加美观。接着用同样的方法创建出第二圈、第三圈、第四圈……尽量多绘制几圈，如图 4.2.23 所示。

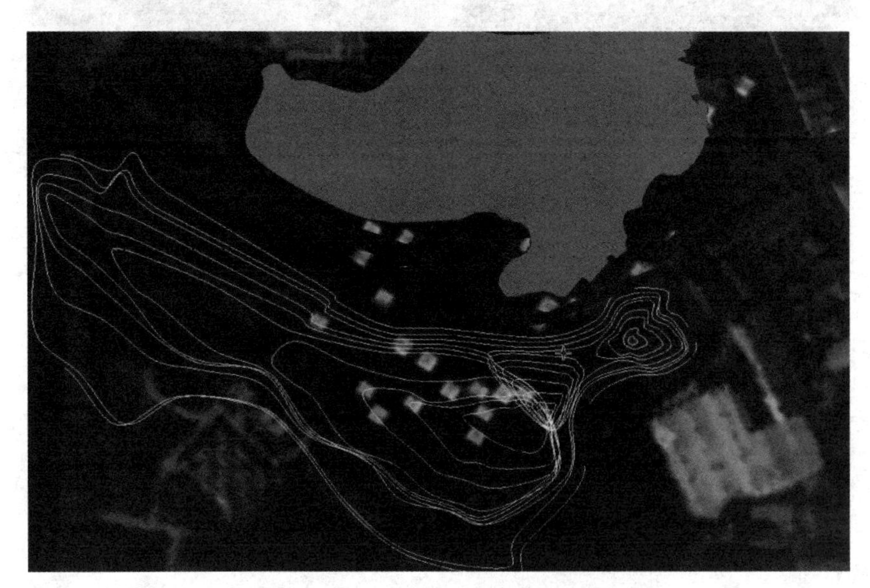

图　4.2.23

(21) 然后选择第二圈以上的等高线，将它垂直向上移动一些 (沿着 Z 轴)；用同样的方法将圈内的线依次升高，最后效果如图 4.2.24 所示。

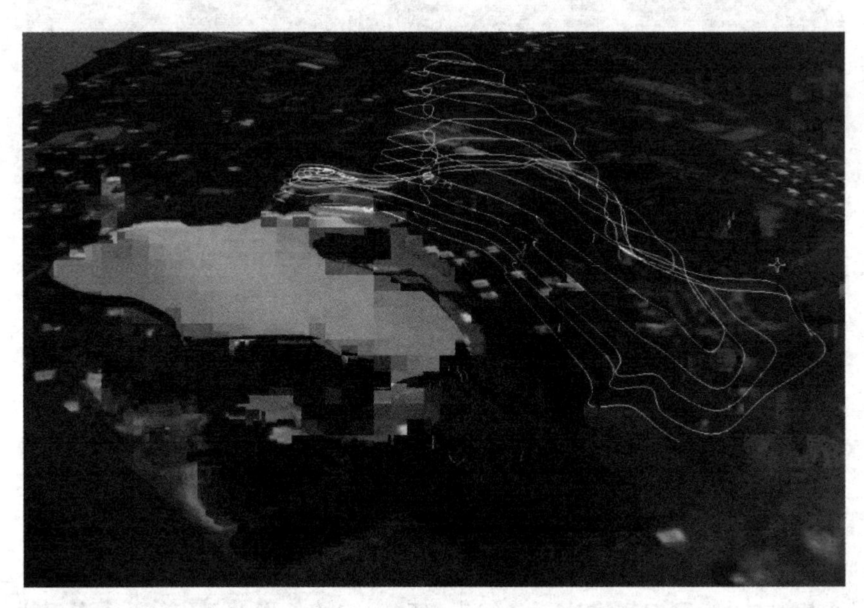

图　4.2.24

(22) 描完全部线以后，我们需要选取全部山体的等高线。在创建命令面板上的【复合对象】中，选择【地形】命令，如图 4.2.25 所示。

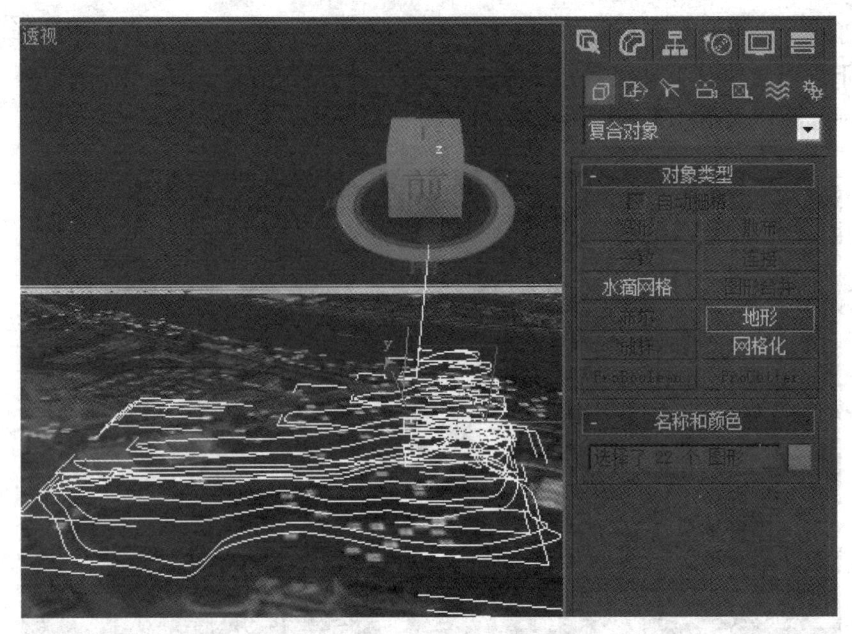

图 4.2.25

(23) 山体的大概就可以出来了。

图 4.2.26

(24) 通过复合建模出来的模型的线比较凌乱，面与面之前的处理不够圆滑，我们可以通过对山体模型转化为可编辑多边形，编辑修改山体的外形。对山体进行修改为我们想要达到的效果。目前山体太简单了，面的精度太低，可以加入圆滑修改器来提高细节。在修改器列表中选择【网格圆滑】，如图 4.2.27 所示。

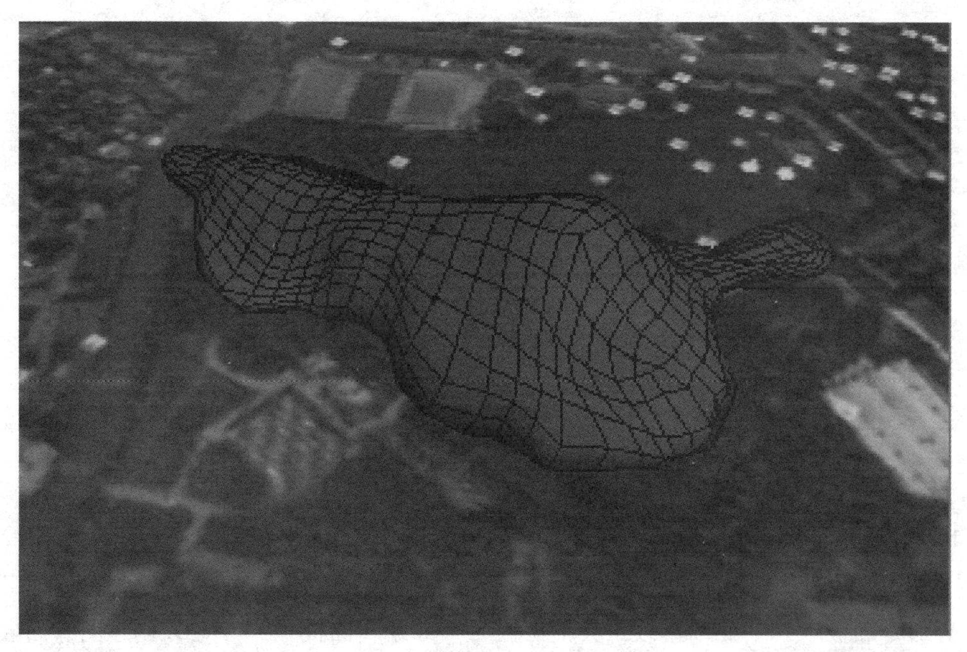

图　4.2.27

(28) 这样山体的模型就制作完了。最后我们把房屋区和我们主体建筑区域用上述方法简单绘制出来，为后面的工具做铺垫，如图 4.2.28 所示。

图　4.2.28

本章小结

本章介绍了小榄创意产业园动画中龙山公园及周边环境地形山貌的制作方法和制作流程。通过学习UVW知识，掌握三维制作过程中材质贴图UVW纹理的纠正运用方面的能力。通过学习绘制图形工具和挤出工具的学习，掌握地形地貌的绘制方法。通过地形绘制工具的学习运用，掌握各种山形的创建和修改方法和技巧。这些工具的学习将为后期项目制作奠定坚实的建模能力。

习　题

1. 选择题

(1) UVW贴图是从哪里调出来的？(　　)

A. 命令面板　　B. 修改工具下拉栏　　C. 编辑面板　　D. 创建图像面板

(2) UVW贴图的类型下面哪几种是对的？(　　)

A. 平面　　B. 球形　　C. 长方体　　D. 柱形

(3) 创建图形面板下，(　　) 是创建地形轮廓的工具。

A. 弧　　B. 线　　C. 多边形　　D. 矩形

(4) 挤出命令在什么下可以调出来？(　　)

A. 修改器列表下　　B. 创建面板下　　C. 图形面板下　　D. 多边形面板下

(5) 山形的创建面板是在 (　　)。

A. 修改器下　　B. 复合对象面板下　　C. 创建面板下　　D. 标准对象下

2. 简答题

(1) 请简述UVW知识的过程。

(2) 请简述山形、地形模块的创建工作流程。

第 5 章

小榄创意产业园中塔的模型制作

教学目标

通过学习，掌握小榄创意产业园三维城市漫游动画中塔的制作方法。了解中国古塔的造型审美法则和结构特点领域方面的知识，掌握制作塔需要用到的挤出、切角、轮廓等工具的灵活运用，通过贴图训练，掌握小榄创意产业园三维城市漫游动画中塔的贴图方法。了解中国古塔的外观材质、造型的审美法则方面的知识，掌握制作塔需要用到的UV贴图工具的灵活运用，为今后项目的高级设计制作提供实践经验。

教学要求

知识目标	能力目标	素质目标	权重	自测分数
了解中国传统古塔造型和结构方面的知识	掌握三维城市漫游动画中塔的切角建模工具及运用能力	通过项目中塔的制作，提高三维造型能力和项目表现的审美能力	10%	
了解三维建模中工具运用方面的知识	掌握三维城市漫游动画中塔的轮廓建模工具及运用能力	通过项目中塔的制作，提高三维造型能力和项目表现的审美能力	20%	
了解三维建模中工具运用方面的知识	掌握间隔工具、复制工具的使用技能	培养复杂三维建模的审美能力	20%	
了解快捷键设置方面的知识及对项目设计制作速度提高的重要性	通过实践 Unfold 3D 键盘和鼠标设置的方法技能	提高学生计算机运用的研究水平	10%	
了解 Unfold 3D 方面的知识	掌握三维城市漫游动画塔的制作中 Unfold 3D 的运用技能	通过项目中塔的制作，提高 Unfold 3D 表现的审美能力	10%	
了解 CrazyBump 方面的知识	掌握三维城市漫游动画 CrazyBump 对塔的法线贴图制作能力	通过项目中塔的题图制作，提高三维造型能力和项目表现的审美能力	15%	
了解 3ds Max 中贴图工具运用方面的知识	掌握贴图过程中 UVW 贴图工具的使用技能	培养复杂三维贴图艺术的审美能力	15%	

5.1 龙山塔模型制作

龙山塔模型制作的具体步骤如下：

(1) 通过分析参考图分解模型，将龙山塔的大体架构分成各个小部分，然后通过多边形建模制作每个部分，再合成一个完整的模型。

(2) 首先，我们先预览一下龙山塔完成的样子 (图 5.1.1)。

(3) 通过参考图，分析了解一下龙山塔的大体架构。塔高 4 层，我们可以将龙山塔分成两个部分来制作，一部分为龙山塔的塔顶，另一部分为塔顶以下相似的 4 层，塔顶以下每一层基本都一样，可以制作完一层后复制制作出下面几层，每一层都是正八角形 (图 5.1.2)。

图 5.1.1

图 5.1.2

(4) 现在我们开始进行第一部分，塔的底部制作。首先，我们统一场景单位，选择菜单【自定义】/【单位设置】，弹出“单位设置”对话框，把显示单位比例设置成“米”。

(5) 然后我们创建一个八边的圆柱体，在命令面板中选择【标准基本体】/【圆柱体】，在视图中用鼠标拉出一个长方体，确定大小后释放左键确定大小，如图 5.1.3 所示。

(6) 打开修改面板，设置“边数”为 8，如图 5.1.4 所示。

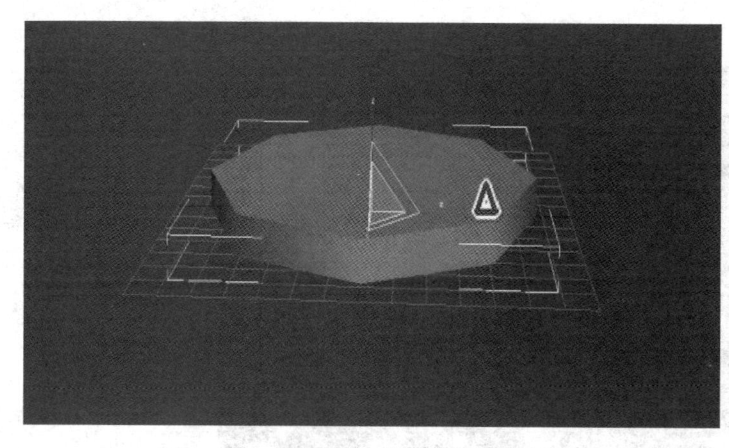

图　5.1.3

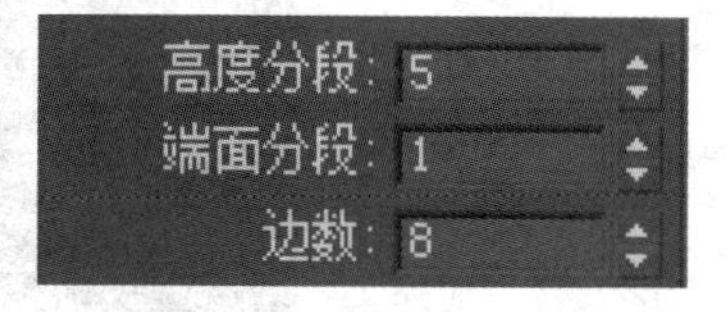

图　5.1.4

(7) 将模型转变为【可编辑多边形】，进入【面】编辑模式，选择最上面的面，如图 5.1.5 所示。选择缩放工具，拖动 Y、Z 轴，等比例缩放大小，如图 5.1.6 所示。

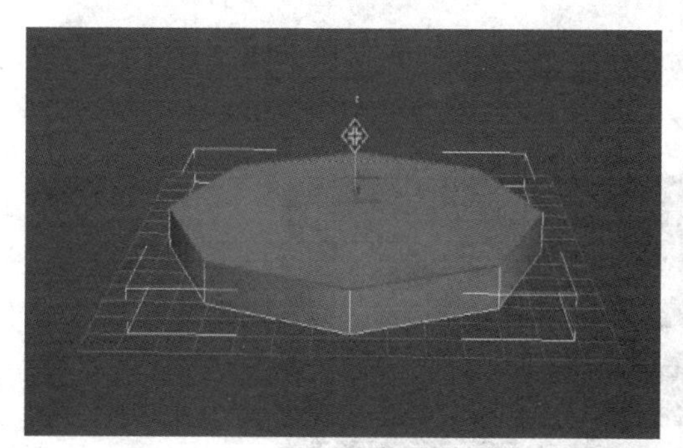

图　5.1.5

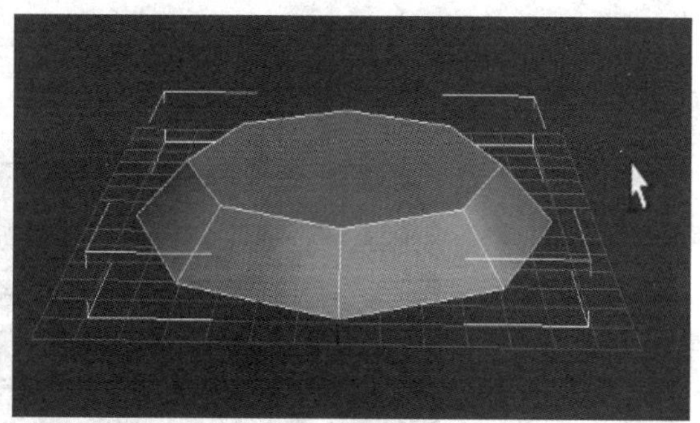

图　5.1.6

(8) 然后选中圆柱体侧面的所有边，如图 5.1.7 所示。单击鼠标右键弹出菜单栏，选择切角工具 切角 ，直接单击并拖动，拉出想要切角的宽度。

(9) 调整一下底部宽度和形状，如图 5.1.8 所示。

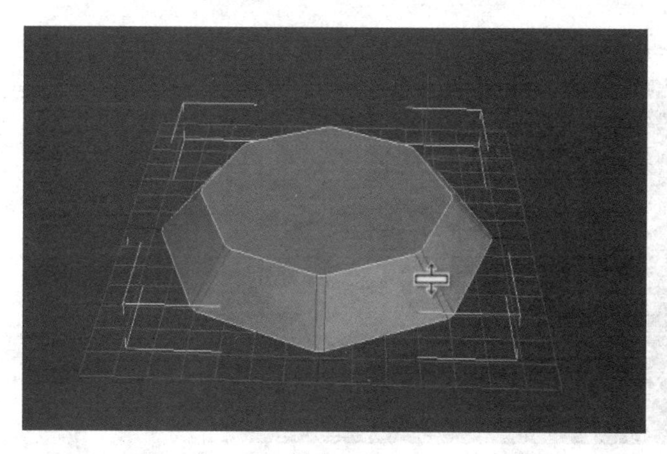

图　5.1.7

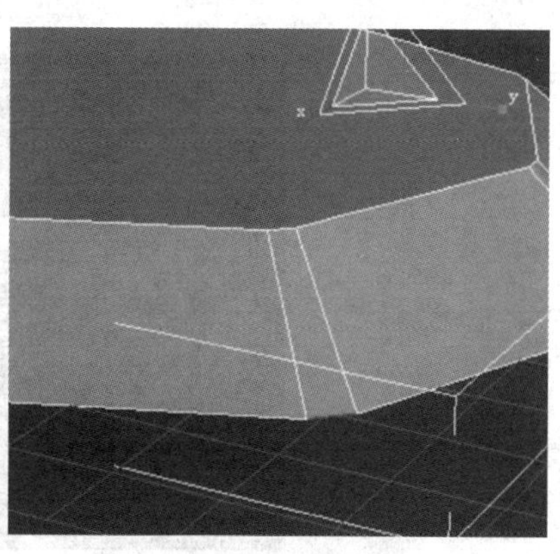

图　5.1.8

(10) 选中八个小面单击右键弹出菜单栏，选择挤出工具[挤出]，直接单击并拖动，拉出想要挤出的高度，如图 5.1.9 所示。

图 5.1.9

(11) 然后进入[∴]【点】编辑模式，调整一下形状，让突出来的线与顶部水平面达到一致，如图 5.1.10 所示。

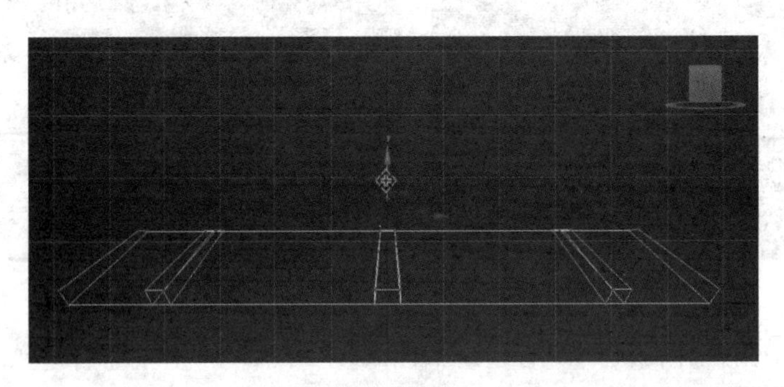

图 5.1.10

(12) 选中其中一个角，分别使用[挤出]和编辑多边形来深化制作，如图 5.1.11 至图 5.1.13 所示。

图 5.1.11

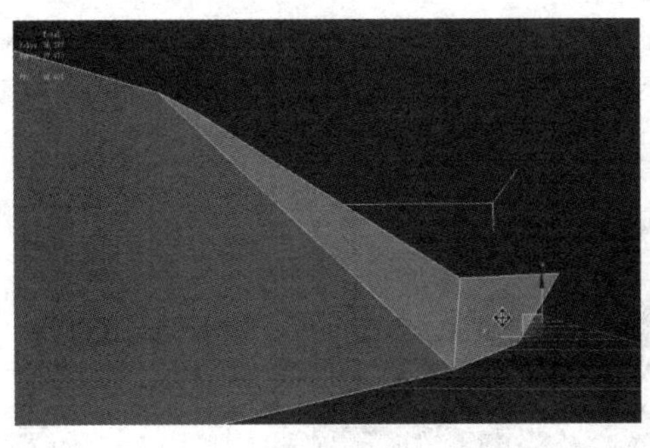

图　5.1.12

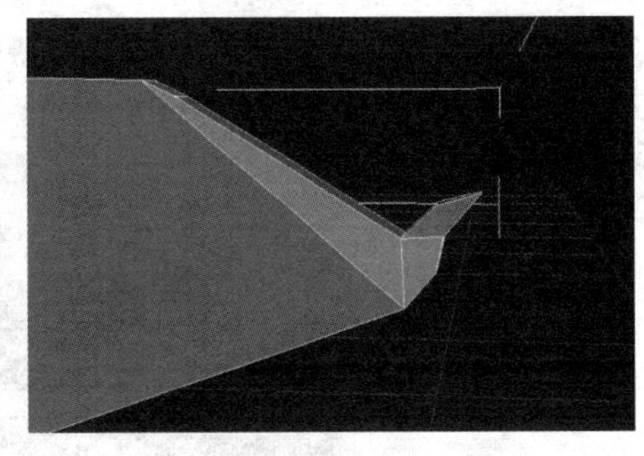

图　5.1.13

(13) 选中其他 7 个角的面，按【Delete】键，然后再选中已经调整好的角，如图 5.1.14 所示。使用【分离】命令，在弹出的对话框中，勾选【以克隆对象分离】(图 5.1.15)，单击“确定”按钮，完成复制。

图　5.1.14

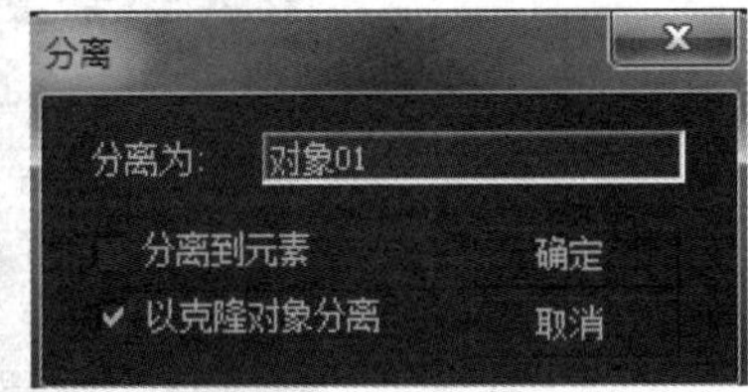

图　5.1.15

(14) 接下来我们要利用这个复制出来的模型通过以塔底为中心来旋转复制出其他角，这样比复制一个个后再通过旋转移动来得更加准确和便捷。先选中已经分离出来的那个角，在命令面板中选择【层次】/【轴】/【仅影响轴】，如图 5.1.16 所示。这时在窗口中会出现一个新的坐标，这个就是模型的轴坐标。使用工具栏中的对齐工具，把它的轴坐标中心吸附到塔底圆柱体的中心 (图 5.1.17)，使角能以圆柱体中心旋转复制。

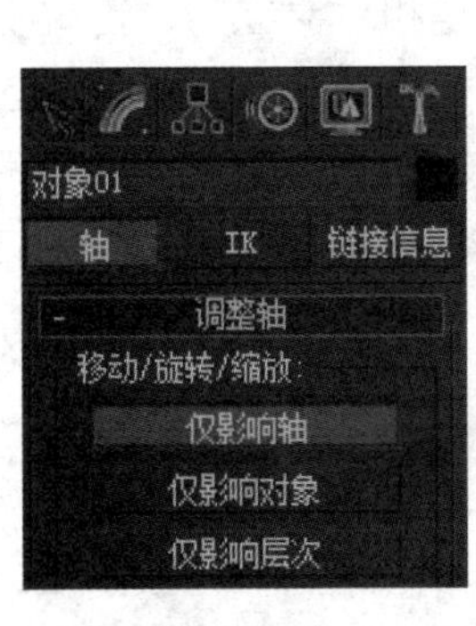
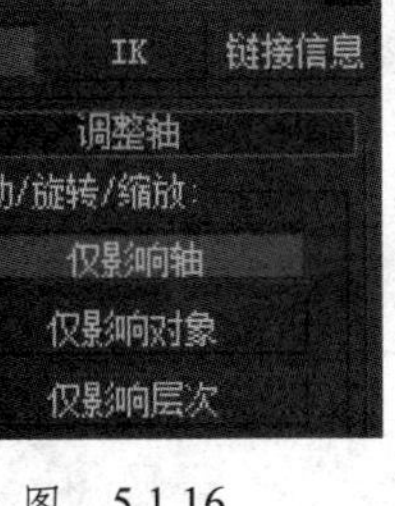

图　5.1.16

图　5.1.17

(15) 选择旋转工具，按住【Shift】键，按住鼠标左键拖动到下个角的位置，松开鼠标左键，弹出【克隆】对话框，勾选【复制】，“副本数”为 7，单击“确定”按钮复制出各个角，如图 5.1.18 所示。

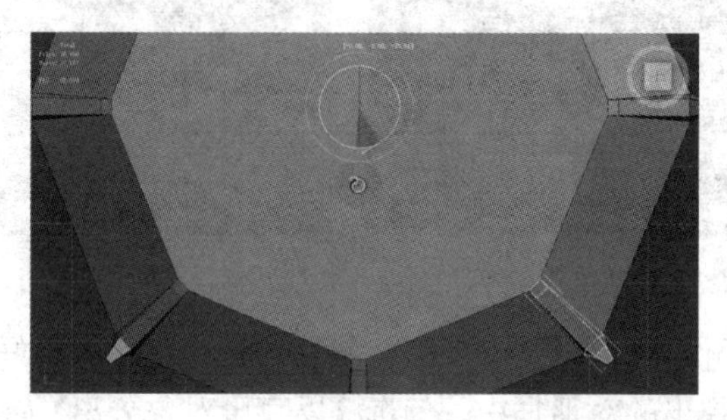

图 5.1.18

(16) 旋转完成后，我们需要将整个模型合并起来，选取塔底圆柱体模型，进入【点】或【面】编辑模式，选择控制面板上的【编辑几何体】/ 附加 【附加】后面的方块，弹出【附加列表】对话框，选取刚刚复制出来的全部模型，如图 5.1.19 所示，单击“确定”按钮完成合并模型。

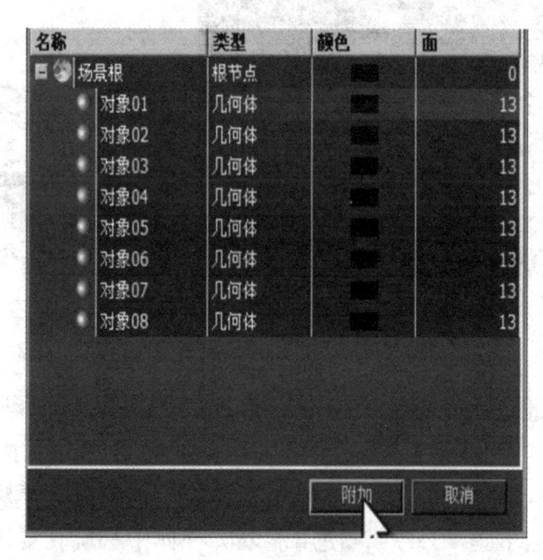

图 5.1.19

(17) 合并后的模型虽然成为一个整体，但是模型里面的还是相对对立的，需要将分离的点连接在一起，这时候可以选择比较快的方法将点连接起来，不用一个个单独去连接，进入【点】编辑模式，选择【控制面板】/【编辑顶点】/ 焊接 【焊接】后面的对话框，弹出【焊接顶点】对话框，修改【焊接阈值】参数为 0.001m，如图 5.1.20 所示设置，单击“确定”按钮完成焊接。

(18) 完成焊接后，可以选择一些顶点拖动，检查是否已经焊接 (图 5.1.21)。

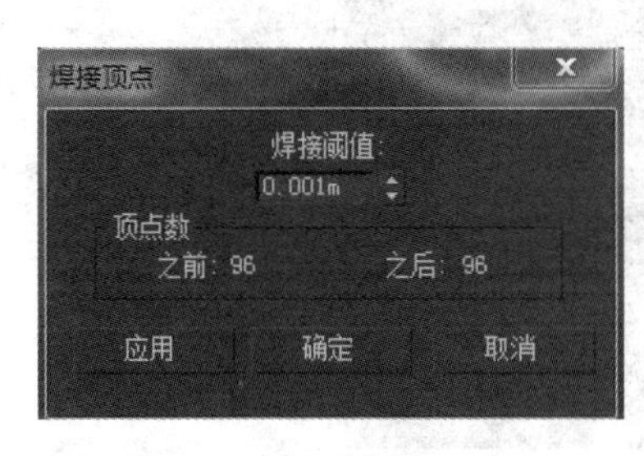

图　5.1.20

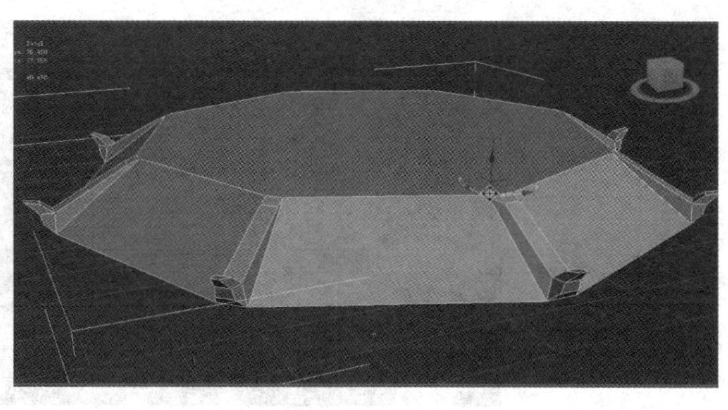

图　5.1.21

(19) 继续为边缘添加细节，加线调整，选取需要添加的线，单击鼠标右键，如图 5.1.22 所示，弹出菜单栏，选择【连接】，为整列的线添加一行线，然后使用缩放工具和移动工具来调整大小和位置，如图 5.1.23 所示。

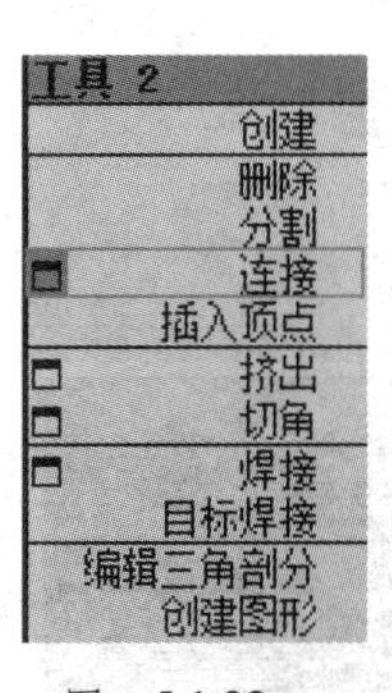

图　5.1.22

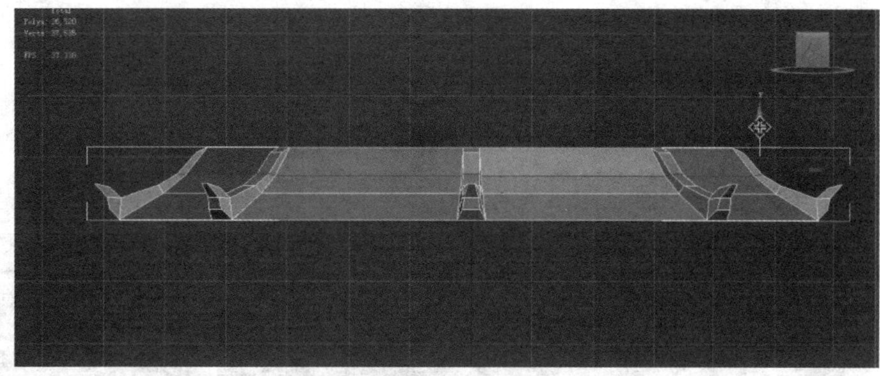

图　5.1.23

(20) 继续用同样的方法添加细节，调整模型形状，如图 5.1.24 所示。

(21) 调整后的效果如图 5.1.25 所示。

图　5.1.24

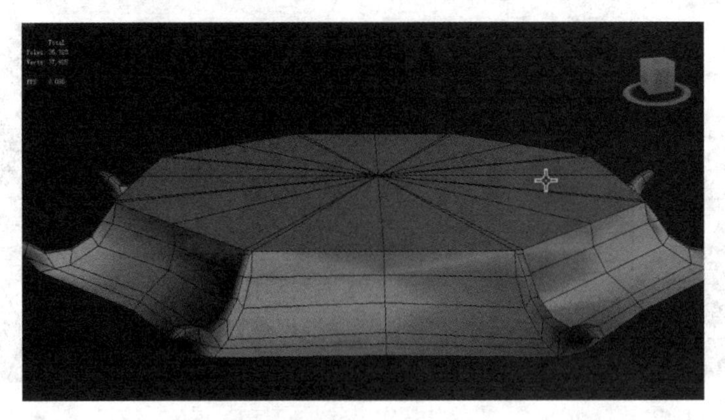

图 5.1.25

(22) 接下来制作围墙部分。重新创建会比较麻烦，而且不准确，我们可以直接从现有模型中复制，相对比较快捷方便。先选择顶端的一圈线，如图 5.1.26 所示。

(23) 进入【边】编辑模式下，在命令面板里选择【编辑边】/【利用所选取内容创建图形】命令，如图 5.1.27 所示，提取线框。

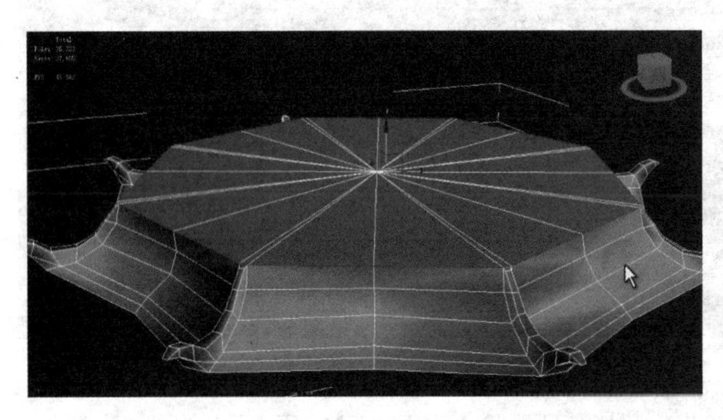

图 5.1.26

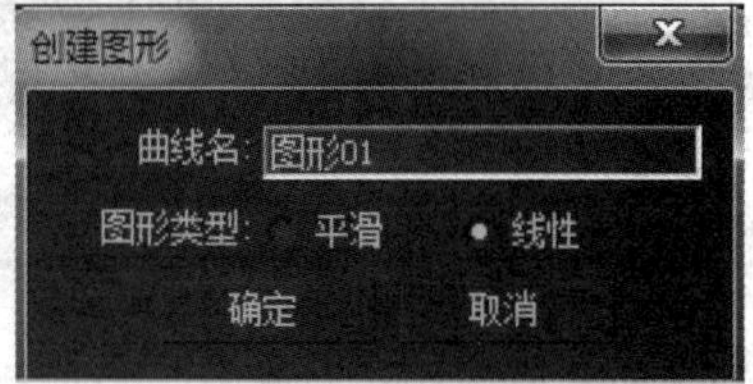

图 5.1.27

(24) 继续选中提取出来的线框，进入【线】编辑模式，如图 5.1.28 所示，在命令面板里选择【几何体】/【轮廓】，按住鼠标左键拖动线框，创建出轮廓线。

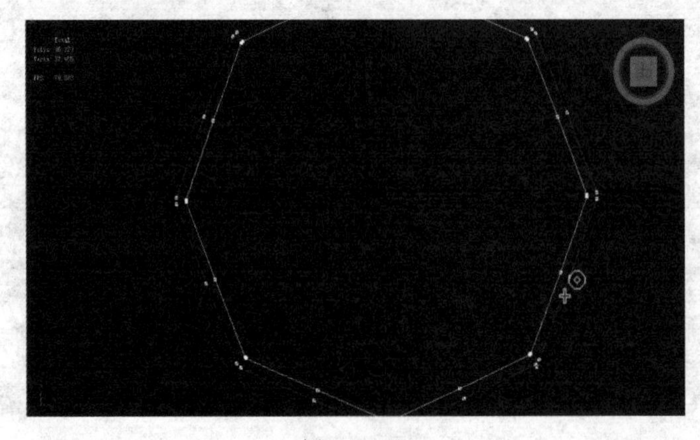

图 5.1.28

(25) 在命令面板修改器列表中，添加【面积出】命令，使它成为一个平面。然后将其转变为【可编辑多边形】后，选取面，然后使用挤出工具 挤出 ，创建出围栏，如图 5.1.29 所示。

图　5.1.29

(26) 为了节省建模时间，可以选取围栏其中一边来进行细化制作，在命令面板里选择 连接 【连接】工具，【分段】为 5，将模型细分为六个部分，如图 5.1.30 所示。

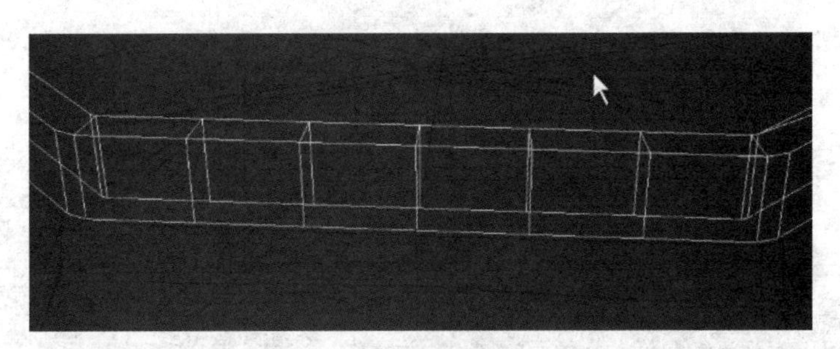

图　5.1.30

(27) 选取外围六个面，在命令面板里选择【插入】的设置，弹出【插入多边形】对话框，在插入类型中，勾选【按多边形】，然后再用缩放工具进行调整，如图 5.1.31 所示。

图　5.1.31

(28) 接下来制作柱子，先创建出一个长方体，转变为【可编辑多边形】，选择顶部的面，使用挤出工具和缩放工具制作柱子，如图 5.1.32 至图 5.1.34 所示。

图　5.1.32

图　5.1.33

图　5.1.34

(29) 用同样的方法创建出不同形状的柱子，如图 5.1.35 所示。

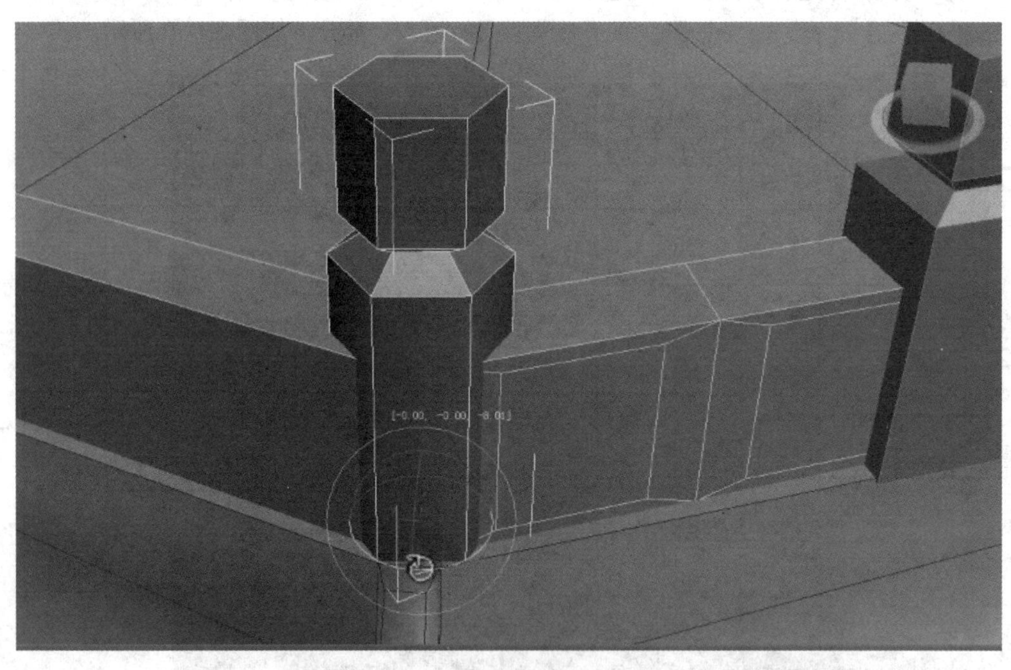

图　5.1.35

(30) 按住【Shift】键，复制出其他柱子。继续添加围栏上的细节，按照之前的获取相框的方法在下面提取一圈线，选中线框后，在命令面板上的【渲染】卷轴栏中，勾选【在渲染中启用】和【在试图中启用】选项，调整【厚度】为 0.36cm，如图 5.1.36 所示。得到一圈实体线，效果如图 5.1.37 所示。

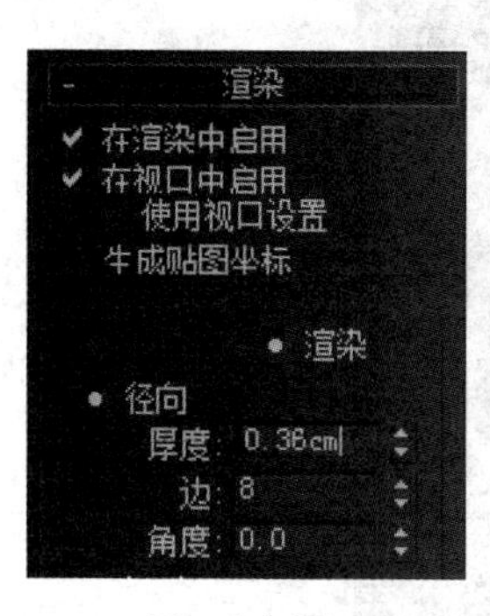

图　5.1.36

图　5.1.37

(31) 在栏杆下加上受力柱，然后分别使用【连接】/【插入】等命令，再通过移动工具和缩放工具的调节来深化柱子和围墙细节，如图 5.1.38 所示。

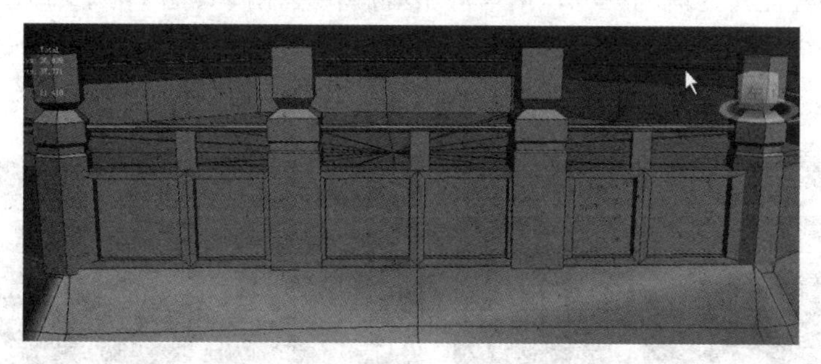

图　5.1.38

(32) 把这一组围栏创建完成后接下来就是把这几个模型成组，如图 5.1.39 所示。通过旋转阵列复制。先把其他多余的模型删除掉，然后选取组成围栏的几个模型，选择菜单【组】/【成组】命令，成组后用之前的方法沿中心旋转复制出其他几个方面的围栏，如图 5.1.40 所示。

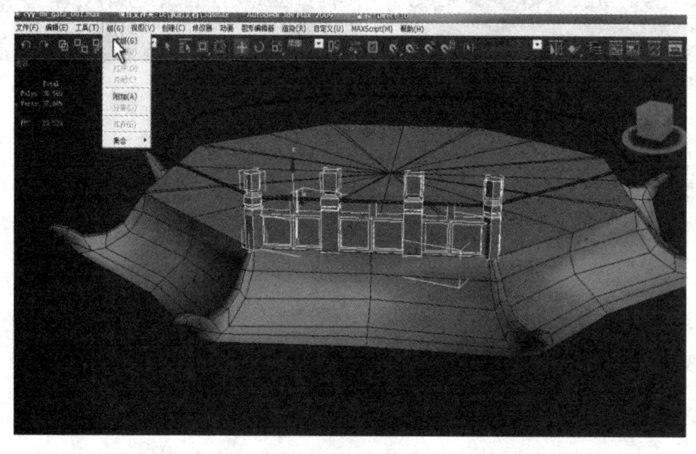

图　5.1.39

图 5.1.40

(33) 创建圆柱体作为塔的主杆，沿塔底中心旋转复制出其他 7 根，如图 5.1.41 所示。

(34) 接着将塔底连同围栏沿着 Z 轴向上复制三层，把握好层与层之间的距离，如图 5.1.42 所示。

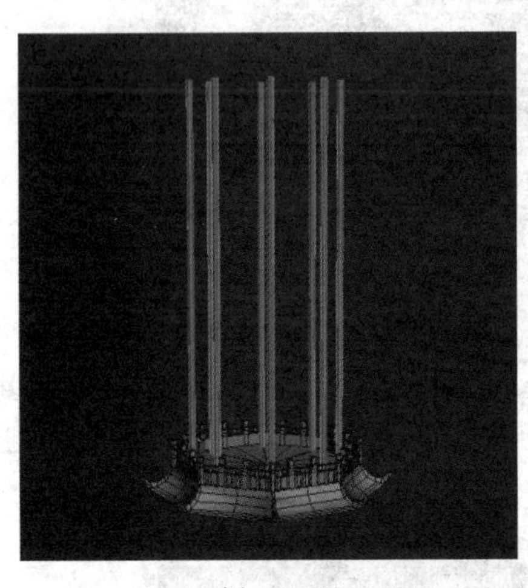

图 5.1.41

图 5.1.42

(35) 塔的顶部也用同样建模的方法去制作，如图 5.1.43 所示。

(36) 塔的大体结构已经完成，接下来进入第二部分，部件的制作——中心不锈钢柱。创建一个圆柱体，如图 5.1.44 所示。

图　5.1.43

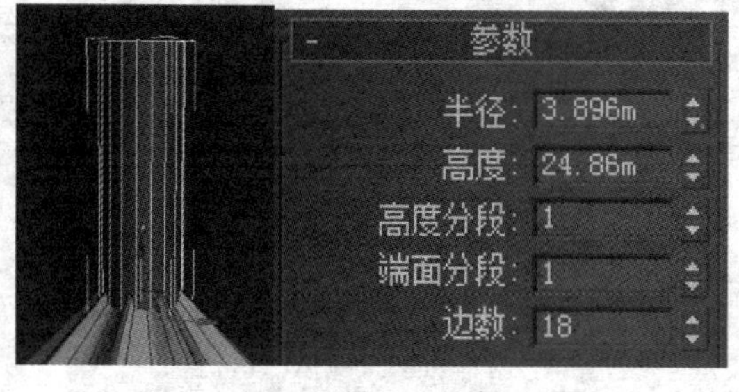

图　5.1.44

(37) 转变为【可编辑多边形】，通过添加一圈圈的线和缩放工具来控制形状，如图 5.1.45 所示。

图　5.1.45

(38) 阁楼的楼顶，先创建出一个八角形线框，如图 5.1.46 所示。然后使用【轮廓】命令为其添加一圈线，如图 5.1.47 所示。

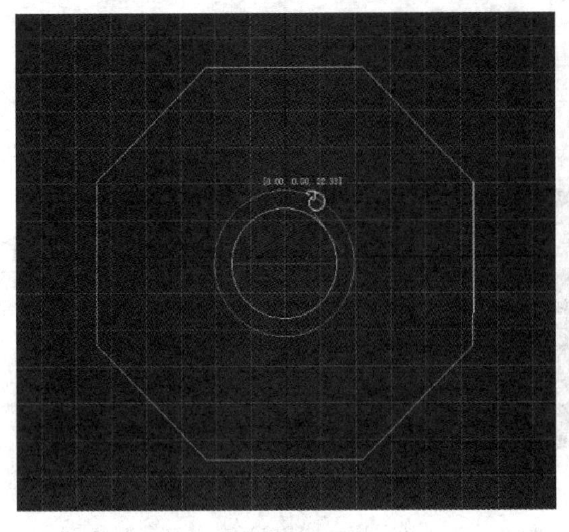

图 5.1.46

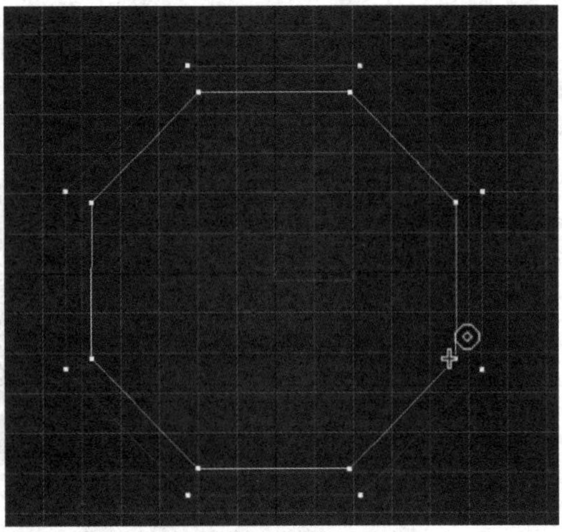

图 5.1.47

(39) 在命令面板上的修改器列表中添加【面挤出】修改器，最后用挤出工具，如图 5.1.48 所示。

(40) 再创建出四个长方体，以井字形放在中间，成组 (图 5.1.49)。

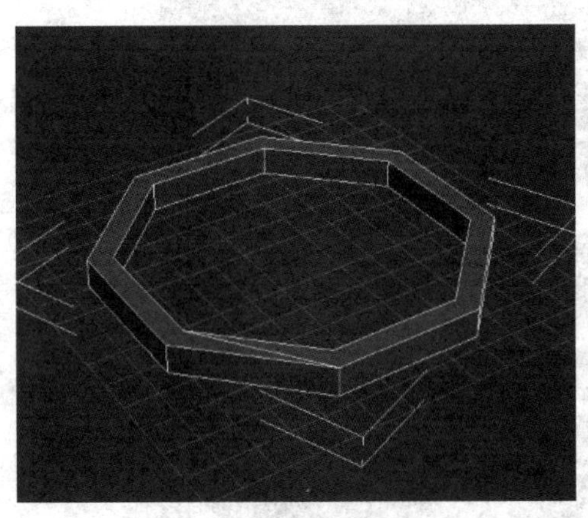

图 5.1.48

图 5.1.49

(41) 完成后放在塔中间对好位，并依次向每一层实例复制，如图 5.1.50 所示。

(42) 制作柱子之间的横梁，先创建一个长方体，转变为【可编辑多边形】，进入【点】编辑模式，添加足够的线，调整形状，如图 5.1.51 所示。

图　5.1.50

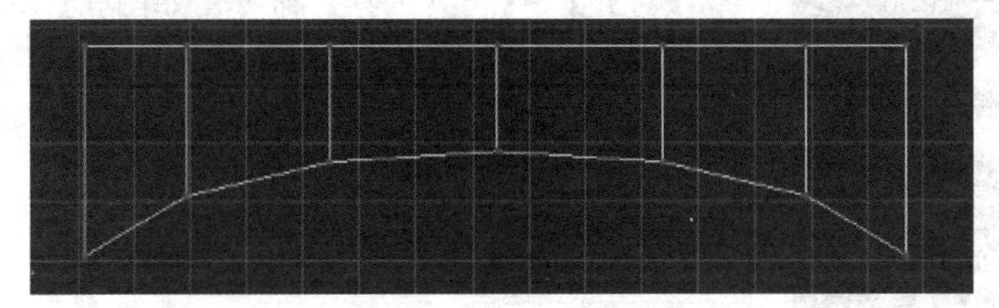

图　5.1.51

(43) 缩放大小，放置在塔上合适的位置，如图 5.1.52 所示，在工具栏上选择【局部】模式进行旋转和缩放，对位置进行微调 (图 5.1.53)。

(44) 接着以塔的中心复制出一整圈后再向下复制。效果如图 5.1.54 所示。

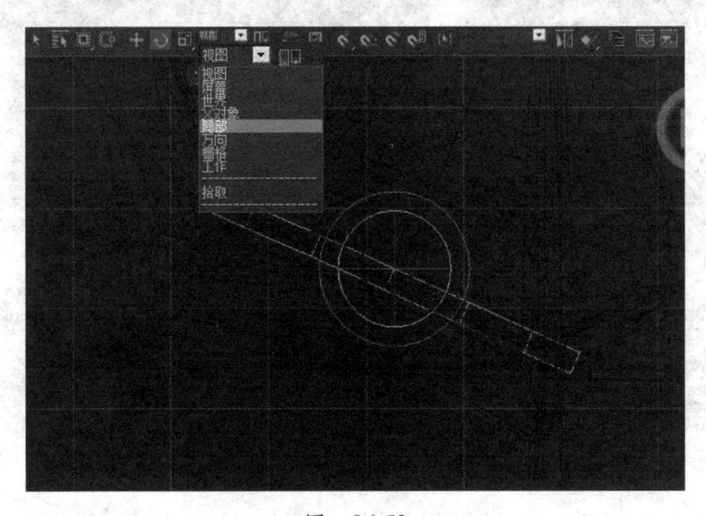

图　5.1.52

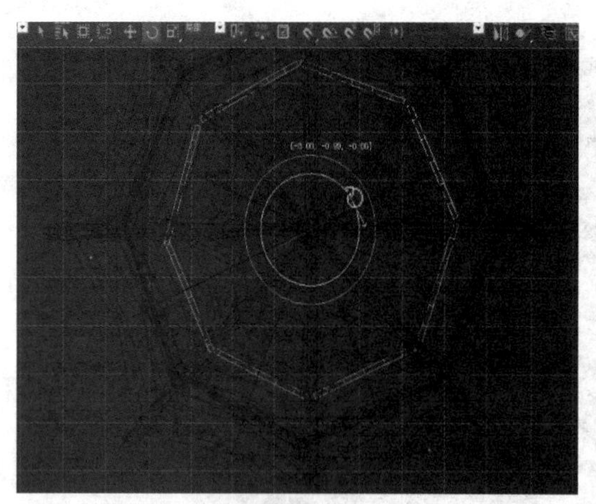

图 5.1.53

图 5.1.54

图 5.1.55

(45) 接下来制作楼梯。创建出一个长方体作为楼梯层级，再创建出一条线，作为楼梯坡度。然后选择菜单【工具】/【对齐】/【间隔工具】命令，如图 5.1.55 所示。

(46) 在弹出的【间隔工具】对话框中修改参数，如图 5.1.56 所示。单击“应用”按钮得到楼梯，如图 5.1.57 所示。

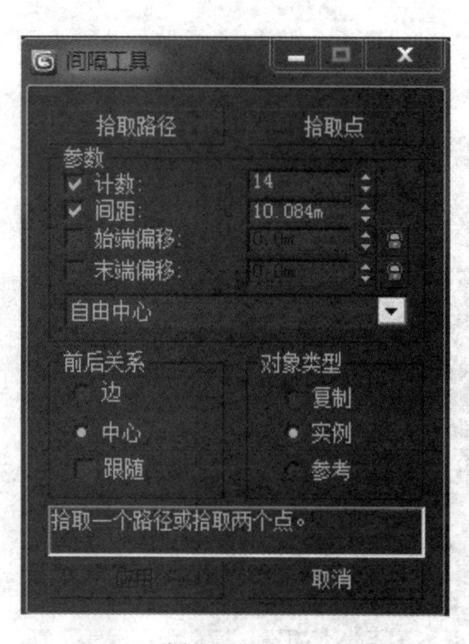

图 5.1.56

图 5.1.57

(47) 创建出一个线框，把它转化为【可编辑样条线】，进入【点】编辑模式，使用移动工具调整形状，使用【面挤出】修改器。再使用挤出挤出，得到楼梯侧面。复制一个到楼梯另一侧。再创建其他小配件，最后实例复制四个放在塔里每层楼如图 5.1.58 所示。

图　5.1.58

(48) 按照上面创建围栏和多边形建模的方法创建出其他小配件 (图 5.1.59、图 5.1.60)。

图　5.1.59

图　5.1.60

(49) 使用间隔工具，沿着路径复制 (图 5.1.61、图 5.1.62)。

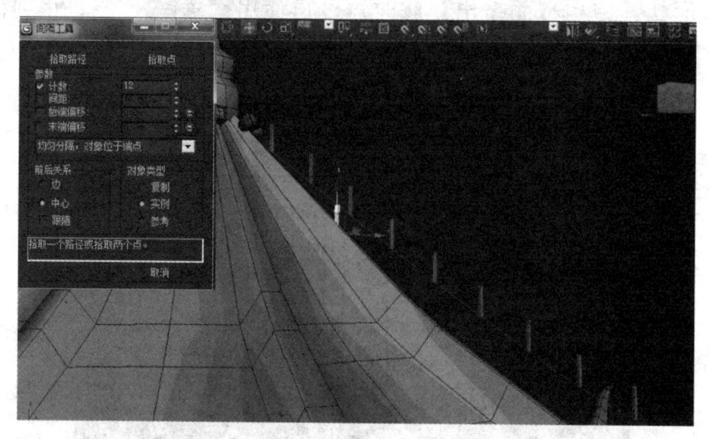

图 5.1.61

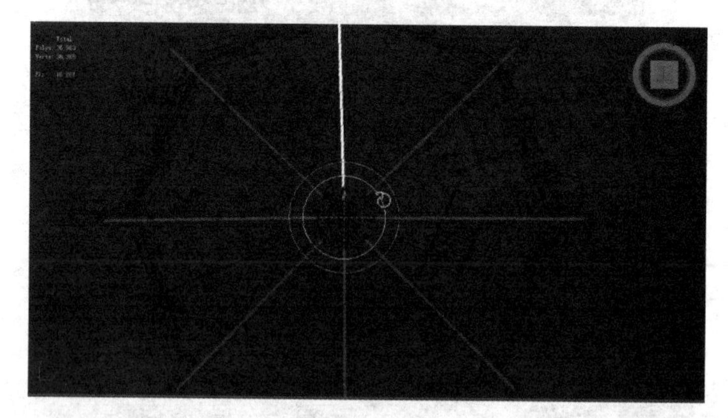

图 5.1.62

(50) 最后创建两个长方体作为牌匾 (图 5.1.63)。

图 5.1.63

(51) 这样我们就完成龙山塔模型制作 (图 5.1.64)。

图　5.1.64

5.2　龙山塔模型贴图的制作

龙山塔模型贴图的制作具体步骤如下：

(1) 简单介绍通过 Unfold 3D 给模型快速分 UV 和 Photoshop 绘制贴图。

(2) 打开 3ds Max2009，打开之前制作好的龙山塔模型，选择我们要分 UV 的那一部分模型，然后选择菜单【文件】/【导出选定对象】命令，保存为“OBJ”格式文件，单击“确定”按钮完成导出，如图 5.2.1 所示设置，单击“确定”按钮完成设置。

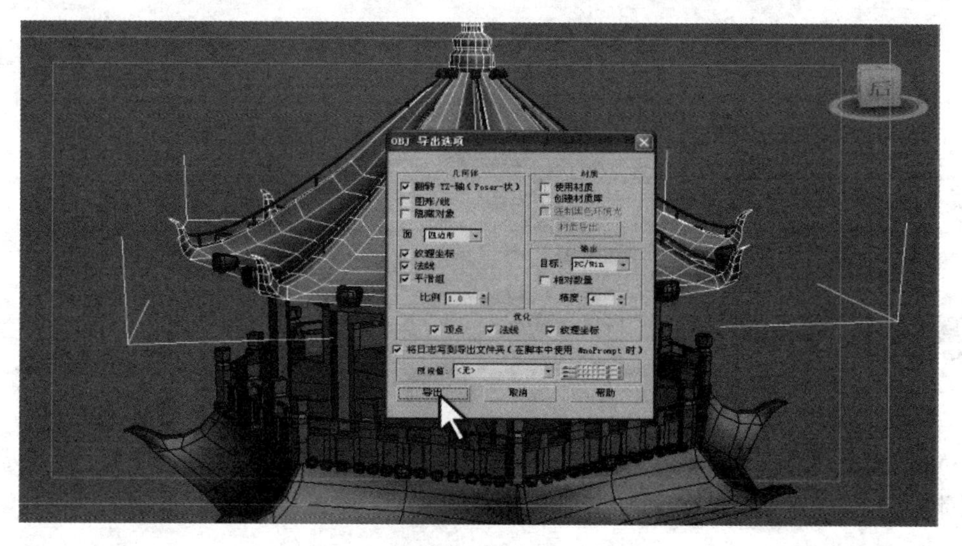

图　5.2.1

(3) 然后打开 Unfold 3D。一个是便捷快速的分 UV 软件。选择菜单【文件】/【读取】，选择刚刚从 max 中导出塔顶的 obj 文件，把模型导入 Unfold 3D 中，如图 5.2.2 所示。

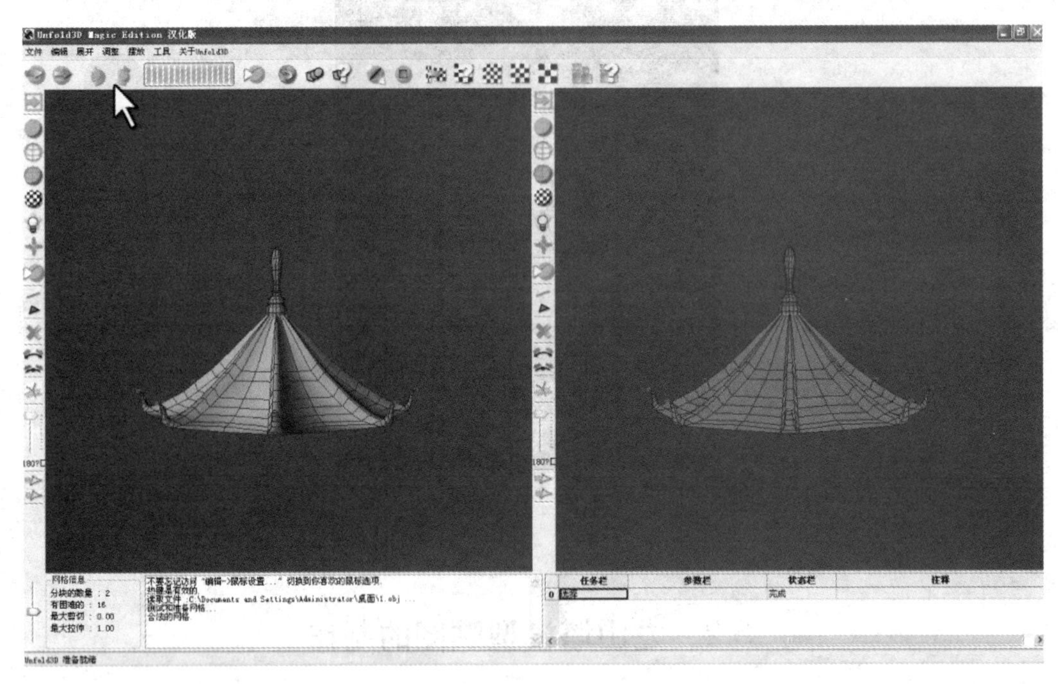

图 5.2.2

(4) 在分 UV 之前，我们可以通过修改 Unfold 3D 键盘和鼠标设置，来迎合我们自己的操作方式，选择菜单【编辑】/【鼠标设置】，如图 5.2.3 所示。在弹出的对话框中，选择 Unfold 3D(默认)，然后单击“确定”就可以。在此简单的说明一下操作，【Shift】键是单独加线，【Ctrl】键是单独减线，【Alt】键是连续选取，【鼠标右击】是框选，如图 5.2.4 所示设置，单击“确定”按钮完成设置。

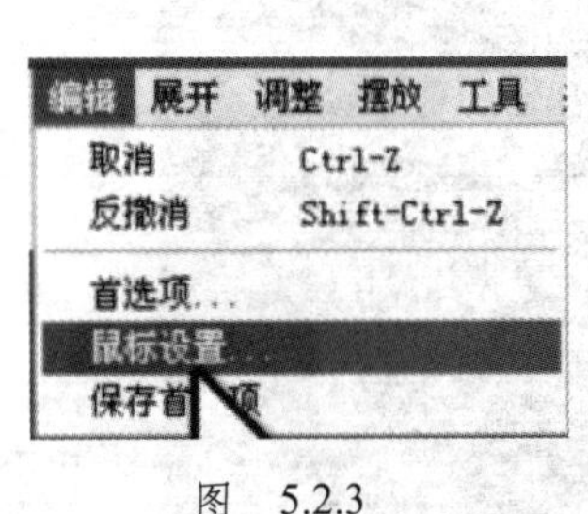

图 5.2.3

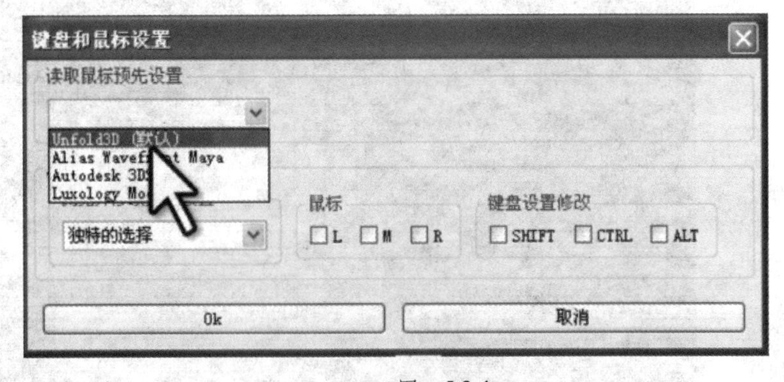

图 5.2.4

(5) 下面开始为模型分 UV，第一步把底部分开，从底部边沿开始，如图 5.2.5 所示。沿着底部边沿选择一圈连续的线，这样就把整个模型分成两部分，如图 5.2.6 所示。

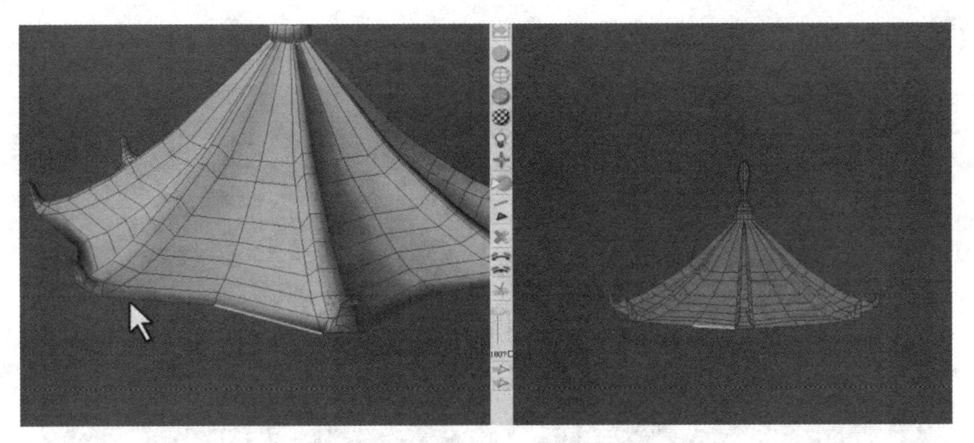

图　5.2.5

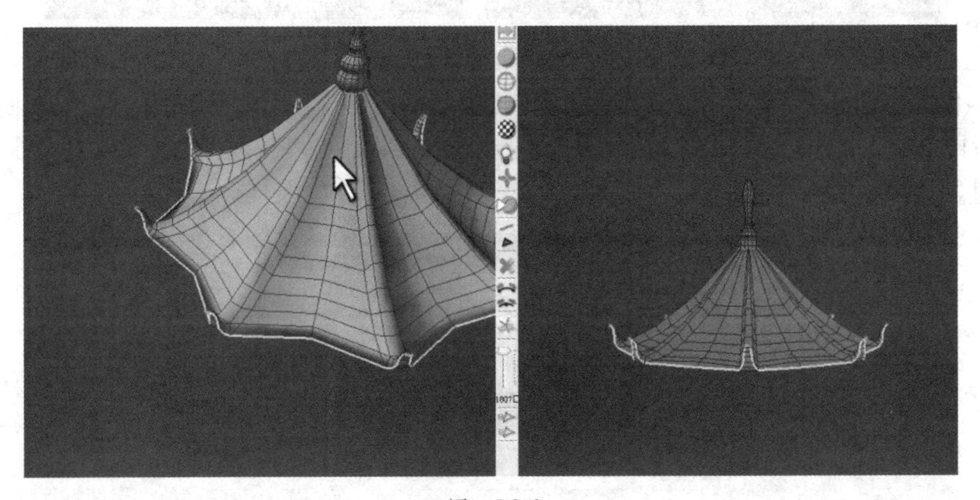

图　5.2.6

(6) 接着再把每个角都独立分开，注意线要闭合，如图 5.2.7 所示。

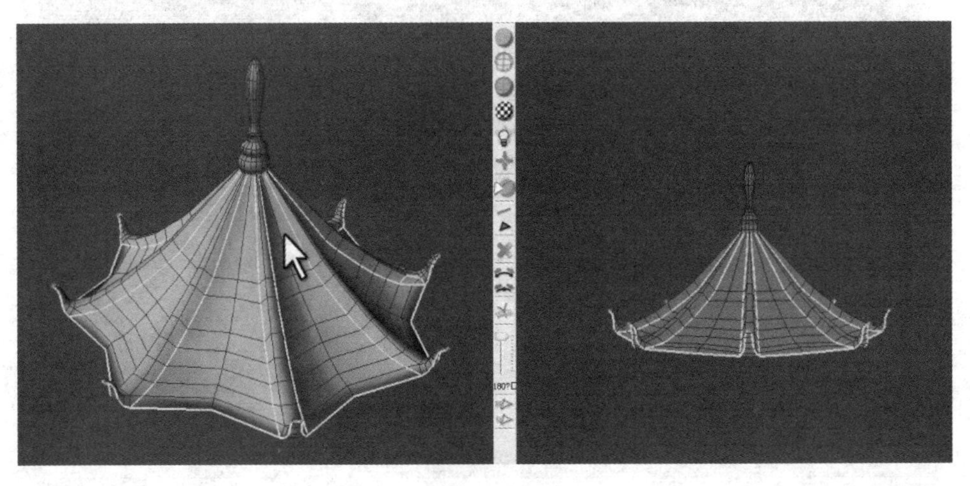

图　5.2.7

(7) 最后再把塔尖分开，如图 5.2.8 所示。

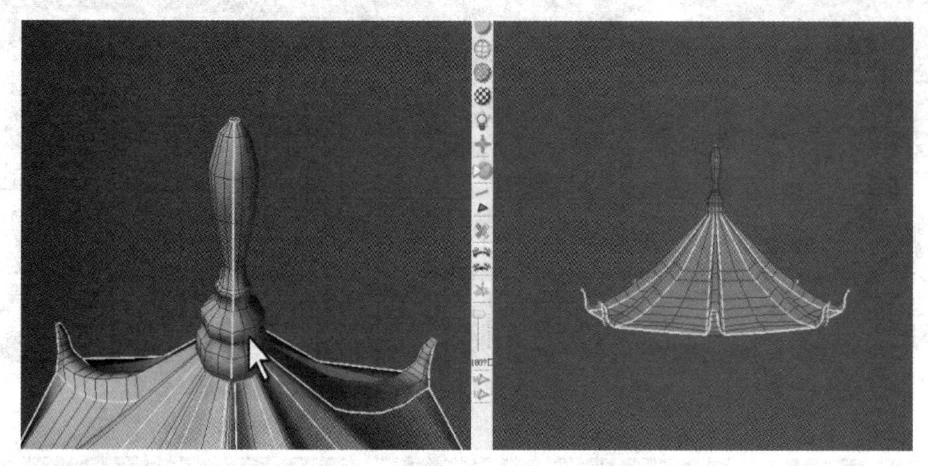

图　5.2.8

(8) 完成切分后，检查一下，没有发现问题后，单击菜单栏上的【切】，确定切开的线，然后再单击【展开】，如图 5.2.9 所示。展开模型 UV，这样塔顶模型的 UV 就基本分完，如图 5.2.10 所示。

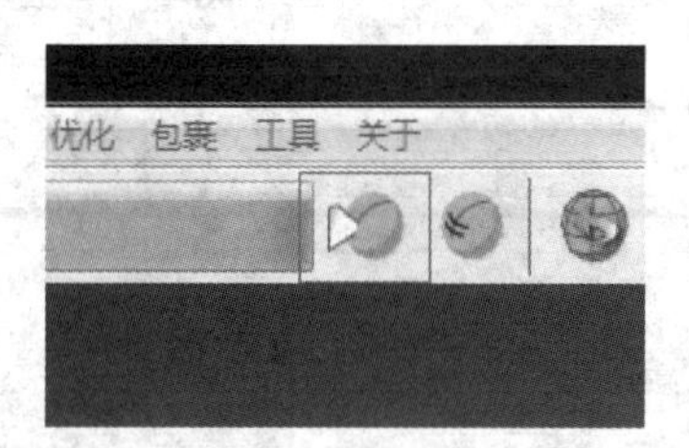

图　5.2.9

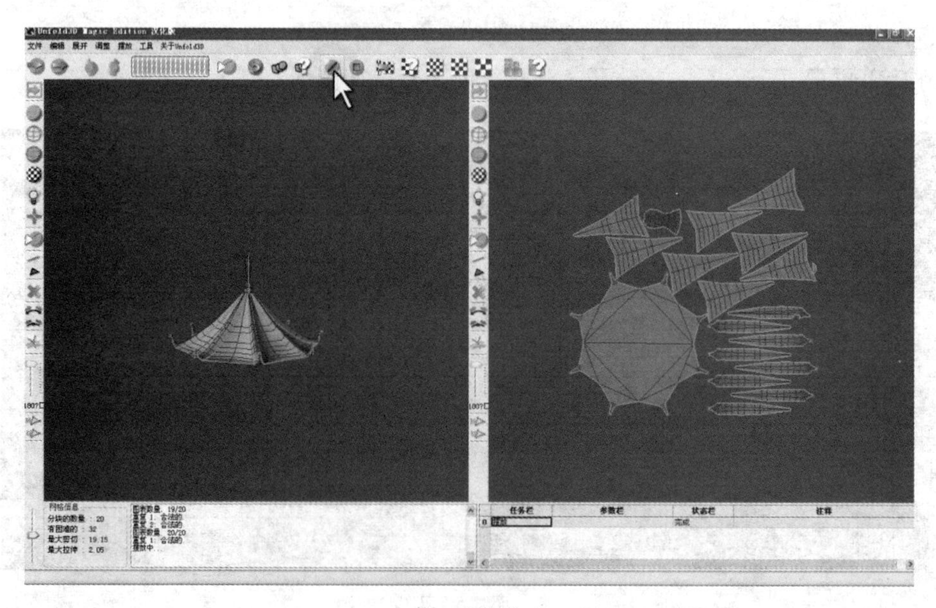

图　5.2.10

(9) 选择菜单【文件】/【保存 OBJ】命令保存文件。回到 3ds Max 中，因为导入刚刚分好 UV 模型会出现重复，先把塔顶删去，选择菜单【文件】/【导入】命令，选择刚刚在 Unfold 3D 保存的 obj 文件，在弹出的菜单栏中单击【导入】按钮，完成导入 obj，如图 5.2.11 所示。

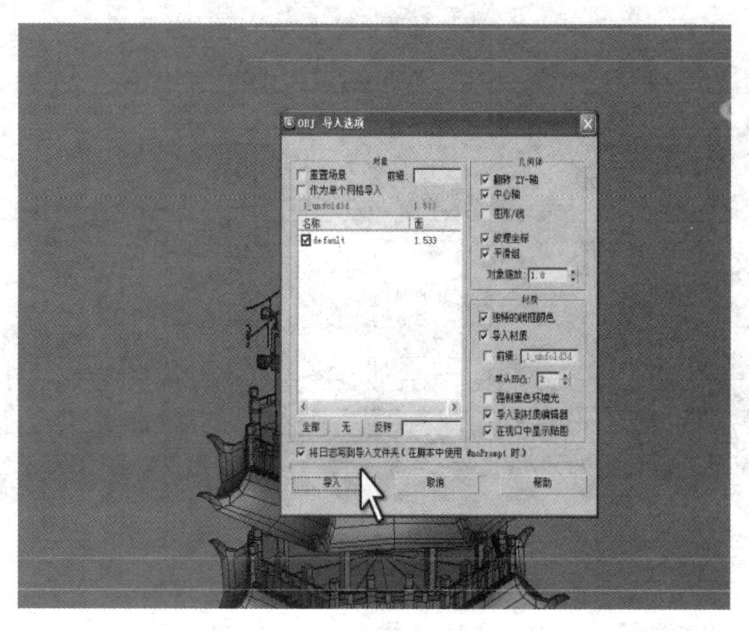

图　5.2.11

(10) 导入后，在控制面板上的修改器列表中添加一个【UVW 展开】命令。在【参数】中选择【编辑】，弹出编辑 UVW 对话框，如图 5.2.12 和图 5.2.13 所示。

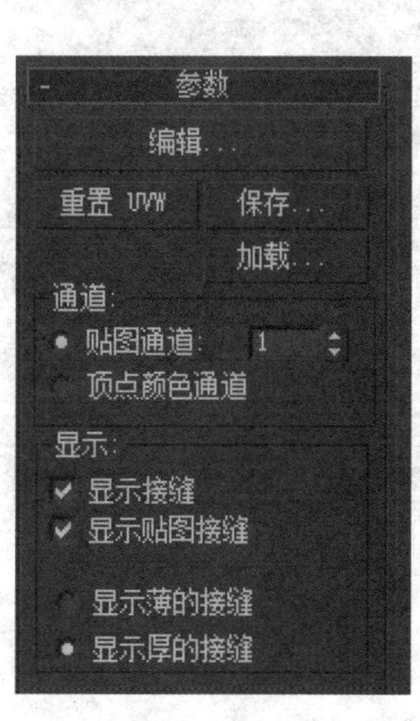

图　5.2.12

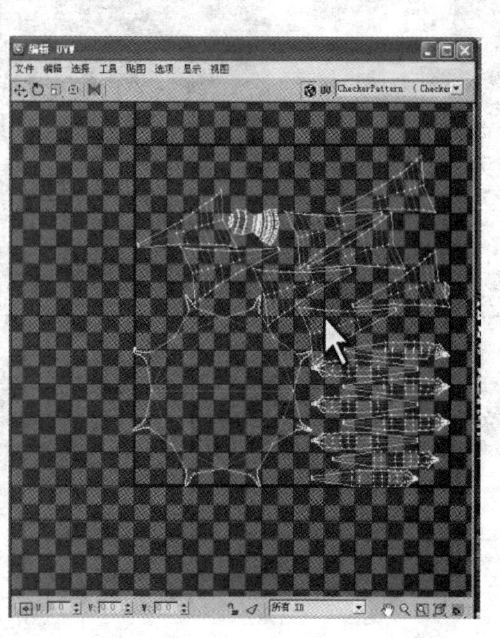

图　5.2.13

(11) 为了节省绘制贴图时候重复绘制，所以把重复的 UV 叠放在一齐，可以点、线、面模式配合选择，最后把一样的 UV 叠放在一起，如图 5.2.14 所示。

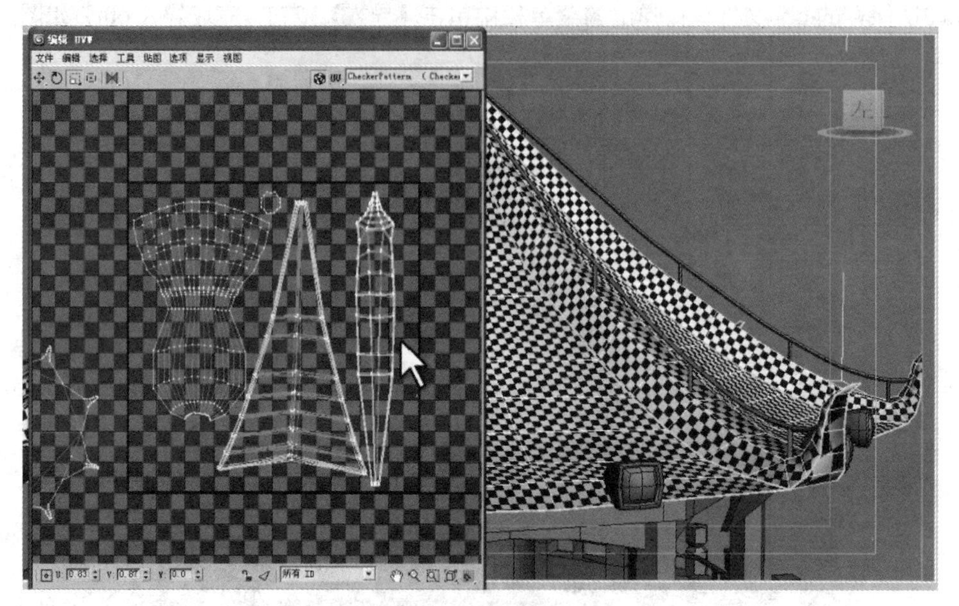

图 5.2.14

(12) 编辑完 UV 后，我们需要将 UV 导出成图片，选择编辑 UVW 对话框菜单栏【工具】/【渲染 UVW 模板】，如图 5.2.15 所示。

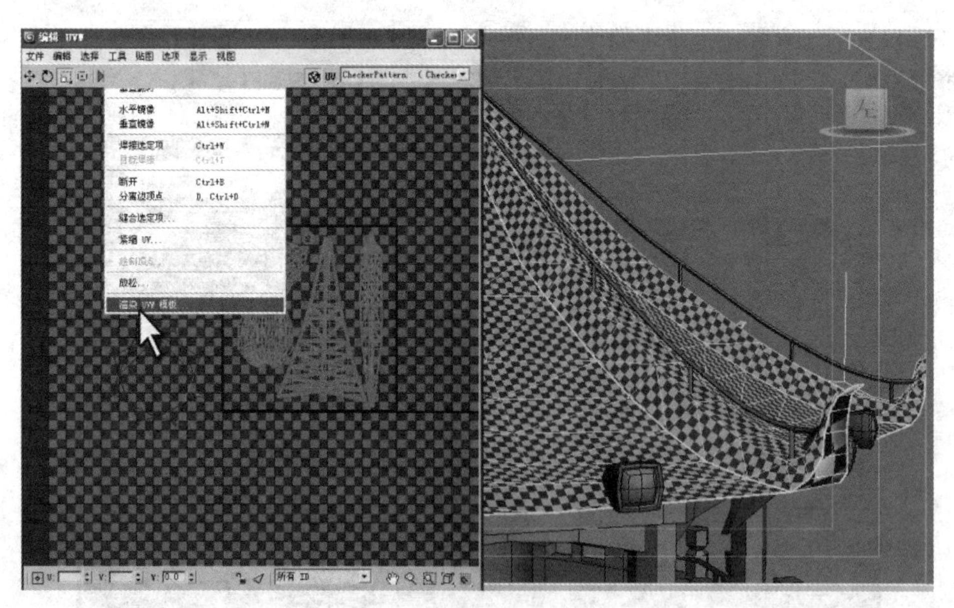

图 5.2.15

(13) 弹出的【渲染 UV】选项，默认即可，单击渲染 UV 模板，如图 5.2.16 所示。

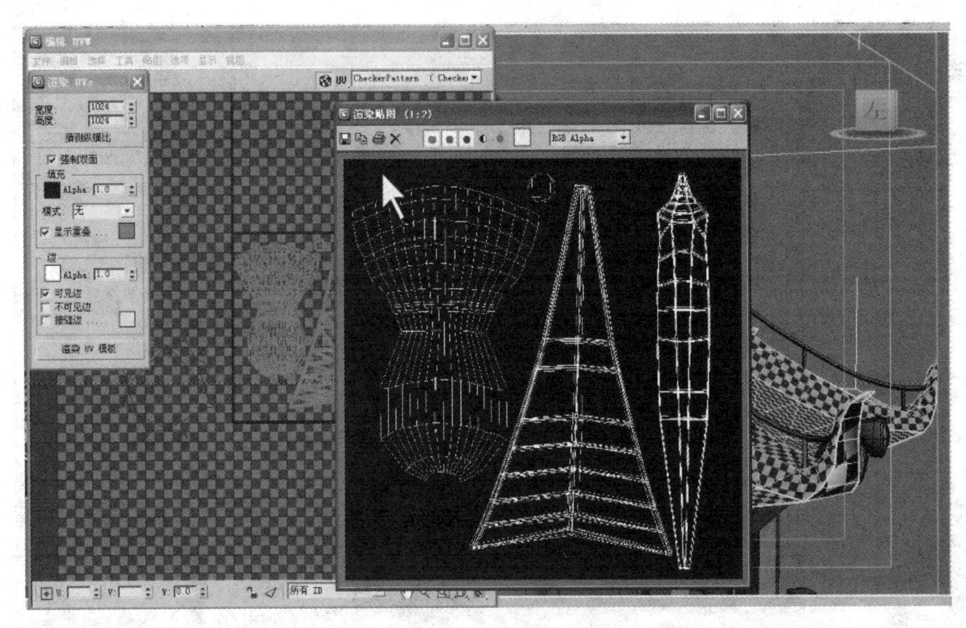

图　5.2.16

(14) 打开 Photoshop，导入刚刚渲染好的 UVW 贴图，如图 5.2.17 所示。

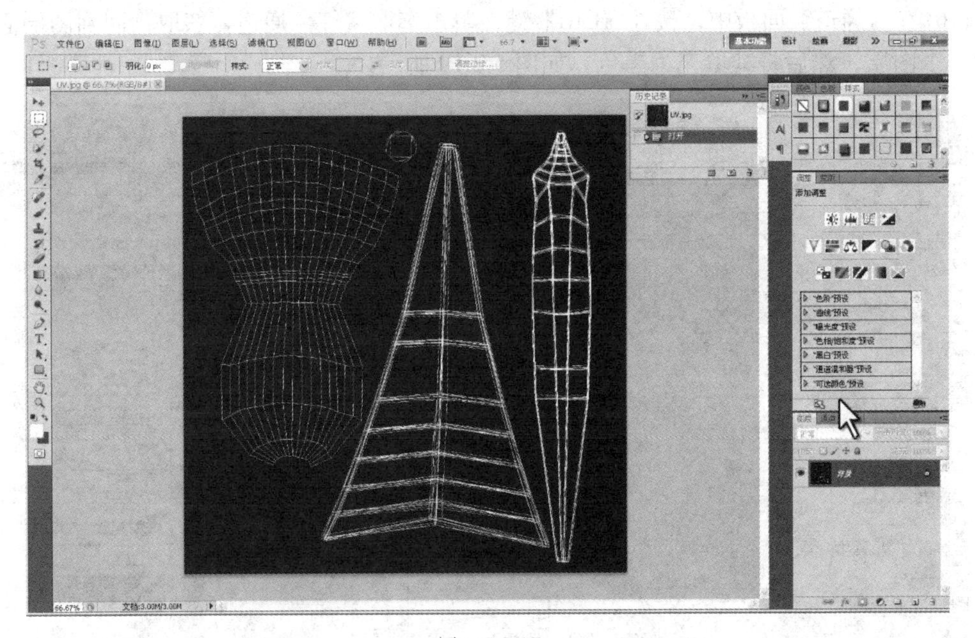

图　5.2.17

(15) 在【图层】面板中，按住【Alt】键双击背景图层，出现新建图层，单击“确定”按钮解锁该图层，如图 5.2.18 所示。

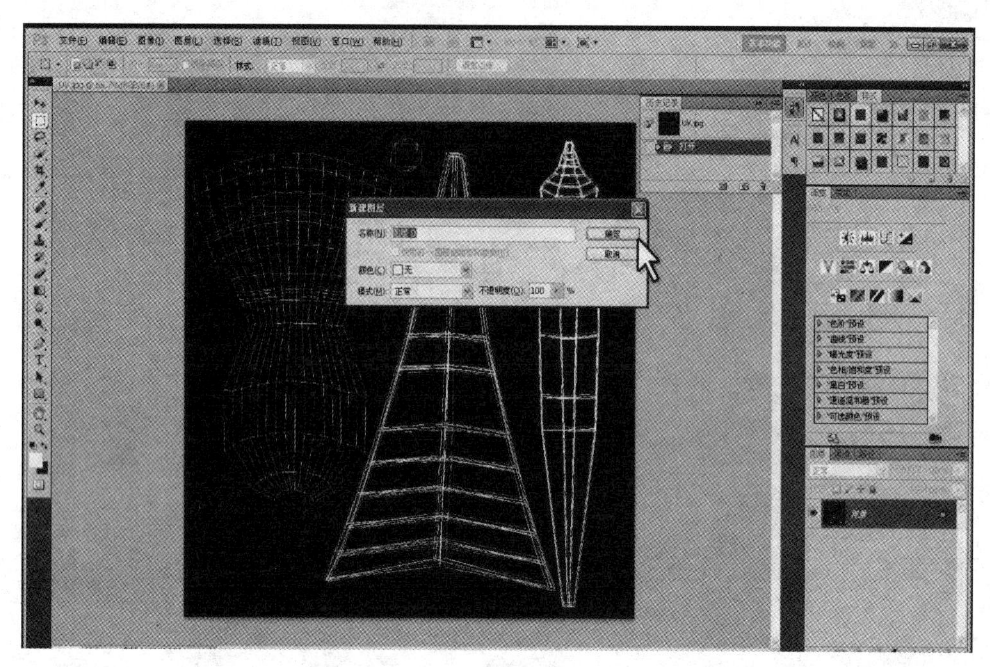

图 5.2.18

(16) 在【通道】面板中，按住【Ctrl】键，单击选取【红色通道】获取，回到图层面板，新建一个图层，然后将其填充为黑色，如图 5.2.19 所示。

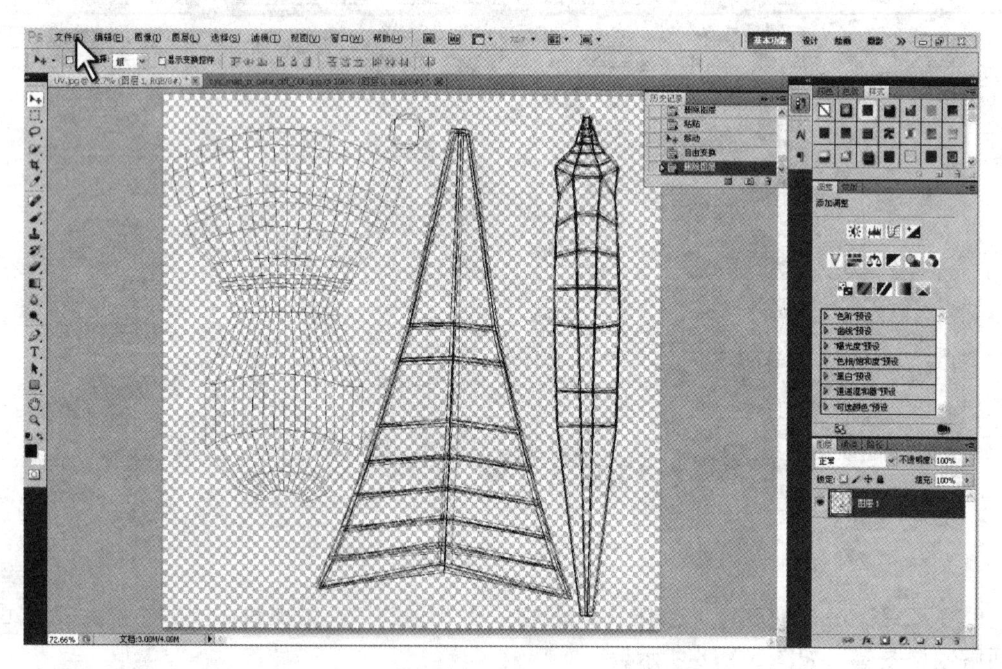

图 5.2.19

(17) 导入一张瓦片素材图片，将其拖入 UV 贴图中，如图 5.2.20 所示。

(18) 选择瓦片，按【Ctrl+T】组合键缩放并移动素材图片，根据 UV 分布填满，将多余的部分用钢笔工具获取选区后删除，如图 5.2.21 所示。

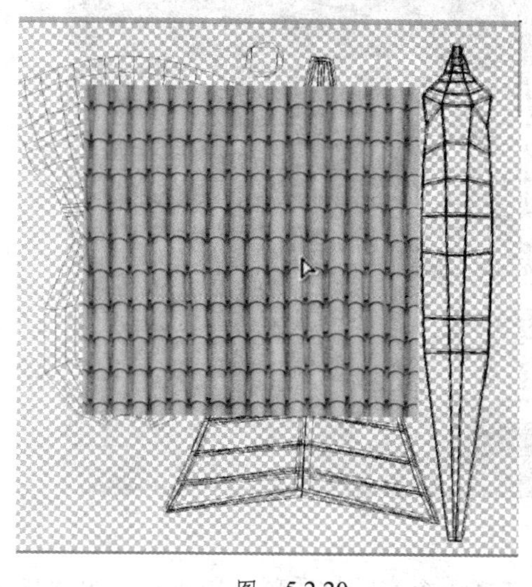

图　5.2.20

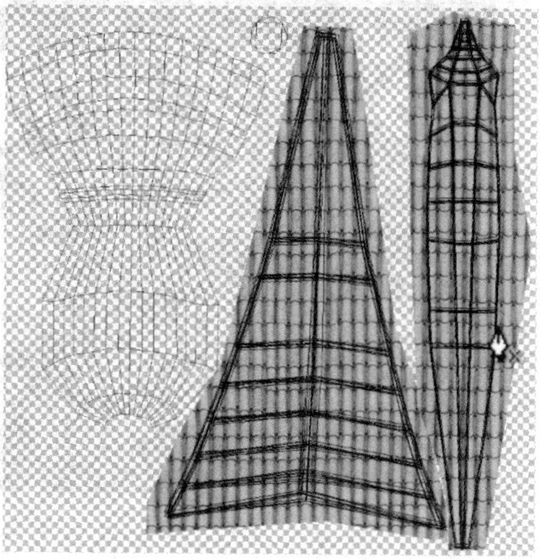

图　5.2.21

(19) 选取素材图片一小部分，放大摆在塔顶的 UV 中，如图 5.2.22 和图 5.2.23 所示。

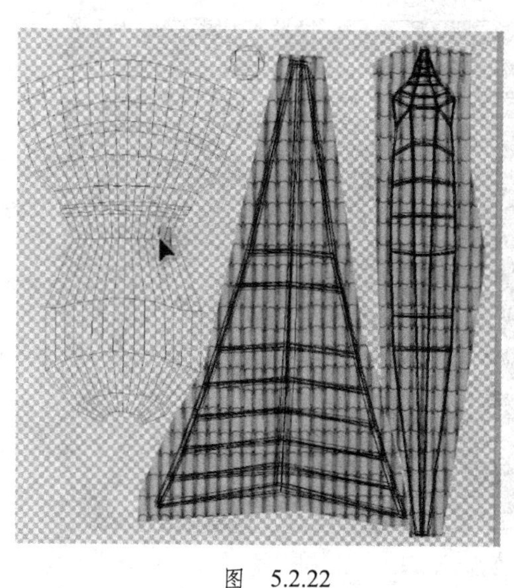

图　5.2.22

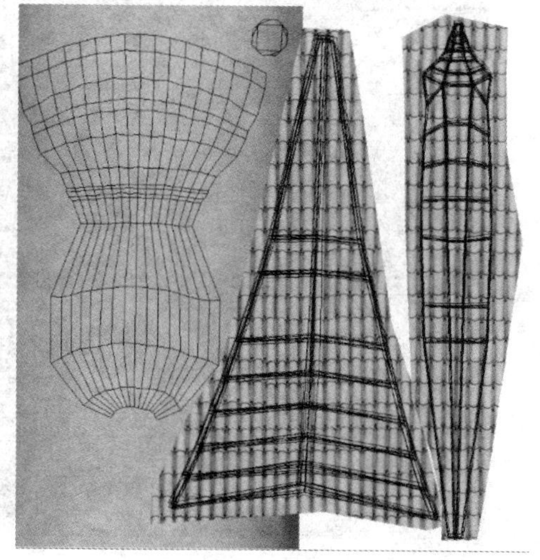

图　5.2.23

(20) 这样 UV 贴图就完成了，单击线框图层前面的眼睛，隐藏线框图层后，保存为“.jpg”。回到 3ds Max 中把贴图赋予塔顶模型，如图 5.2.24 所示。

图 5.2.24

(21) 为底部添加材质，打开材质编辑器，选择一个空的材质球，导入素材图片并贴到底部，如图 5.2.25 所示。

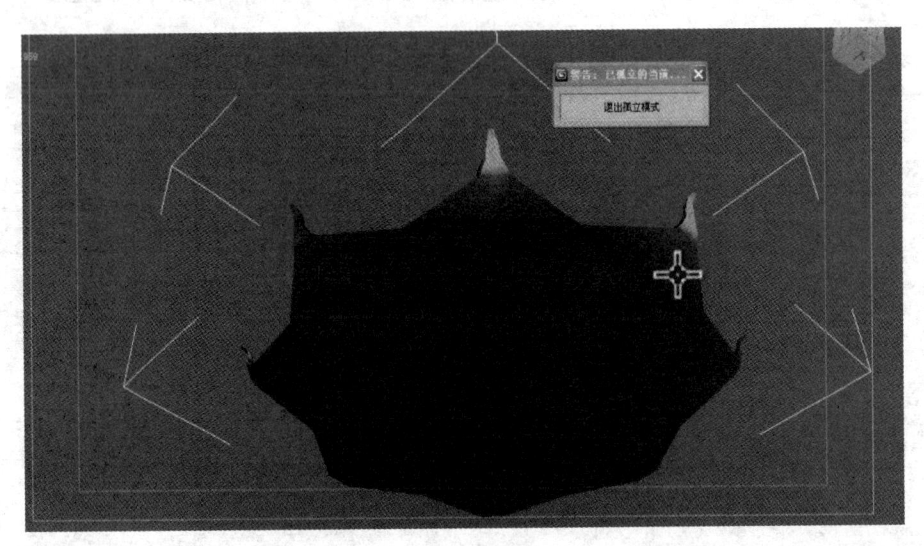

图 5.2.25

(22) 下面的楼层，按照同样的方法制作，把其他其他素材导入，直接贴到模型上，可以添加【UVW 展开】或者【UV 贴图】修改器进行贴图修改，如图 5.2.26 和图 5.2.27 所示。

图　5.2.26

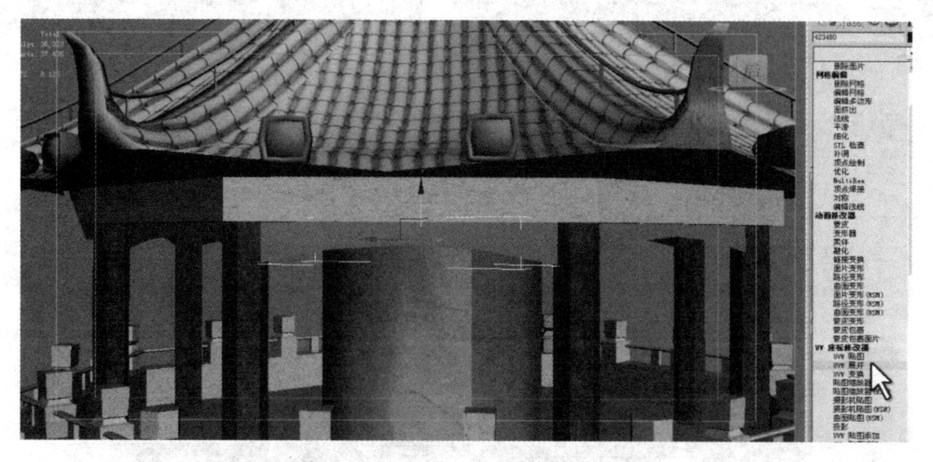

图　5.2.27

(23) 横梁的方法也是一样，调整 UV，输出 UV 线框图，导出“.Jpg”。把该图片导入 Photoshop，再导入红色墙壁的素材图片，如图 5.2.28 所示。

图　5.2.28

(24) 选择画笔工具，新建一个图层，简单绘制横梁上的图案，如图 5.2.29 所示。

(25) 回到 3ds Max 中，把贴图赋予模型，效果如图 5.2.30 所示。

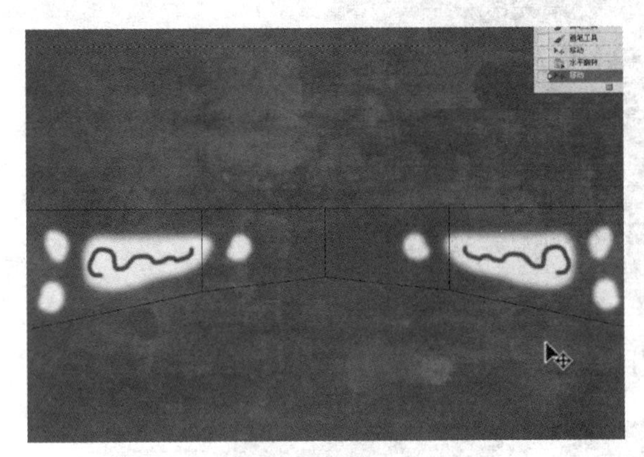

图 5.2.29

图 5.2.30

(26) 为了让瓦片贴图更加立体，加入法线贴图，这里用到一款叫“CrazyBump”的软件 (图 5.2.31)。

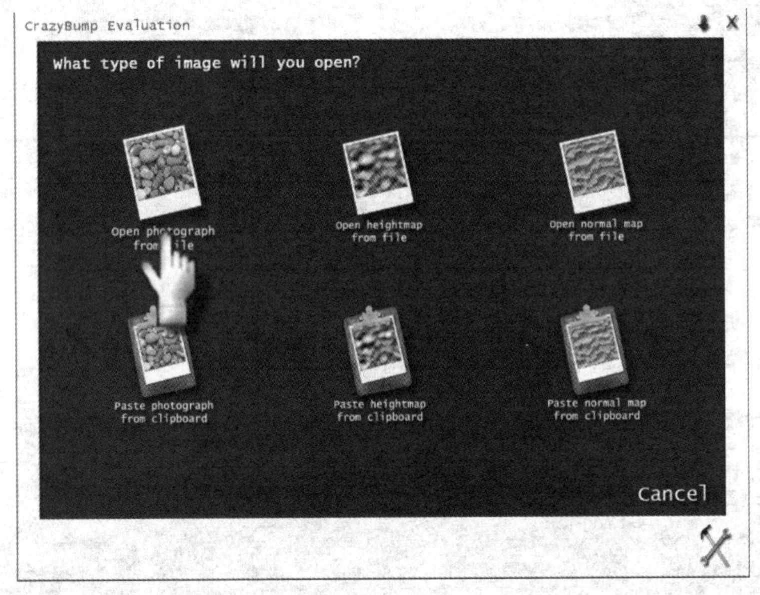

图 5.2.31

(27) 操作也是比较简单，打开软件后，选择【openphotograph from file】，导入瓦片贴图。导入完成会出现选项，根据需要选择，左边为突出，右边为凹进。选择【左边】这种类型，如图 5.2.32 所示。

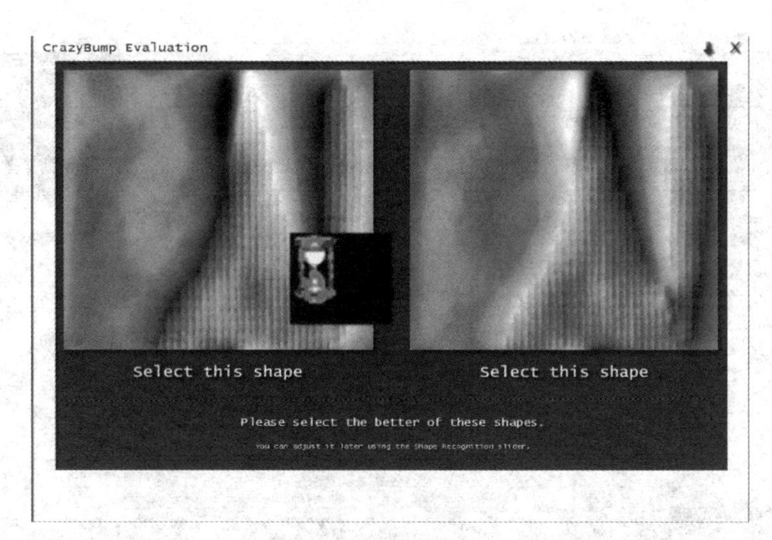

图　5.2.32

(28) 等待运算完成后，弹出一个参数对话框，可以对法线贴图进行参数化设置，调整凹凸程度，如图 5.2.33 所示。不过这里我们可以默认直接单击【Save】/【Save Normals to File】保存法线贴图。

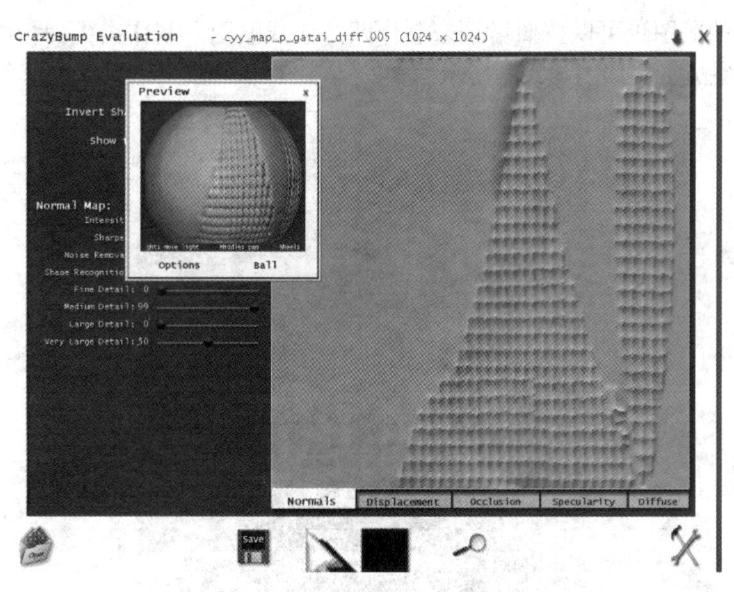

图　5.2.33

(29) 回到 3ds Max 中，选择瓦片的材质球上，打开【贴图】下拉卷轴栏，勾选【凹凸】贴图选项，单击【None】，如图 5.2.34 所示。在【材质 / 贴图浏览器】中选择【法线凹凸】，导入在 CrazyBump 中生成的法线贴图，单击显示法线贴图，如图 5.2.35 所示。

自发光	100	None
不透明度	100	None
过滤色	100	None
✔ 凹凸	30	None
反射	100	None
折射	100	None
置换	100	None

图　5.2.34

图 5.2.35

(30) 其他的贴图也可以按照塔顶来制作凹凸法线贴图，制作出更加精细的细节出来。这样龙山塔就完成了，如图 5.2.36 所示。

图 5.2.36

本章小结

通过本章的学习，掌握了小榄创意产业园三维城市漫游动画中塔的制作和贴图方法，了解了中国古塔的造型审美法则和结构特点方面的知识。通过项目制作熟练掌握制作塔需要用到的挤出、切角、轮廓工具的运用。通过 Unfold 3D 和 CrazyBump 插件的学习，拓展了与 3ds Max 结合运用方面的知识和技能，为今后项目设计制作提供实践经验。

习　题

1. 选择题

(1) 对象转化成可编辑多边形后，切角从什么地方可以调出来？(　　)

A. 按右键可以调出　　B. 在可编辑多边形面板下可调出

C. 在修改列表下可调出　　D. 在命令面板下可调出

(2) 影响轴在什么面板下可以调出来？(　　)

A. 层次　　B. 修改　　C. 标准　　D. 创建

(3) 在创建塔的柱子中，运用复制的哪种方式比较好？(　　)

A. 复制　　B. 实例　　C. 参考　　D. 移动

(4) 插入工具和连接工具在 (　　) 状态下可以显示。

A. 对象转化成立可编辑多边形　　B. 对象转化成可编辑样条线

C. 对象转化成面片　　D. 对象转化成曲面

(5) 间隔工具在什么菜单下可以调出来？(　　)

A. 工具菜单下的对齐子菜单下　　B. 修改菜单下的对齐子菜单下

C. 创建菜单下的对齐子菜单下　　D. 文件菜单下的对齐子菜单下

(6) 打开 3ds Max2009，打开之前制作好的龙山塔模型，选择我们要分 UV 的那一部分模型，然后单击菜单栏【文件】/【导出选定对象】，导出文件保存的格式为 (　　)。

A.Obj　　B.Jpg　　C.Mov　　D. 所有格式

(7) 导入 OBJ 文件后，在【控制面板】/【修改器列表】添加一个【UVW 展开】命令。在【参数】中选择【编辑】，会弹出编辑 (　　) 对话框。

A.UVW　　B.NV　　C. 标准　　D.MOV

(8) 打开 Photoshop，导入刚刚渲染好 UVW 贴图，在 (　　) 面板中，按住【Alt】键双击背景图层，出现新建图层。

A. 对象　　B. 项目　　C. 参考　　D. 图层

(9) UV 贴图完成后，单击线框图层前面的眼睛，隐藏线框图层后，保存为（　　），回到 3ds Max 中把贴图赋予塔顶模型。

A. JPG　　B. OBJ　　C. MOV　　D. TIF

(10) 有一款叫（　　）的软件，可以很快生成凸凹贴图。

A. CrazyBump 的软件　　B. 3ds Max 插件　　C. CAD　　D. Free 软件

2. 简答题

(1) 请简述塔的三维制作共涉及哪些建模工具。

(1) 请简述塔的三维建模制作工作流程。

(3) 请简述龙山塔项目贴图的工作流程。

(4) 请谈谈 Photoshop 在三维贴图中的应用及作用。

第6章

小榄创意产业园中餐厅的制作

教学目标

通过学习，掌握小榄创意产业园三维城市漫游动画中餐厅的制作方法。掌握制作餐厅建筑用到的挤出、切角、轮廓等工具的灵活运用，通过贴图训练，掌握餐厅的贴图方法、步骤和技巧。

教学要求

知识目标	能力目标	素质目标	权重	自测分数
了解中国南方骑楼造型和结构方面的知识	掌握三维城市漫游动画中塔的切角建模工具及运用能力	通过项目中骑楼的制作，提高三维造型能力和项目表现的审美能力	40%	
了解三维建模中工具运用方面的知识	掌握三维城市漫游动画中骑楼的轮廓建模工具及运用能力	通过项目中骑楼的制作，提高三维造型能力和项目表现的审美能力	40%	
了解三维建模中工具运用方面的知识	掌握间隔工具、复制工具的使用技能	培养古建筑建模的审美能力	20%	

6.1　餐厅场景模型制作

餐厅场景模型制作的具体步骤如下：

(1) 创意园餐厅的设计制作，Max 默认灯光与 V-Ray 的简单介绍，这一章将介绍项目中设置区域的餐厅建筑的制作。

(2) 首先我们先看最后制作完成的模型，如图 6.1.1 所示。

图　6.1.1

(3) 我们可以利用先前设计好的参考线来制作餐厅模型，或者先在 AutoCad 里面绘制好平面设计图再导入 3ds Max 里，首先打开参考线文件，如图 6.1.2 所示。

图　6.1.2

(4) 从不同的角度观察分析参考图 6.1.3。这是一个 2 层的建筑，带有一个小阳台。

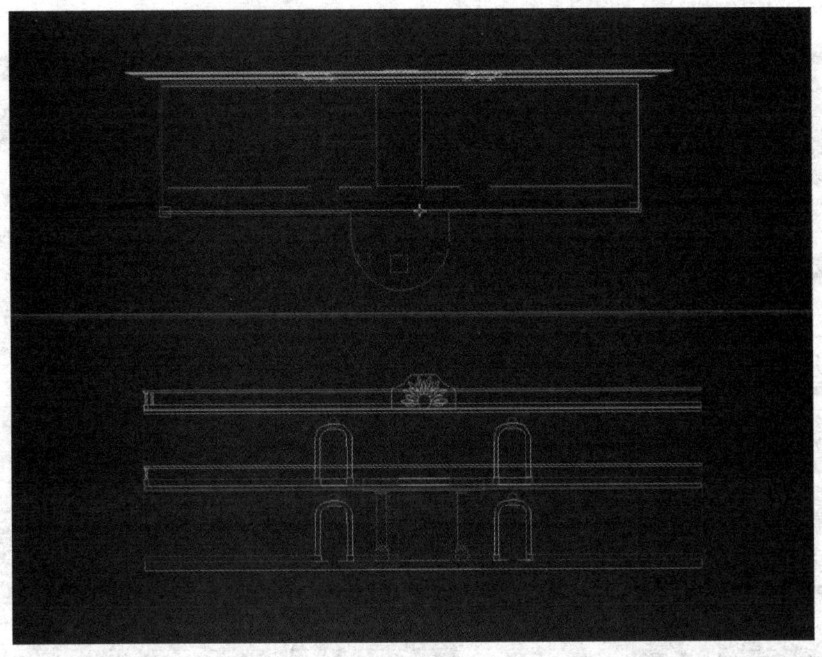

图　6.1.3

(5) 由于已经有参考线，所以可以直接利用现有的线框进行制作。选择楼层底部参考线，在修改命令面板上的修改器列表里面添加【挤出】命令，参考前视图调节挤出的高度，如图 6.1.4 所示。

图　6.1.4

(6) 选择楼房柱子参考线，在修改命令面板上的修改器列表里面添加【挤出】命令，参考前视图调节挤出的高度，如图 6.1.5 所示。

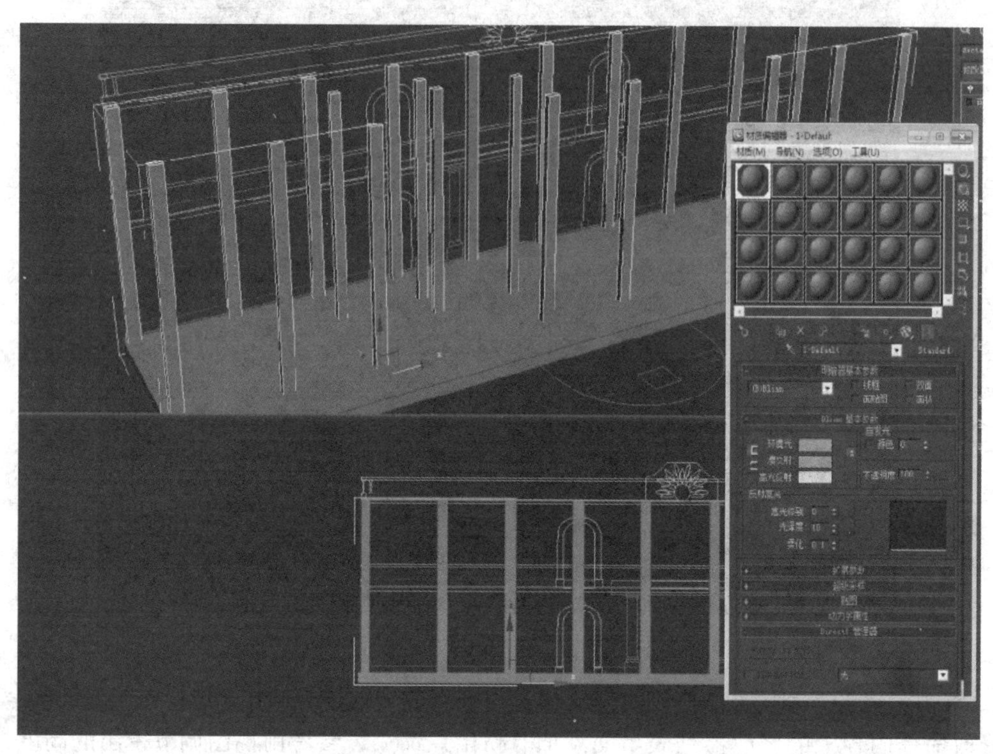

图 6.1.5

(7) 选择二层楼房地板参考线，按照制作第一层地板一样的方法进行制作，如图 6.1.6 所示。

(8) 接着制作墙壁，效果如图 6.1.7 所示。

图 6.1.6

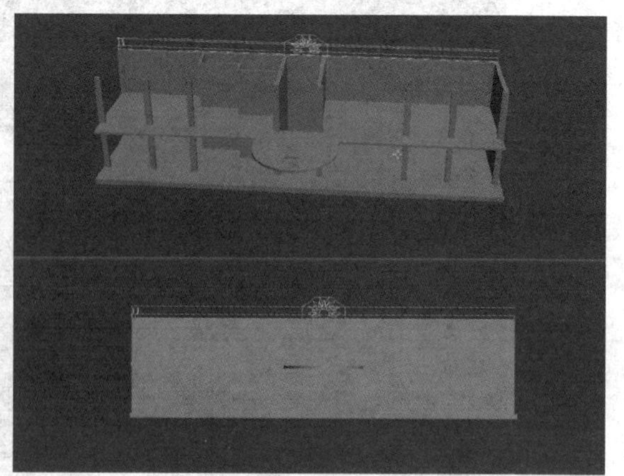

图 6.1.7

(9) 楼房落地玻璃踢脚线，效果如图 6.1.8 所示。

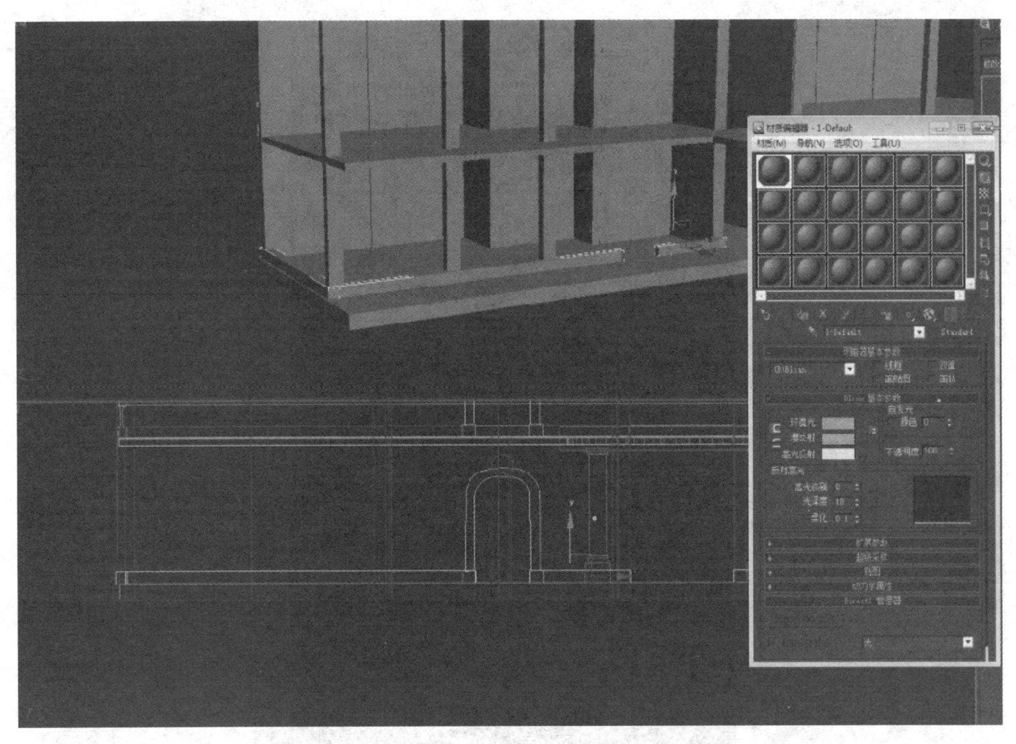

图　6.1.8

(10) 为了让模型更加细腻，在修改命令面板上的修改器列表里面添加【倒角】命令，编辑模型，效果如图 6.1.9 所示。

(11) 接着制作玻璃墙面，效果如图 6.1.10 所示。

图　6.1.9

图　6.1.10

(12) 打开材质编辑器，选择一个空白材质编辑球，按下图调节材质，设置“不透明度”为 20，“高光”为 19。赋予材质到落地玻璃模型，如图 6.1.11 所示。

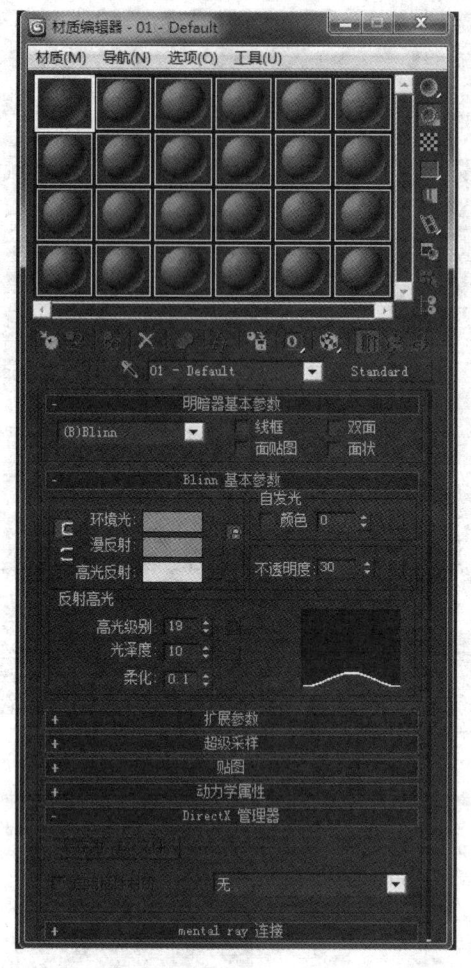

图 6.1.11

(13) 把第一层落地玻璃踢脚线复制到第二层，按住【Shift】键，拖动坐标Z轴向上移动，调节【挤出】参数，作为第二层的落地玻璃模型，如图 6.1.12 所示。

图 6.1.12

(14) 添加楼顶模型，制作方法跟制作地板一样，效果如图 6.1.13 所示。

(15) 选择楼房装饰参考线，添加【挤出】命令，调节挤出的高度，如图 6.1.14 所示。

图　6.1.13

图　6.1.14

(16) 为柱子添加转角，然后将模型转变为可编辑多边形，进入【面】编辑模式，选择需要编辑的面。添加【插入】命令。调节参数，如图 6.1.15 所示。继续编辑模型，添加【挤出】命令，挤出高度到达二楼地板，如图 6.1.16 所示。

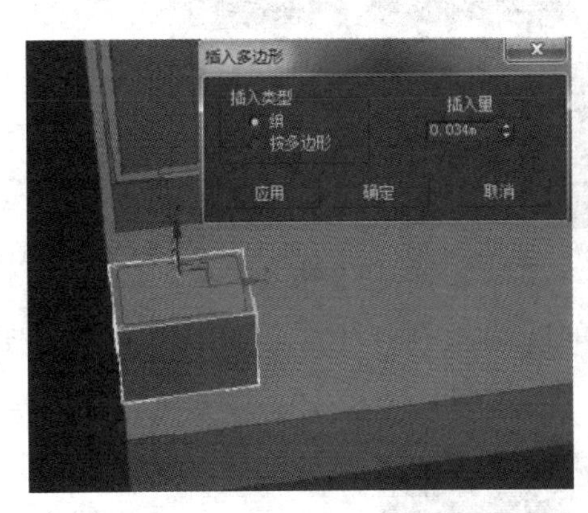

图　6.1.15

图　6.1.16

(17) 重复上述两个步骤，最终完成装饰柱子模型，如图 6.1.17 所示。

(18) 继续为其他装饰柱子模型进行创建，最终完成其他装饰柱子，如图 6.1.18 所示。

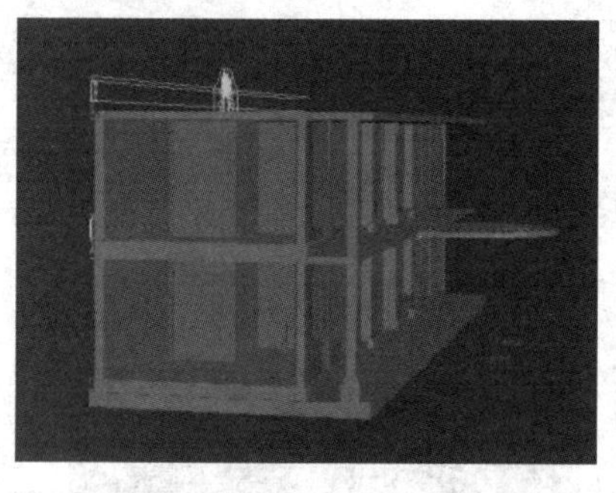

图 6.1.17

图 6.1.18

(19) 现在我们来制作围栏底座，在前视图根据参考线，创建一个长方体，把长方体转化为【可编辑多边形】，如图 6.1.19 所示。

(20) 扶手模型可以按照制作围栏底座一样，也可以直接复制围栏底座模型，通过修改编辑模型达到效果，如图 6.1.20 所示。

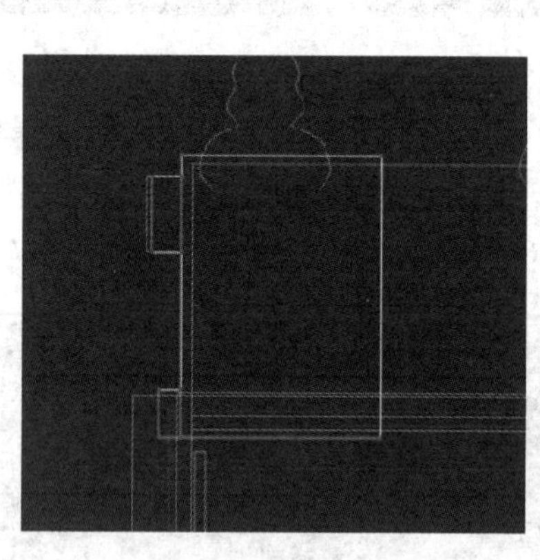

图 6.1.19

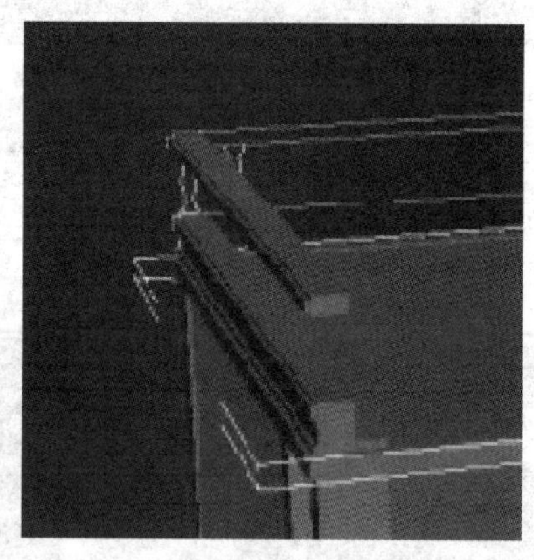

图 6.1.20

(21) 选择扶手柱子参考线 (假如在没有参考线的情况，可以自己绘制)，在【线】编辑模式选择下，选择其中一边的线，进行【分离】命令，如图 6.1.21 所示。

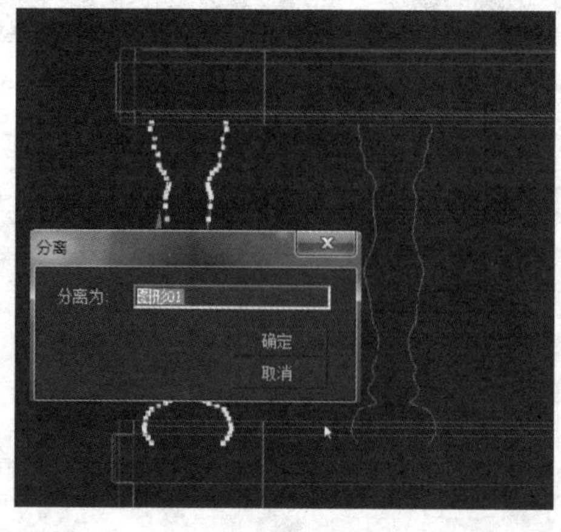

图 6.1.21

(22) 接着选择已经分离出来的线段，在修改命令面板上的修改器列表里面添加【车削】命令，如图 6.1.22 所示，效果如图 6.1.23 所示。

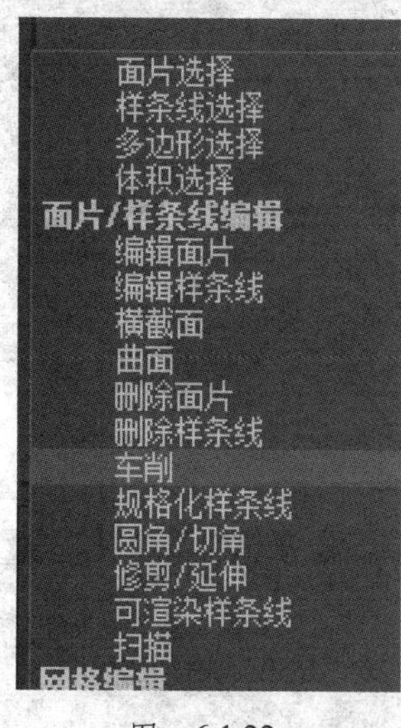

图　6.1.22

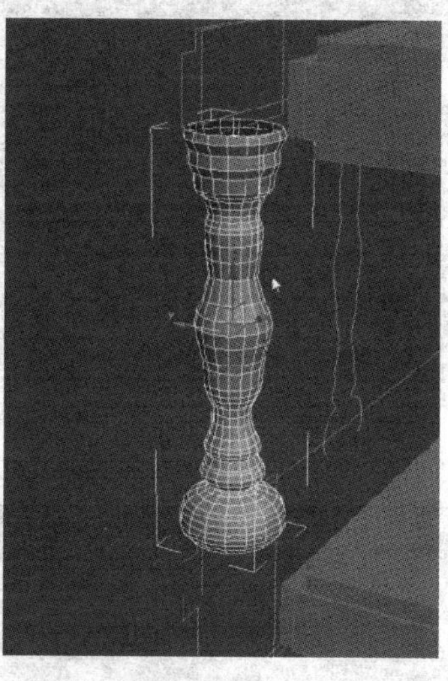

图　6.1.23

(23) 复制模型，完成扶手制作，效果如图 6.1.24 所示。

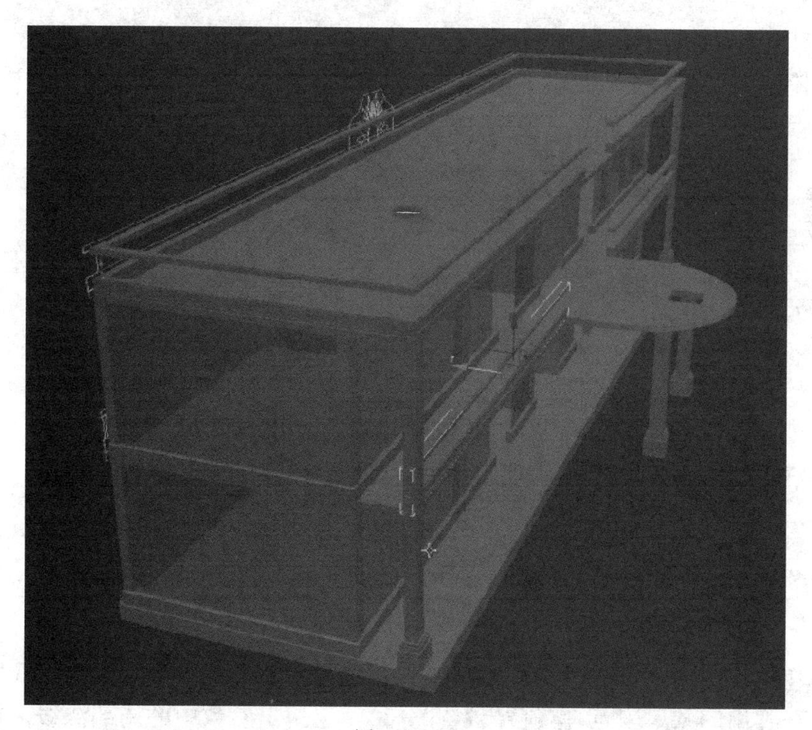

图　6.1.24

(24) 选择阳台围栏参考线，添加【挤出】命令，转变为【可编辑多边形】，在前视图里面框选需要编辑的线圈，如图 6.1.25、图 6.1.26 所示。

图 6.1.25

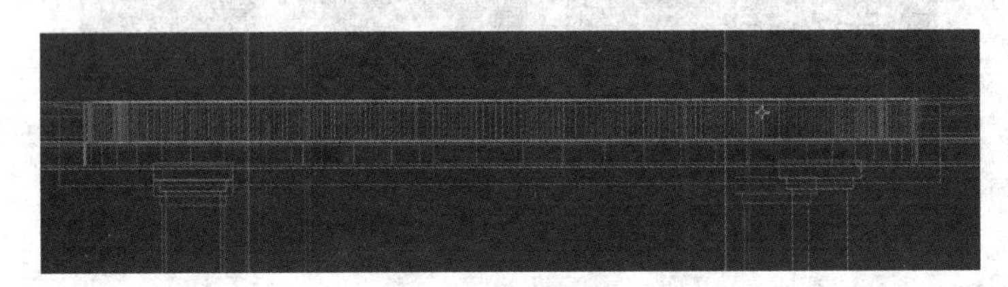

图 6.1.26

(25) 单击鼠标右键添加【连接】命令，移动新创建的线段与图中参考围栏底部对齐。继续添加一圈线框，移动线段与参考围栏顶部对齐，如图 6.1.27 所示。

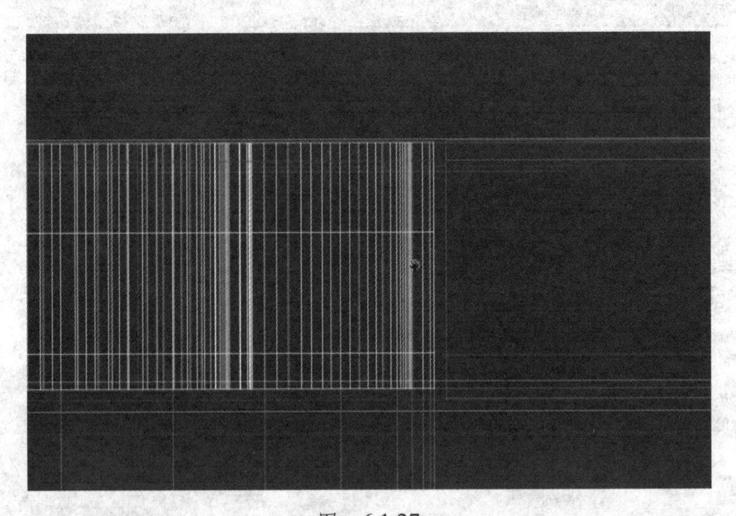

图 6.1.27

(26) 制作围栏凸面，进入【面】编辑模式，选择要挤出的面，如图 6.1.28 所示，单击鼠标右键，在弹出的菜单中选择【挤出】命令，勾选挤出参数中的局部法线，挤出高度为 0.046m，如图 6.1.29 所示。

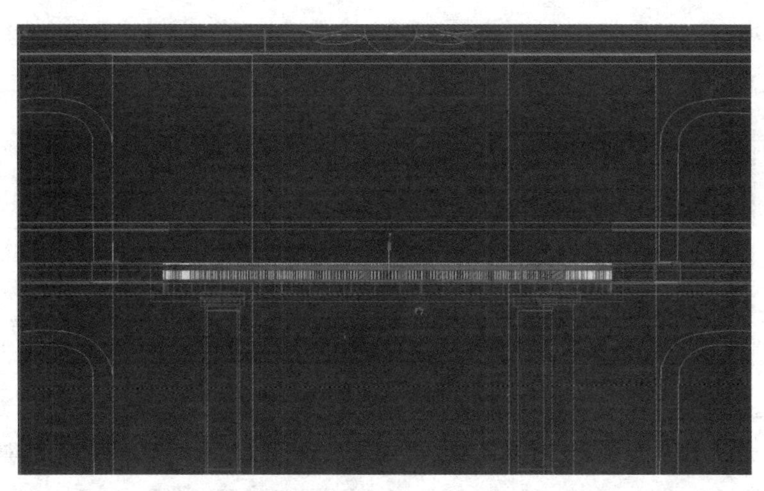

图　6.1.28

图　6.1.29

(27) 复制一个作为围栏上部分，如图 6.1.30 所示。

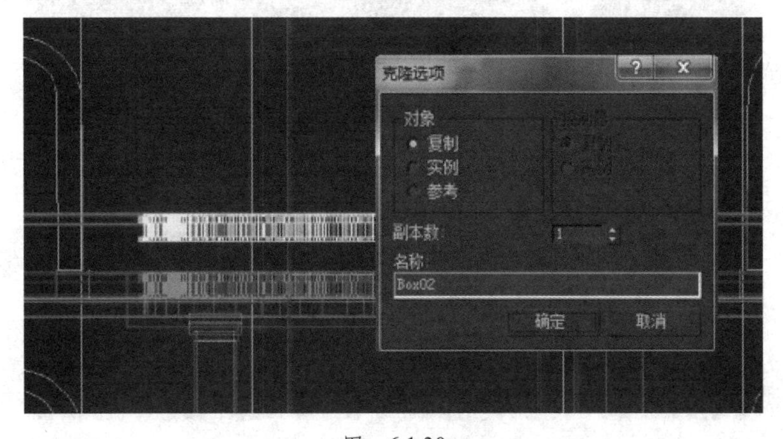

图　6.1.30

(28) 编辑模型，按快捷键【1】，进入【点】编辑模式，选择要删除模型的点，按【Delete】键删除，如图 6.1.31 所示。

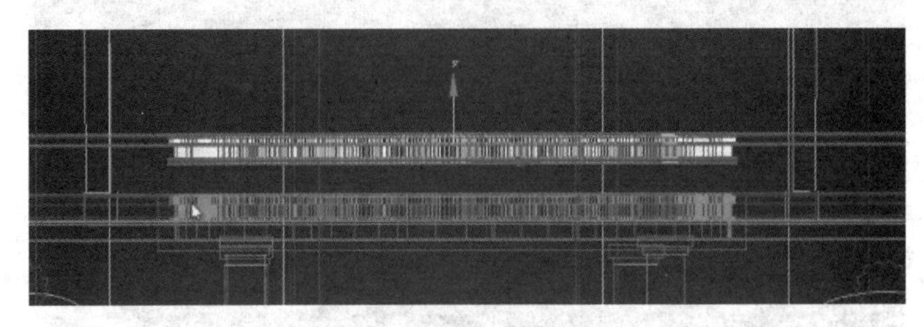

图 6.1.31

(29) 按快捷键【2】快速进入【线】编辑模式，选择要删除模型的线，按【Delete】键删除，如图 6.1.32 所示。

图 6.1.32

(30) 对模型进行封口，按快捷键【3】，进入【样条线】编辑模式，选择要封口的线圈线，在控制命令面板里选择【封口】命令，如图 6.1.33 所示。

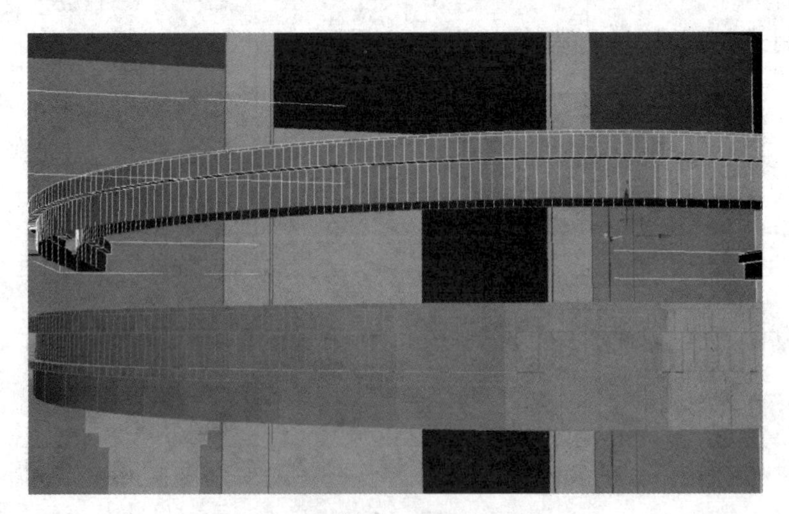

图 6.1.33

(31) 参考围栏模型调整高度位置，如图 6.1.34 所示。

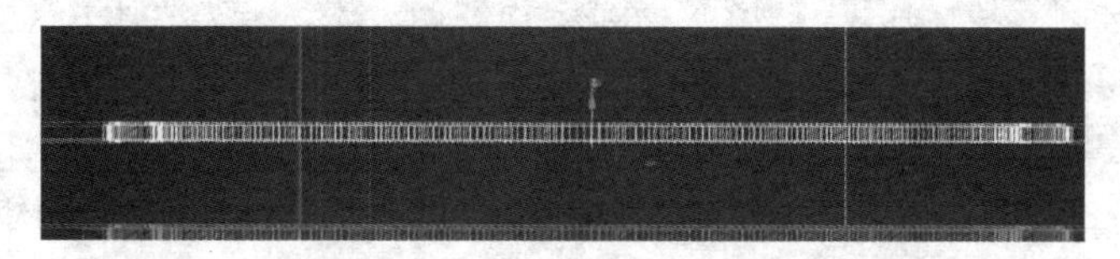

图　6.1.34

(32) 最后完成阳台围栏模型，效果如图 6.1.35 所示。

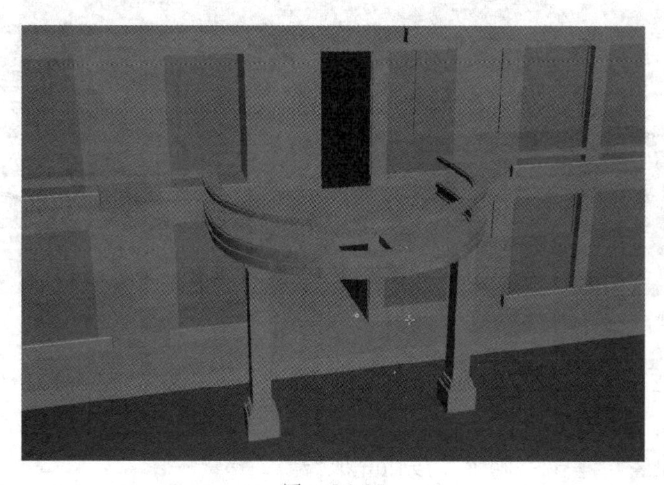

图　6.1.35

(33) 制作楼顶装饰模型。选择楼顶装饰参考线，在修改命令面板里面添加【挤出】命令，移动到合适的位置，如图 6.1.36 所示。

图　6.1.36

(34) 把楼顶装饰模型转化为【可编辑多边形】，按快捷键【2】，进入【线】编辑模式，选择要修改的线，单击鼠标右键添加 连接 【连接】命令，设置【分段】为 2，【收缩】为－5，如图 6.1.37 所示设置，单击“确定”按钮完成设置。

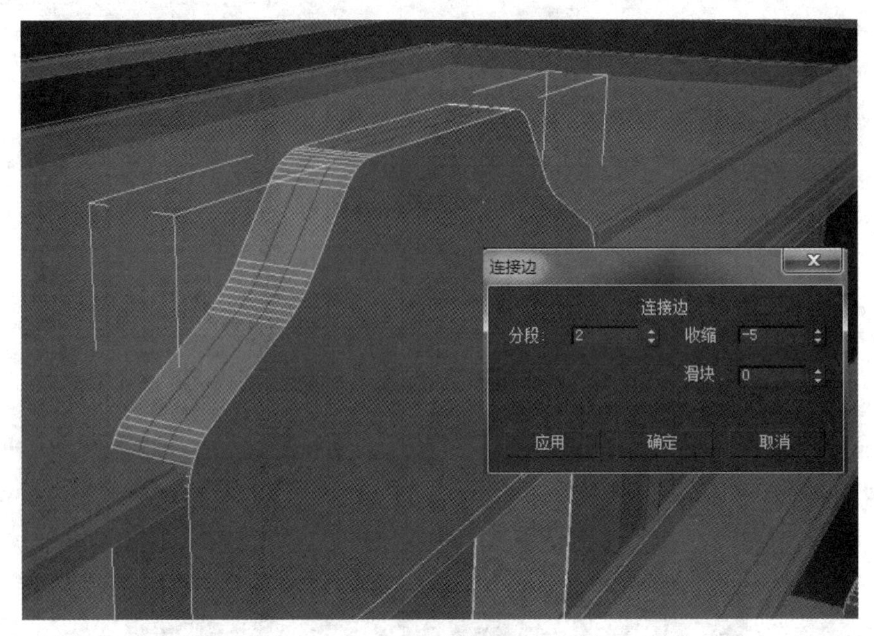

图 6.1.37

(35) 挤出模型，按快捷键【4】，进入【面】编辑模式，选择要挤出的面，单击鼠标右键添加 挤出 【挤出】命令，勾选【局部法线】，设置挤出【高度】为 0.028m，如图 6.1.38 所示设置，单击“确定”按钮完成设置。

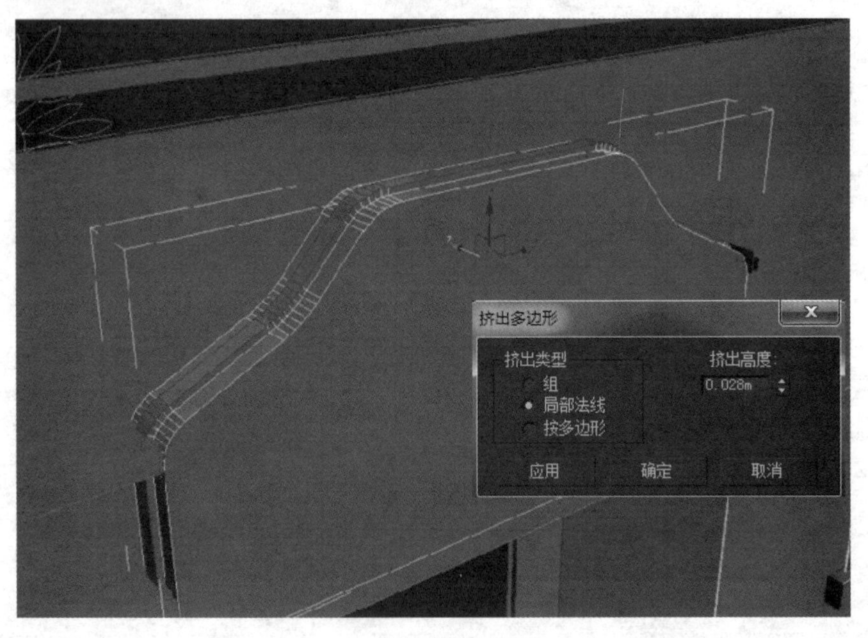

图 6.1.38

(36) 对模型进行倒角，单击鼠标右键添加【倒角】命令，重复一次倒角，如图 6.1.39 所示。

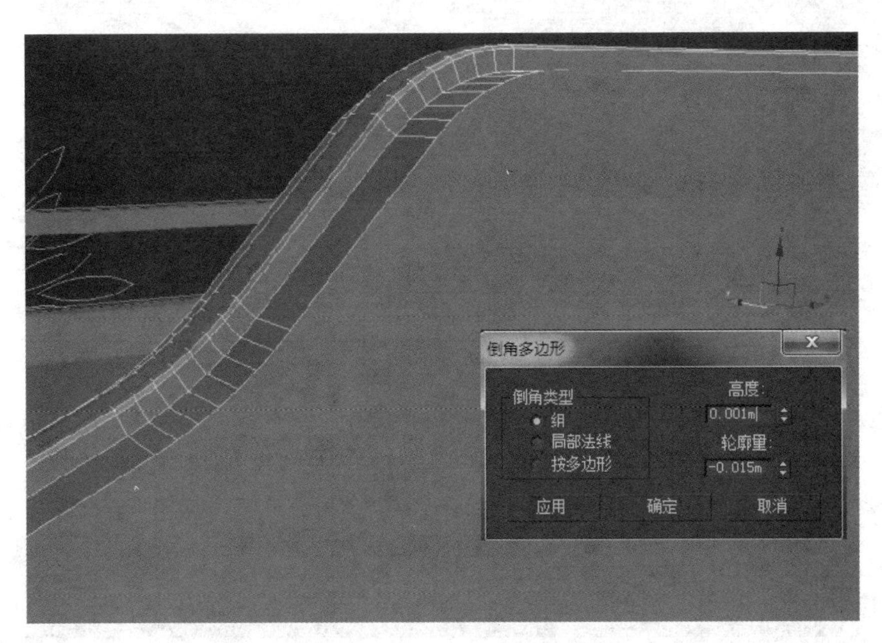

图　6.1.39

(37) 继续为模型其他转角进入【倒角】命令，如图 6.1.40 所示设置，单击“确定”按钮完成设置。

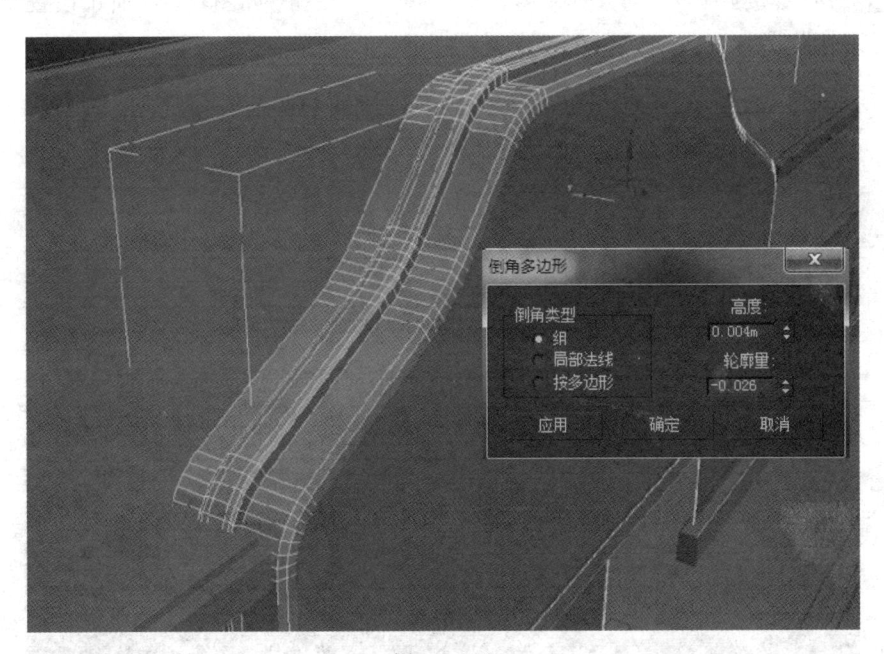

图　6.1.40

(38) 按快捷键【4】，在【面】编辑模式里，选择要插入的面，按右键添加 插入 【插入】命令，【插入量】为 0.141m，如图 6.1.41 所示设置，单击“确定”按钮完成设置。

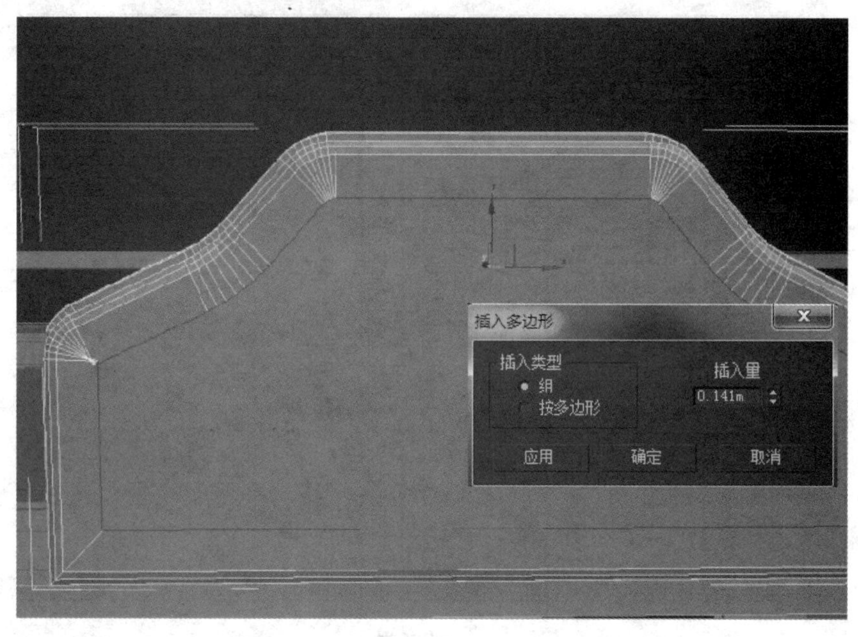

图 6.1.41

(39) 模型中出现了错乱多余的点，按快捷键【1】，在【点】编辑模式里选择要焊接的点，单击 焊接 【焊接】命令，增大焊接值，单击“确定”按钮，如图 6.1.42 所示设置，单击“确定”按钮完成设置。

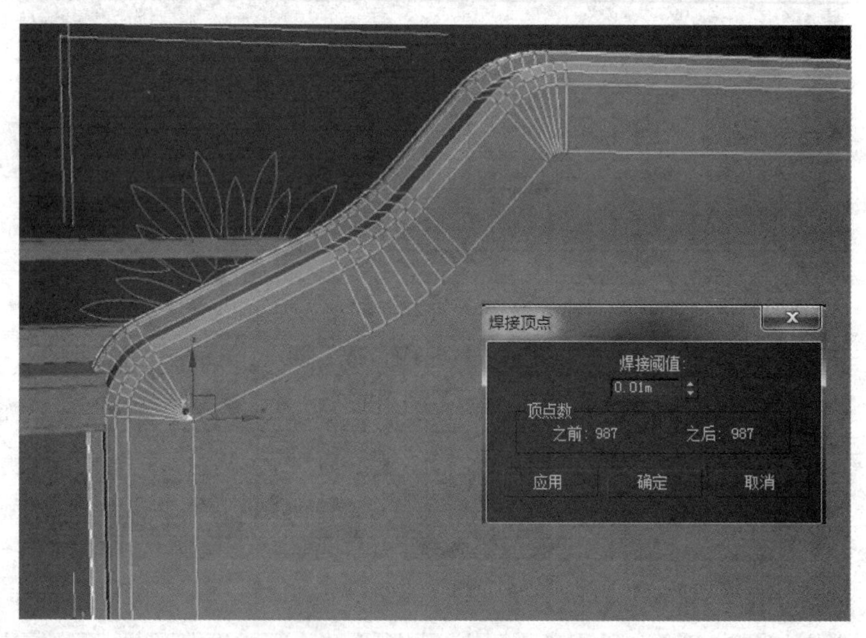

图 6.1.42

(40) 创建线段，按快捷键【2】，在编辑层里选择要连接的线段，单击鼠标右键添加 连接 【连接】命令，如图 6.1.43 所示设置，单击“确定”按钮完成设置。

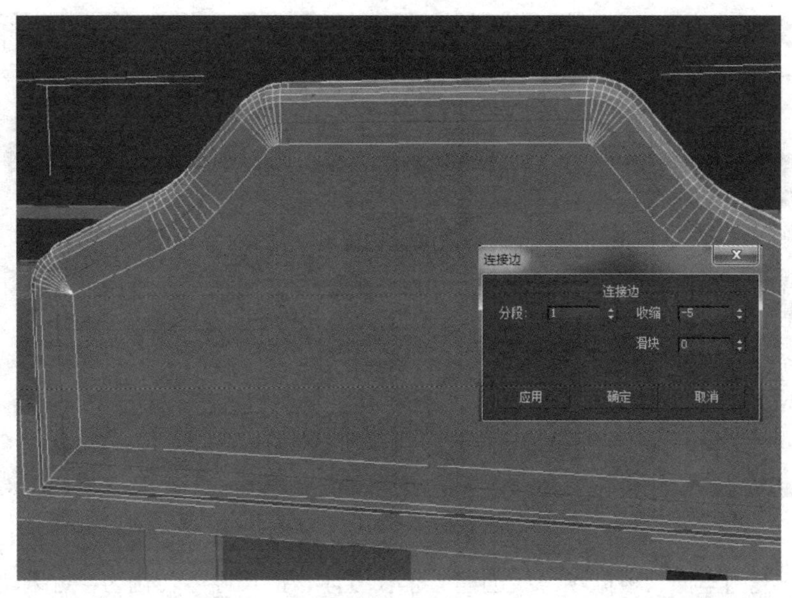

图　6.1.43

(41) 然后向内移动新创建的线段，使其向内凹进去，如图 6.1.44 所示。

(42) 创建小部件，在前视图，根据参考线创建一个球，移动球模型到合适位置，修改球的半球参考，【半球】为 0.5，如图 6.1.45 所示。

图　6.1.44

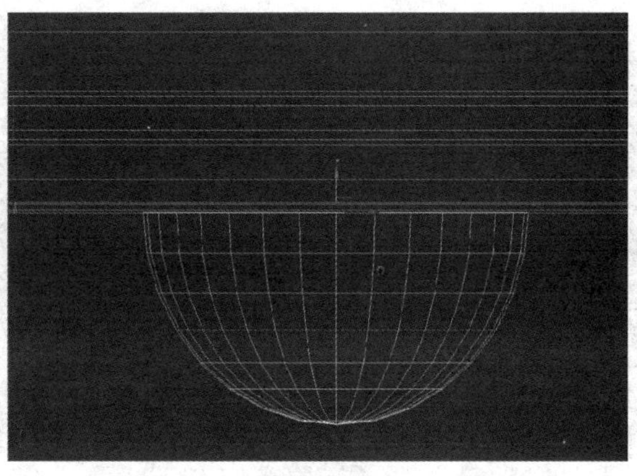

图　6.1.45

(43) 在修改命令面板上的修改器列表里面添加【FFD3 × 3 × 3】命令，单击【FFD3 × 3 × 3】下拉菜单，选择控制点，如图 6.1.46 所示。开始编辑“FFD3 × 3 × 3”，效果如图 6.1.47 所示。

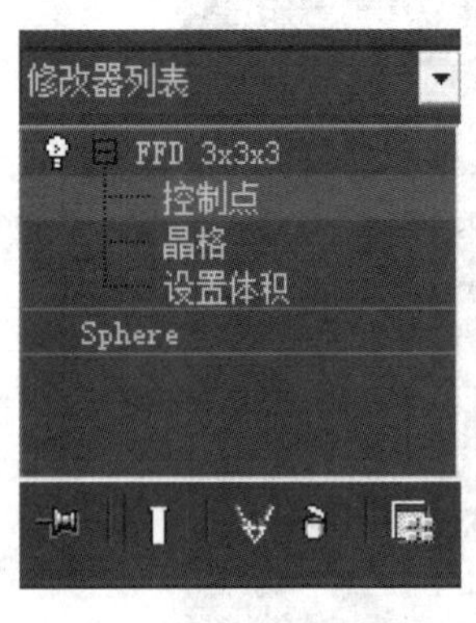

图 6.1.46

图 6.1.47

(44) 在前视图里面，根据参考线创建一个长方体，把长方体转化为“可编辑多边形”，移动模型到合适的位置，单击【网格平滑】命令。修改模型的造型，继续添加网格平滑命令，进入【点】编辑模式，选择模型后面的点，按【Delete】键删除，添加【FFD3×3×3】命令，调整模型造型，如图 6.1.48 所示。

(45) 调整完成后根据参考线框图复制模型，最后完成楼顶装饰模型，如图 6.1.49 所示。

图 6.1.48

图 6.1.49

(46) 模型大体完成后，复制栏杆柱子，导入配件模型，创建周围环境配件。最终完成餐厅建筑，效果如图 6.1.50 所示。

图　6.1.50

(47) 餐厅的贴图教程。创建主色调为白色材质，再创建一个材质编辑球，调节【漫反射】颜色，调节【高光级别】为 18 和【光泽度】为 3，赋予材质到模型，如图 6.1.51 所示。

图　6.1.51

(48) 选择石膏门框，按【Ctrl+Q】组合键进入孤立模式，单击菜单栏上【组】/【解组】分开模型，单独为模型添加材质。先选择一个空白材质编辑球，为漫反射添加【位图】命令，指定主场贴图路径，调节【高光级别】为 13 和【光泽度】为 9，赋予材质到模型，如图 6.1.52 所示。

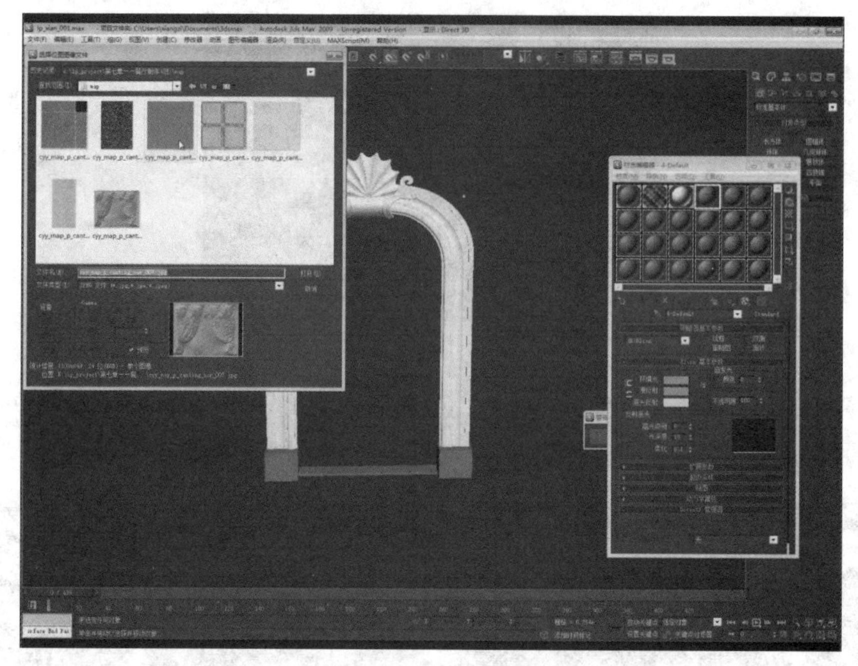

图 6.1.52

(49) 用同样方法添加下面石砖贴图，如图 6.1.53 所示。

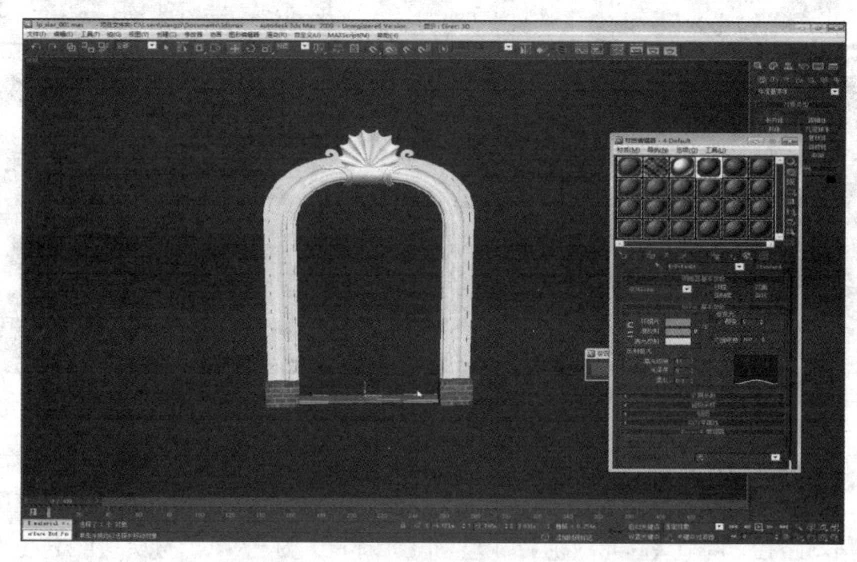

图 6.1.53

(50) 把石砖材质赋予给建筑柱子模型，在修改面板上的修改器列表里面添加一个【UVW 贴图】命令，勾选贴图方式为长方体，调节长宽高参数，如图 6.1.54 所示。

图　6.1.54

(51) 继续添加主场和内场贴图。如果需要为单独的面添加贴图而不影响其他的面，可以用下面介绍的方法：把地板模型转化为【可编辑多边形】，选择需要单独贴图的面，如图 6.1.55 所示。

图　6.1.55

(52) 选择一个空白材质编辑球，在漫反射添加【位图】命令，指定地板贴图路径，调节【高光级别】和【光泽度】参数，单击赋予材质到模型。这样，贴图只会出现在刚刚选择的面上而不影响其他面，如图 6.1.56 所示。

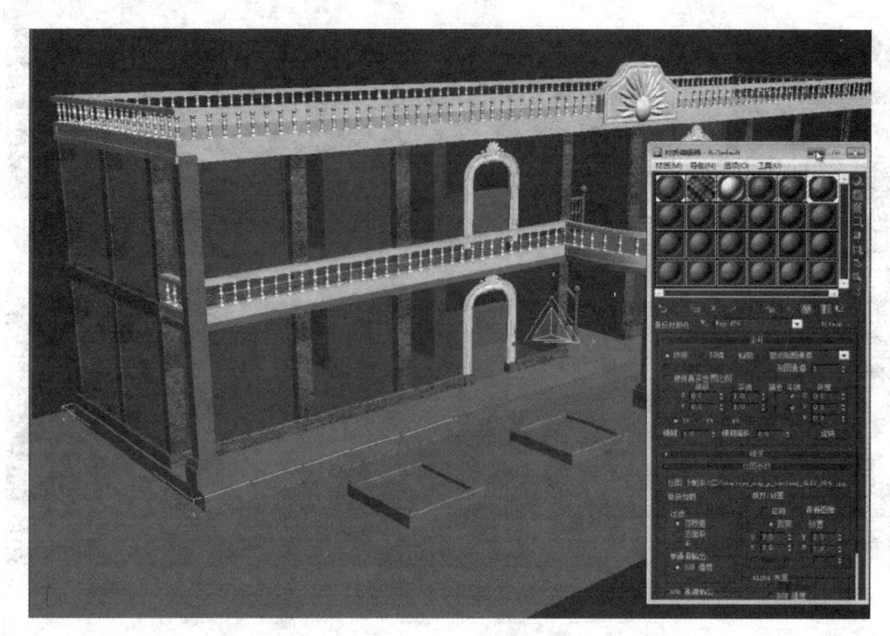

图 6.1.56

(53) 在修改命令面板里面，添加【UVW 贴图】命令，调节长宽参数，如图 6.1.57 所示。

图 6.1.57

(54) 设置完成后，为了方便继续为模型的其他面数进行贴图，我们要对模型 UVW 贴图命令进行【塌陷】，在修改命令面板单击激活【UVW 贴图】命令，单击鼠标右键选择【塌陷到】，单击“确定”按钮完成，此步骤不能返回，所以要确认好再执行。

(55) 其他几处贴图也用此办法进行贴图 (图 6.1.58)。

(56) 创建街道材质、黑色鹅卵石材质、餐厅内地毯，如图 6.1.59 所示。

图　6.1.58

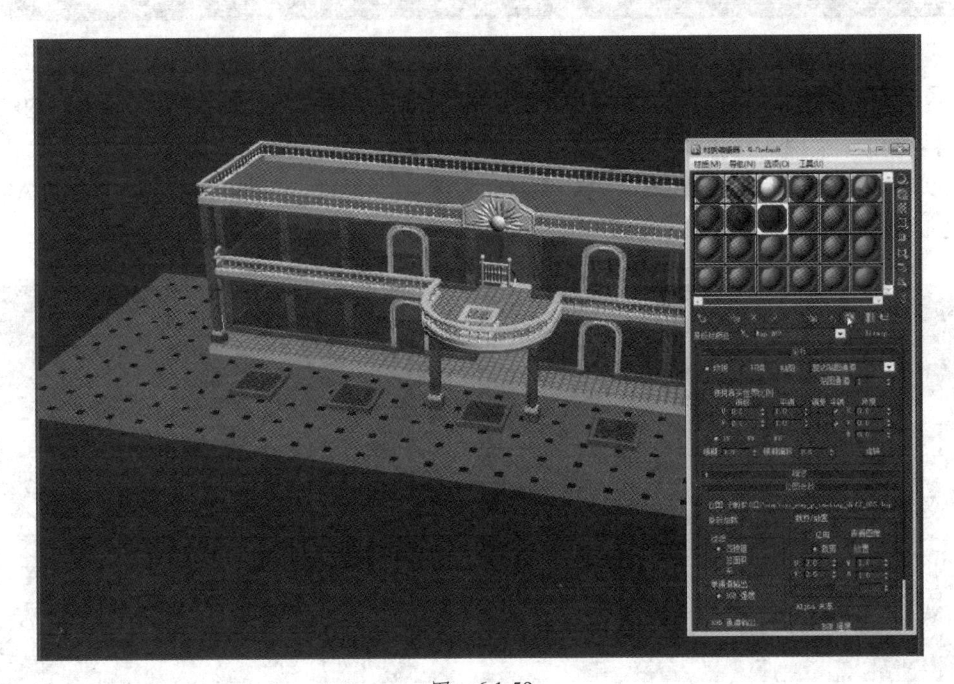

图　6.1.59

(57) 创建窗帘材质，为其添加一个窗户的贴图，为了使空白处能透明，需要为其添加一张不透明的贴图，如图 6.1.60 所示。

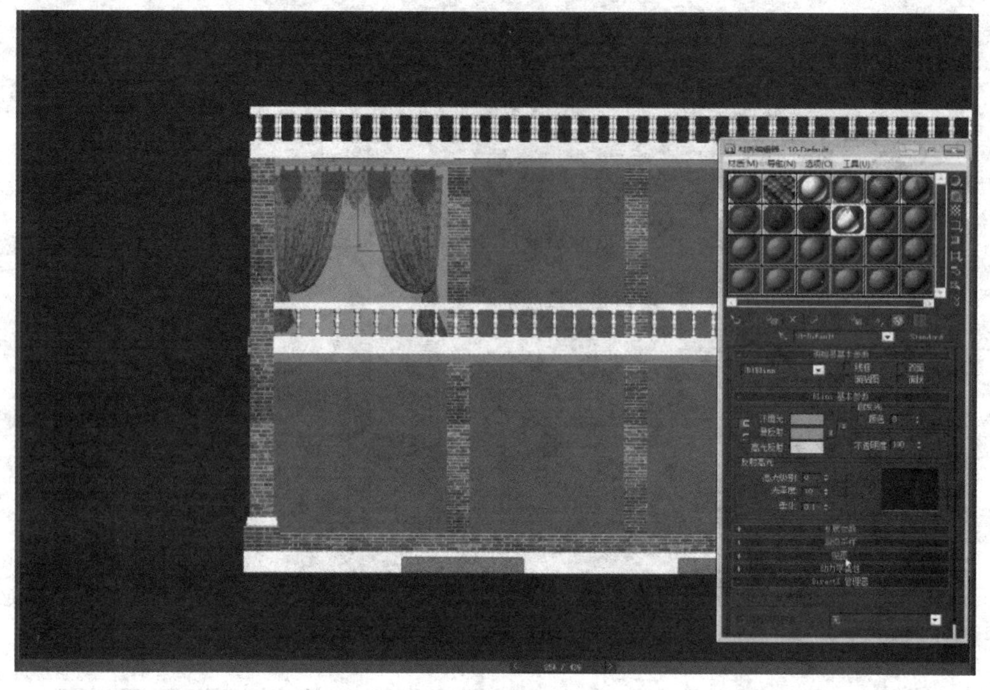

图　6.1.60

(58) 打开编辑材质编辑器，在【贴图】卷轴栏里面，右击【漫反射颜色通道】的贴图，选择【复制】，到不透明贴图上面上右击，选择【粘贴】，如图 6.1.61 所示。

(59) 单击贴图名称，进入【不透明贴通道】选项栏里面，勾选单通道输出中的 Alpha，如图 6.1.62 所示。

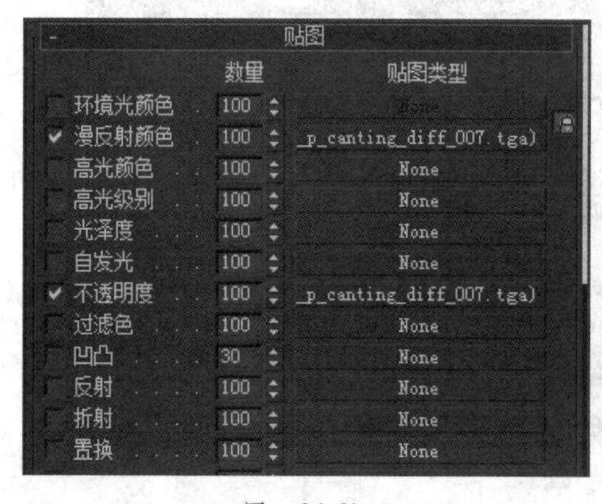

图　6.1.61

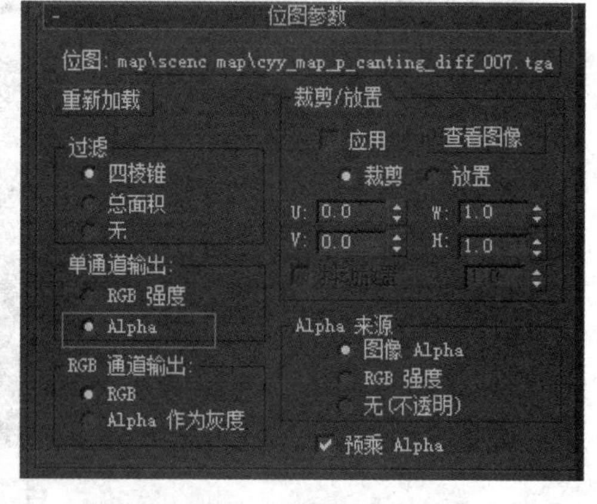

图　6.1.62

(60) 返回上一层级，在【凹凸贴图通道】里面添加【法线凹凸】命令，如图 6.1.63 所示。进入【法线凹凸】层级，在参数中的法线参数中指定窗帘法线贴图路径，如图 6.1.64 所示。

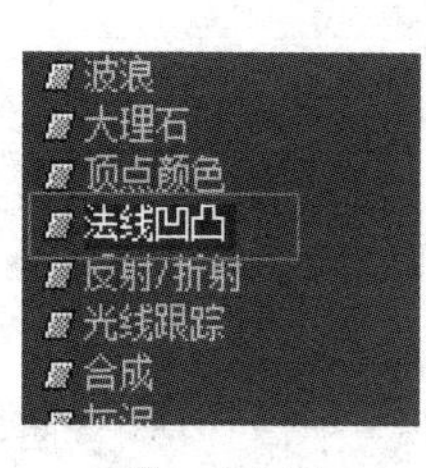

图　6.1.63

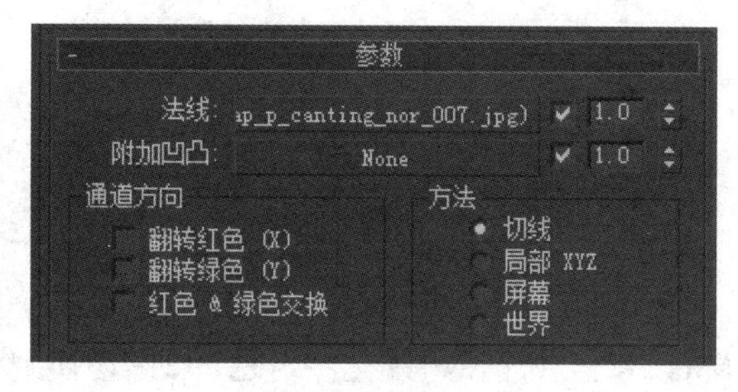

图　6.1.64

(61) 设置窗帘材质完成，赋予材质到模型，调节贴图模型大小，如图 6.1.65 所示。

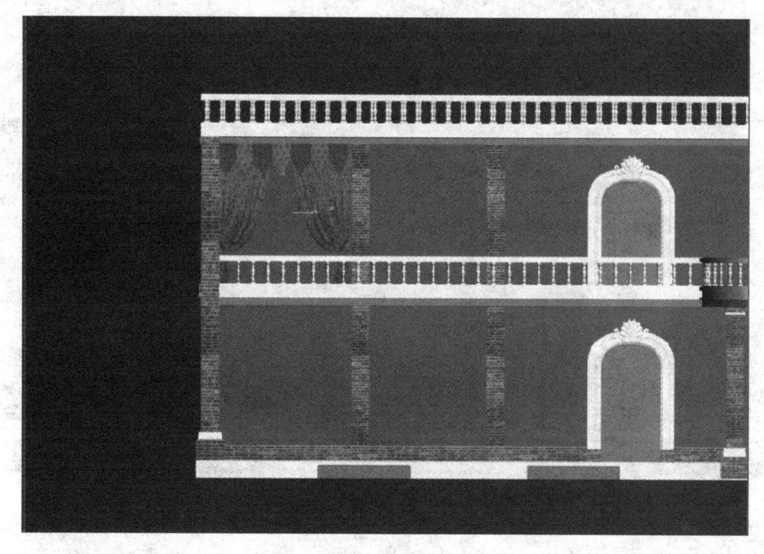

图　6.1.65

(62) 将材质赋予其他玻璃。导入树模型和桌子模型，最终完成餐厅的制作，如图 6.1.66 所示。

图　6.1.66

6.2 创意园餐厅灯光渲染设置

(1) 在3ds Max 2009中打开场景文件，按【F3】键切换到带贴图的模式查看场景(图6.2.1)。

图 6.2.1

(2) 鼠标移动到试图窗口右上角，单击鼠标右键，在弹出的选项中，打开【显示安全框】，这样可以观察画面与建筑之间的关系，如图 6.2.2 所示。

图 6.2.2

(3) 先设置输出大小，单击工具栏上的渲染设置。在弹出的【渲染设置】对话框中，调整输出大小为【宽度】为 640，【高度】为 400，如图 6.2.3 所示。

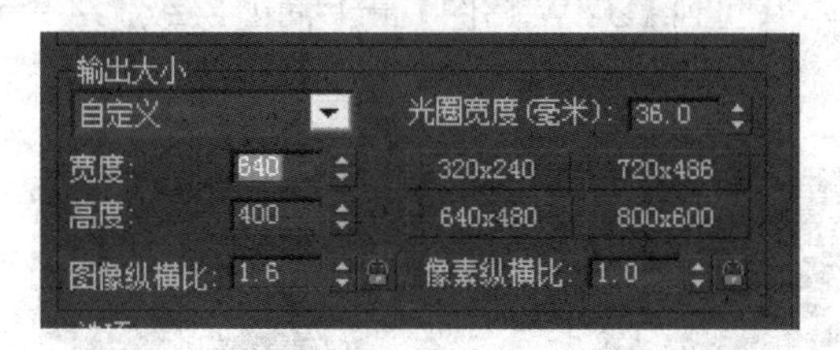

图　6.2.3

(4) 返回视图窗口查看，移动到合适的镜头位置，注意画面构成，这时发现地板不够大，需要调整地板模型，如图 6.2.4 所示。

图　6.2.4

(5) 选择地板，进入修改面板，进入【点】编辑模式，移动模型顶点到视图外，尽量使视图看不到边界，如图 6.2.5 所示。

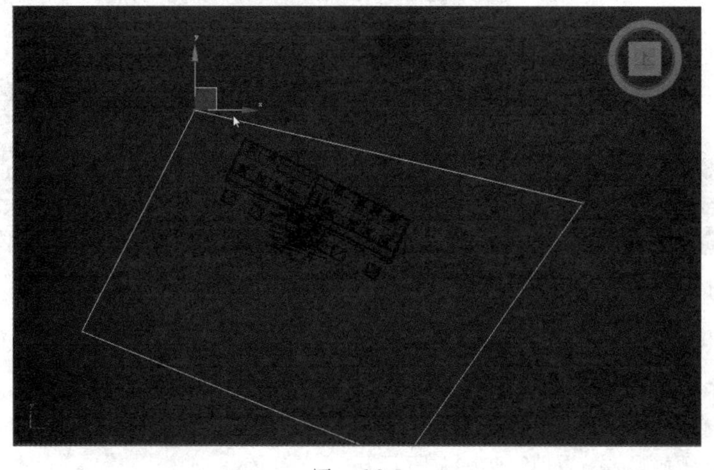

图　6.2.5

(6) 调整确定镜头摆放位置，按【Ctrl+C】组合键在透视图中建立摄像机。建立成功视图右上角会出现 camera01，这证明摄像机建立完成，如图 6.2.6 所示。

(7) 编辑完成后，记得返回到【UVW 贴图】最上面的层级上才能正常显示 UV，如图 6.2.7 所示。

图 6.2.6

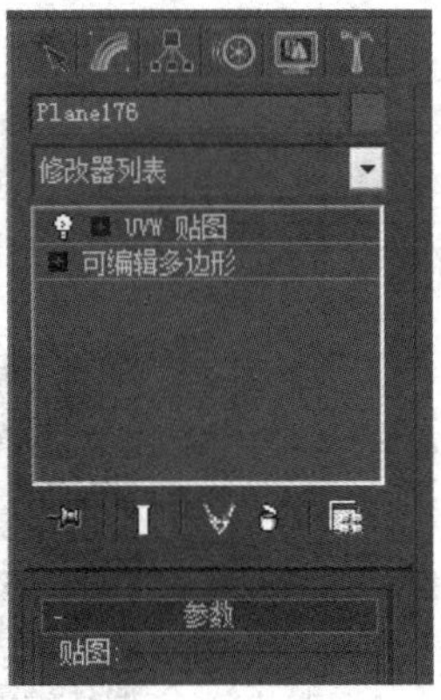

图 6.2.7

(8) 单击工具栏上的【渲染】，使用默认渲染器渲染查看一次，如图 6.2.8 和图 6.2.9 所示。

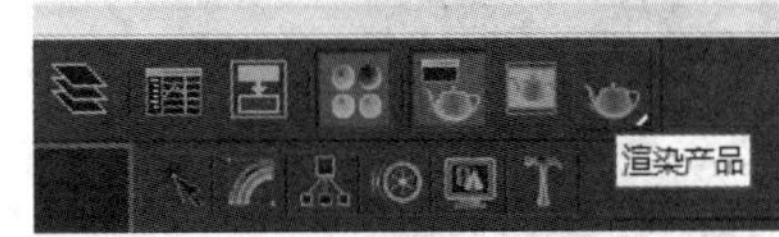

图 6.2.8

图 6.2.9

(9) 给玻璃模型添加材质，先选择玻璃的模型，按【Alt+Q】组合键孤立选择物体并进入【孤立模式】，如图 6.2.10 所示。

(10) 打开材质编辑器，选择一个空的材质球，调整【高光级别】为 92，【光泽度】为 79，然后赋予材质到物体，如图 6.2.11 所示。

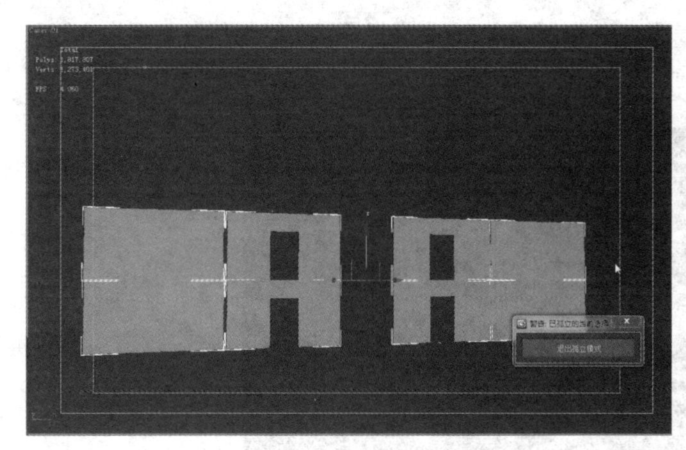

图　6.2.10

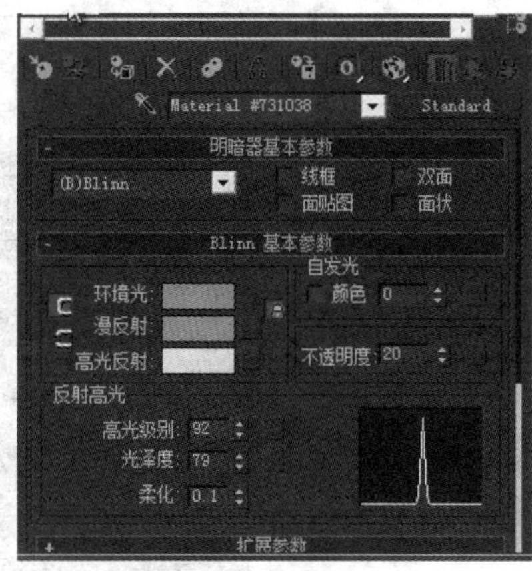

图　6.2.11

(11) 接下来我们将用“V-Ray 渲染器”来作为 Max 的渲染器，V-Ray 拥有更加方便和更好的画面效果，打开【渲染设置】(或按快捷键 F10)，在【指定渲染器】卷轴栏中，单击产品级后面的拓展按钮，将默认渲染器改为【V-Ray Adv 1.50.SP4】渲染器，如图 6.2.12 所示。

(12) 由于是调试阶段，所以渲染器的设置不需要太高，画面质量不用太好。设置调整测试渲染参数，打开 V-Ray 面板，修改【图像采样器(反锯齿)】卷轴栏参数，更改【图像采样器】类型为【固定】，关闭抗锯齿过滤器，如图 6.2.13 所示。

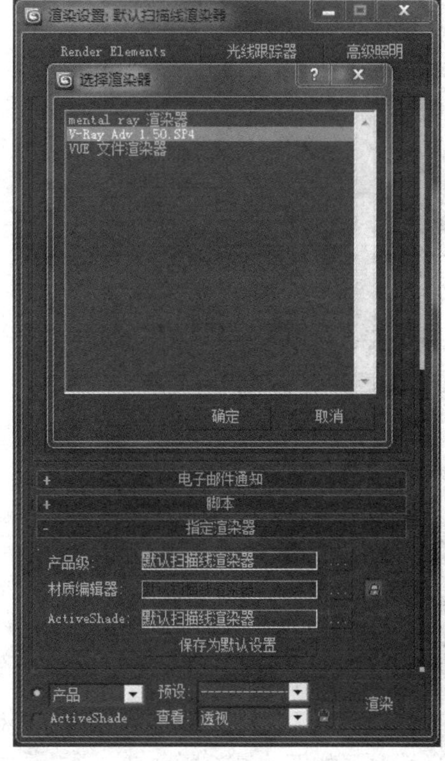

图　6.2.12

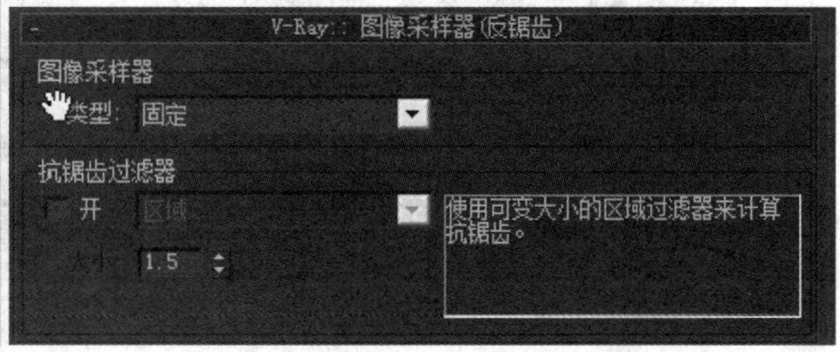

图　6.2.13

(13) 修改【全局开关】卷轴栏参数，关闭【默认灯光】，将【二次光线偏移】调为 0.001，勾选【覆盖材质】，如图 6.2.14 所示。

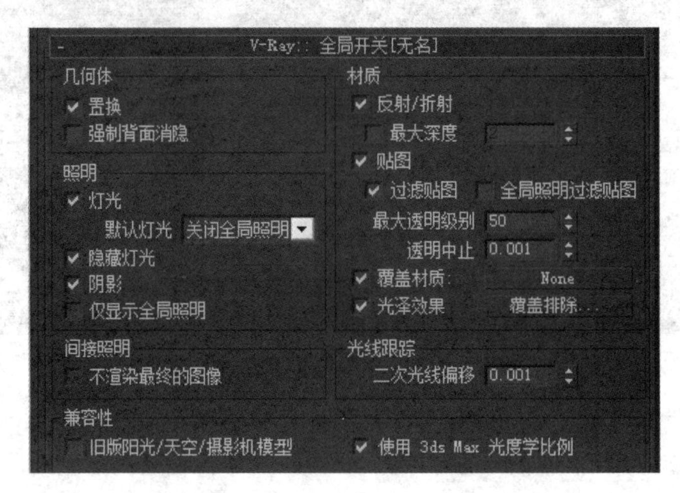

图 6.2.14

(14) 打开材质编辑器，选择一个空的材质球，将其拖曳到【覆盖材质】后面的方框内，选择【实例关联】，如图 6.2.15 所示。这样这个场景的材质都受材质球控制，这个方法是用来检测模型是否出现问题。

图 6.2.15

(15) 修改【环境】卷轴栏参数，打开【全局照明环境】，如图 6.2.16 所示。

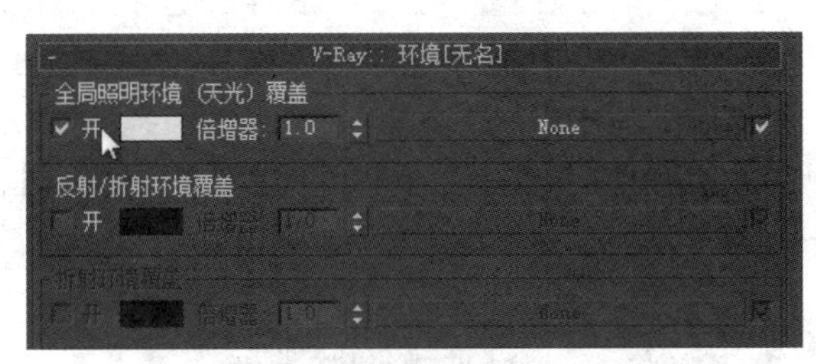

图　6.2.16

(16) 切换到上方的【间接照明】选项板，如图 6.2.17 所示，修改【间接照明 (GI)】参数，打开【GI】开关，将【二次反弹】全局照明引擎改为【灯光缓存】，如图 6.2.18 所示。

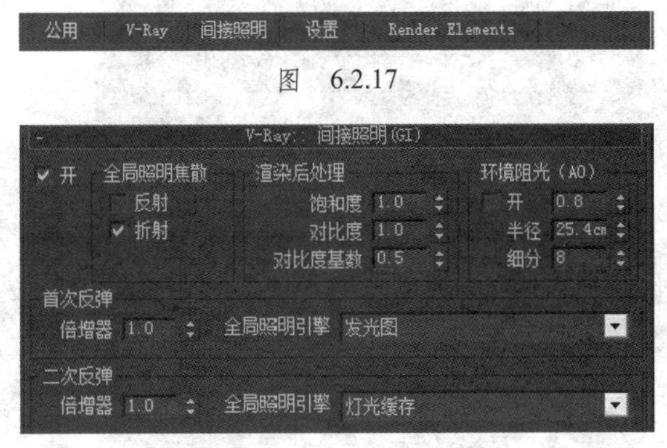

图　6.2.17

图　6.2.18

(17) 修改【发光图】卷轴栏参数，将【当前预置】调为非常低。半球细分调为 30，插值采样调为 20，打开【显示计算相位】，如图 6.2.19 所示。

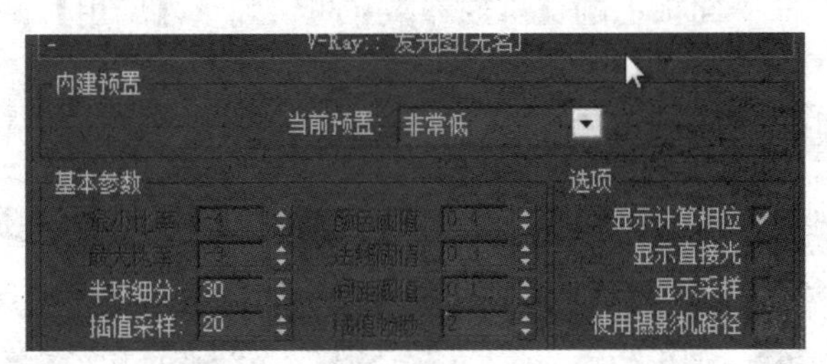

图　6.2.19

(18) 修改【灯光缓存】卷轴栏参数，细分调为 200，打开【显示计算相位】，如图 6.2.20 所示。

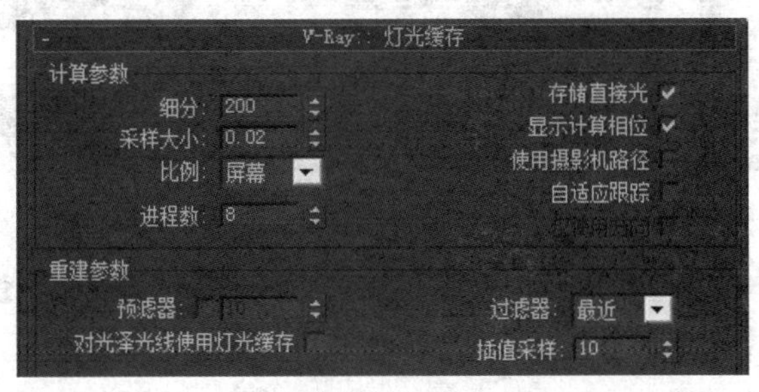

图　6.2.20

(19) 按【渲染】查看调试效果，检查模型。如果没有问题我们可以往下继续，如果发现问题及时返回模型阶段修改，如图 6.2.21 所示。

(20) 现在开始为场景添加灯光，在命令面板中选择【灯光】/【标准】，选择【目标平行光】，在视图中用鼠标拖动来为场景添加一盏目标平行光，如图 6.2.22 所示。

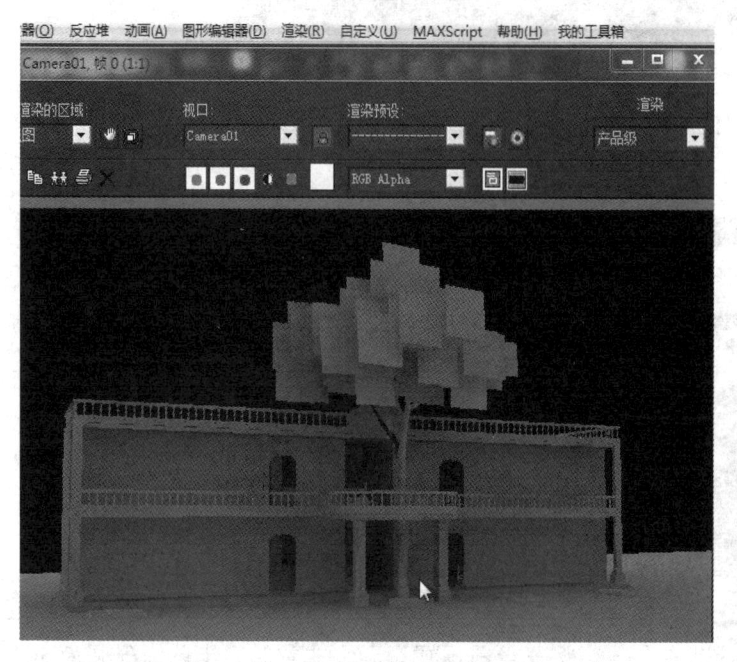

图 6.2.21

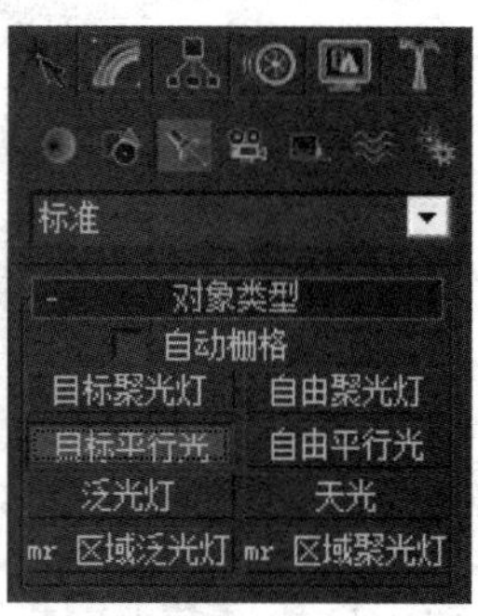

图 6.2.22

(21) 选择灯光，在命令面板上的【常规参数】里，勾选【启用】，类型为“VRay 阴影”阴影，如图 6.2.23 所示。

(22) 在【强度 / 颜色 / 衰减】卷轴栏，更改颜色为 (254，245，230)，如图 6.2.24 所示。

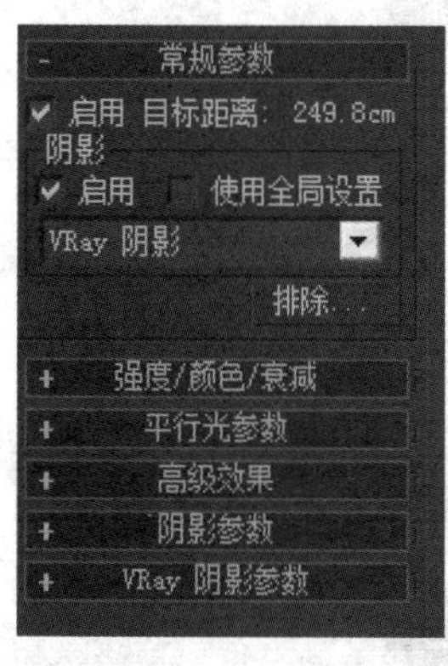

图 6.2.23

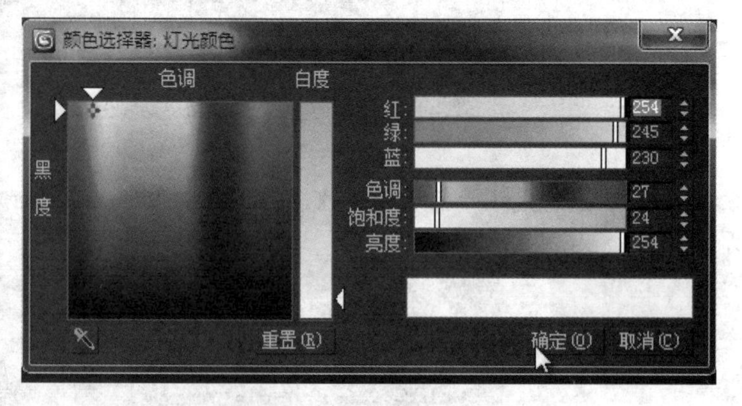

图 6.2.24

(23) 选择侧视图，按【Alt+W】组合键可以最大化视图，这样方便查看修改。调整灯光高度，如图 6.2.25 所示。

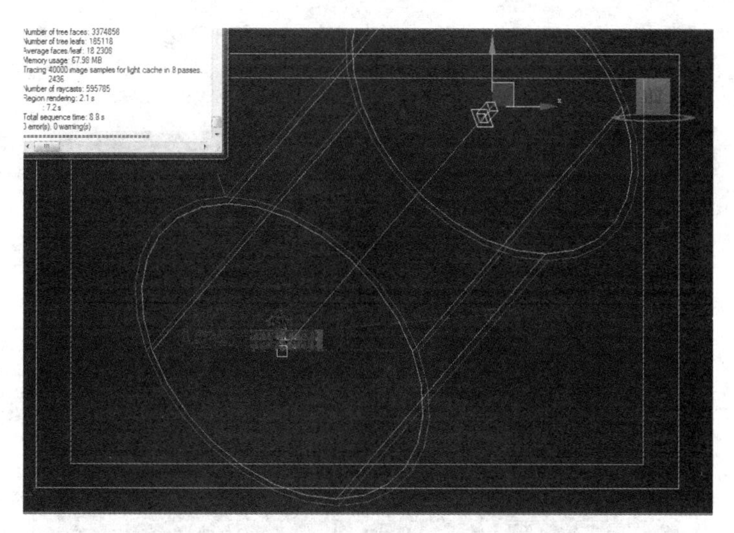

图　6.2.25

(24) 选择菜单【渲染】/【环境】命令，弹出【环境和效果】对话框，设置背景颜色为纯白背景，如图 6.2.26 所示。

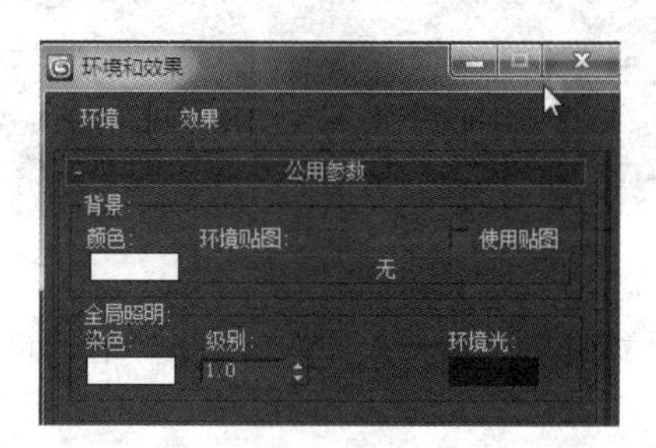

图　6.2.26

(25) 关闭渲染设置里的覆盖材质，渲染查看，如图 6.2.27 和图 6.2.28 所示。

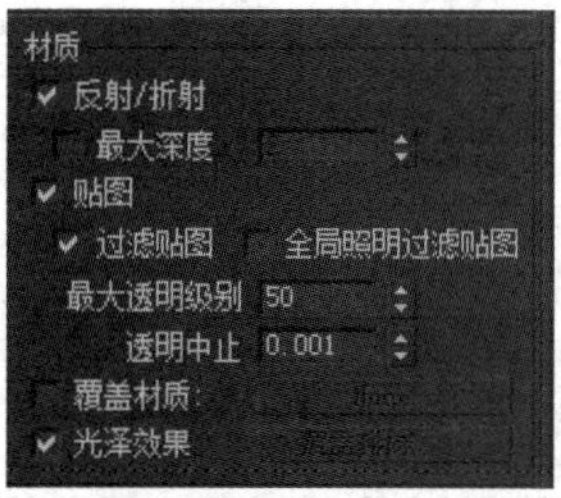

材质
反射/折射
最大深度
贴图
过滤贴图
全局照明过滤贴图
最大透明级别 50
透明中止 0.001
覆盖材质
光泽效果

图　6.2.27

图　6.2.28

(26) 检查渲染效果，发现环境光太亮，调小【全局环境光】参数，减少【二次反弹倍增器】和【对比度】，如图 6.2.29 和图 6.2.30 所示。

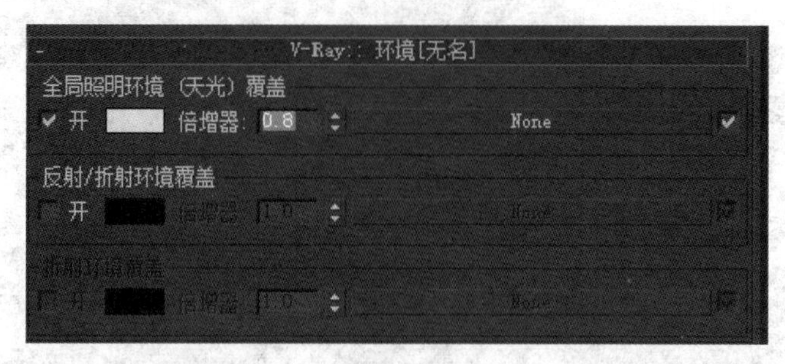

图　6.2.29

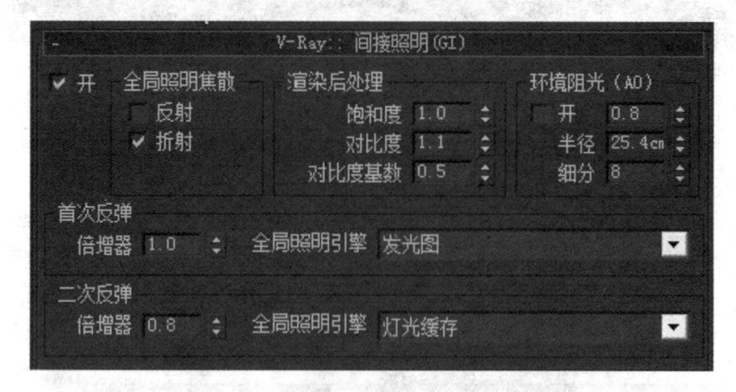

图　6.2.30

(27) 为环境添加一张环境贴图，打开【环境和效果】对话框，选择环境贴图下面方框，如图 6.2.31 所示。

图　6.2.31

(28) 在弹出的材质 / 贴图浏览器中，选择【位图】，选择天空贴图，打开材质编辑器，选择一个空的材质球，将环境贴图拖动到空白材质球上，选择实例关联到材质球上，如图 6.2.32 和图 6.2.33 所示。

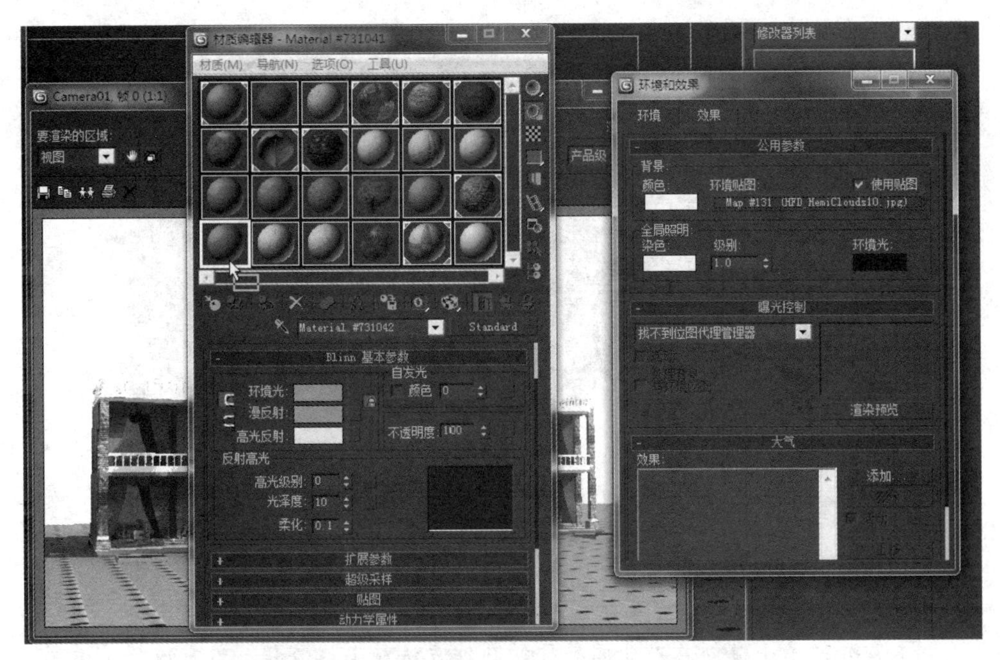

图　6.2.32

图　6.2.33

(29) 渲染查看效果，如图 6.2.34 和图 6.2.35 所示。

图　6.2.34

图 6.2.35

本章小结

本章介绍了小榄创意产业园餐厅的制作方法和工作流程，着重讲解了运用多边形建模工具进行建筑制作的流程以及贴图的基本方法和技巧，通过项目的制作流程训练，让学生可以灵活运用多边形建模的工具进行项目制作，并进一步掌握好贴图的运用技巧，为今后项目制作奠定坚实的基础。

习 题

1. 选择题

(1) 在透视图中快速建立摄像机的快捷键是(　　)。

A. Ctrl+C　　B. Ctrl+V　　C. Alt+C　　D. Alt+D

(2) 本章在使用 V-Ray 渲染器的情况下，灯光阴影类型选择(　　)。

A. 阴影贴图　　B. 光线跟踪　　C. VRay 阴影　　D. 区域阴影

(3) 为了让图片本身具备发光效果，我们需要在(　　)通道中添加图片。

A. 不透明　　B. 高光级别　　C. 漫反射　　D. 自发光

(4) 在【对象属性】中，关闭(　　)，能使该物体在渲染后不被显示出来，但保持对其他物体反射光子。

A. 不透明　　B. 对摄像机可见　　C. 继承可见性　　D. 可渲染

(5) 取消 VRay 灯光的(　　)选项，可以在渲染时，灯光发射源不被渲染出来。

A. 双面　　B. 天光入口　　C. 不可见　　D. 忽略灯光法线

2. 简答题

(1) 请简述餐厅灯光渲染的的工作流程。

(2) 请简述添加餐厅背景图的方法和技巧。

第7章

小榄创意产业园中楼外观模型制作

教学目标

通过学习，掌握小榄创意产业园三维城市漫游动画中五层楼房外观的设计制作方法，运作3ds Max和Photoshop结合，制作外观贴图的方法、步骤和技巧。

教学要求

知识目标	能力目标	素质目标	权重	自测分数
了解中国传统青花图案的美学价值及在当代设计中的运用知识	掌握3ds Max中素材的导入导出方法及素材的建模能力	提高三维造型能力和项目表现的审美能力	40%	
了解Photoshop工具运用到三维贴图方面的知识	掌握在Photoshop中，选区转变成路径的技能	提高三维造型能力和项目表现的审美能力	40%	
了解三维建模中贴图方面的知识	掌握Photoshop中的图像处理工具与3ds Max中的贴图工具的结合运用技巧	认识传统文化在现代建筑中的审美意义	20%	

7.1　五层楼外观的制作

五层楼外观制作的具体步骤如下：

(1) 打开 3ds Max 2009，打开之前制作好的五层楼框架模型，如图 7.1.1 所示。

图　7.1.1

(2) 首先制作五层楼的顶部 LOGO 招牌装饰，我们打开 Photoshop，导入 LOGO 的“PSD 文件”，如图 7.1.2 所示。

图　7.1.2

(3) 将 LOGO 和底层白色背景分离，并放在不同的图层里面，如图 7.1.3 所示。

(4) 选中 LOGO 所在的图层，按住【Ctrl】键的同时单击鼠标选择图层，获取 LOGO 透明选区，如图 7.1.4 所示。

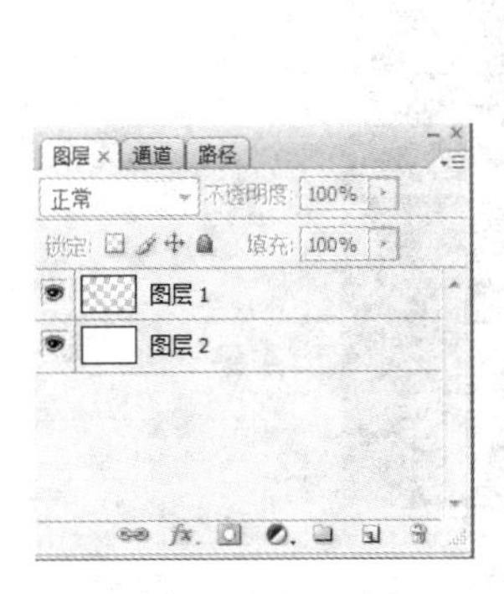

图　7.1.3

图　7.1.4

(5) 然后在路径面板中，单击【从选区生成工作路径】，如图 7.1.5 所示。将 LOGO 的选区转变成路径，效果如图 7.1.6 所示。

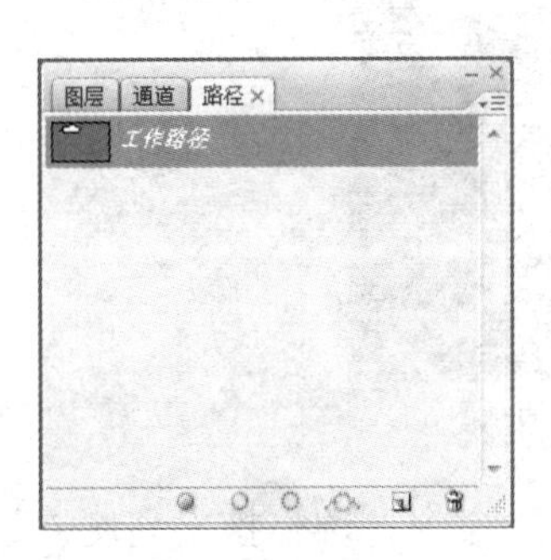

图　7.1.5

图　7.1.6

(6) 在路径面板中选中路径，选择【菜单栏】/【文件】/【导出】/【路径到 Illustrator】，导出 AI 路径，AI 路径支持直接导入 3ds Max 中，如图 7.1.7 所示。

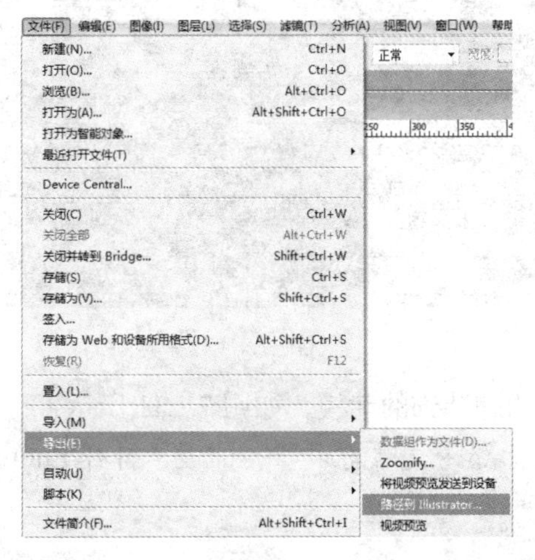

图　7.1.7

(7) 回到 3ds Max，选择【菜单栏】/【文件】/【导入】，选择刚刚在 Photoshop 中导出的 AI 路径，将路径导入场景中，移动到合适的位置，如图 7.1.8 所示。

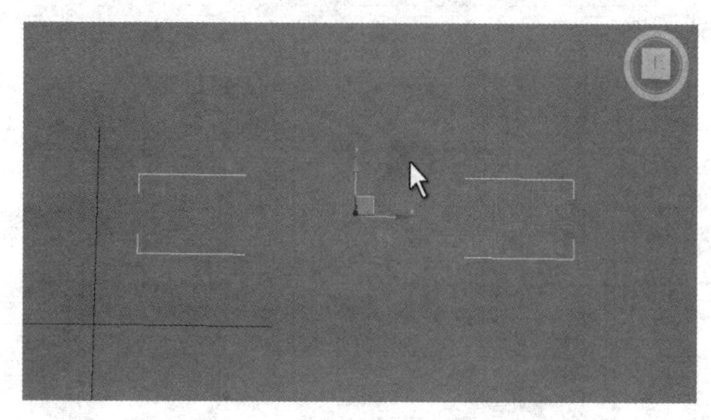

图 7.1.8

(8) 单击鼠标右键，在弹出的菜单中选择【转换为】/【转换成可以编辑多边形】，方便修改，进入【面】编辑模式，框选全部面，如图 7.1.9 所示。

图 7.1.9

(9) 在命令控制面板上的修改器列表中，添加使用【挤出】命令，调整挤出高度，如图 7.1.10 所示。

图 7.1.10

(10) 完成顶部 LOGO 招牌装饰的建模，如图 7.1.11 所示。

(11) 接着制作五层楼背部冷气槽的印章装饰板，打开 Photoshop，导入素材图片，如图 7.1.12 所示。

图　7.1.11

图　7.1.12

(12) 在通道面板中，按住【Ctrl】键的同时单击鼠标左鼠选择红色通道，获取印章装饰板透明选区，如图 7.1.13 所示。

(13) 在路径面板中，单击【从选区生成工作路径】将印章装饰板透明选区转变成路径，如图 7.1.14 所示。

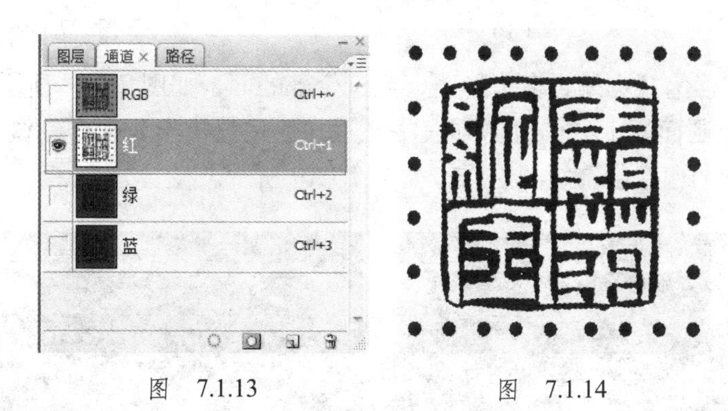

图　7.1.13　　　　图　7.1.14

(14) 在路径面板中选中路径，选择【菜单栏】/【文件】/【导出】/【路径到 Illustrator】，导出 AI 路径，AI 路径支持直接导入 3ds Max 中，如图 7.1.15 所示。

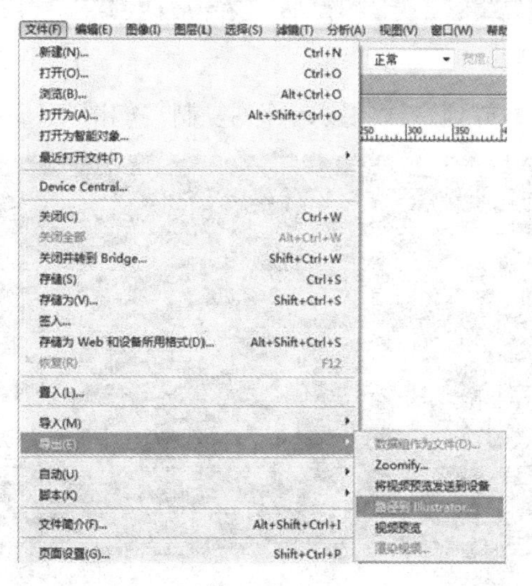

图　7.1.15

(15) 回到 3ds Max，选择【菜单栏】/【文件】/【导入】选择刚刚在 Photoshop 中导出的 AI 路径，如图 7.1.16 所示。

(16) 由于这个图形转换成路径的时候，点数有点多，我们在 3ds Max 里面将路径的段数减少为 2，将路径的精度降低，这样可以减少模型的面数，为系统节约资源，如图 7.1.17 所示。

图 7.1.16

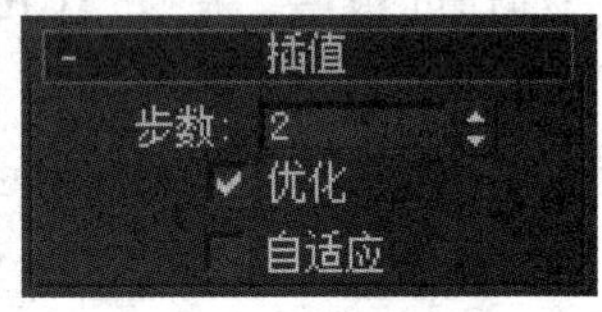

图 7.1.17

(17) 将路径转换为【可编辑多边形】，全选全部的面，如图 7.1.18 所示。

(18) 在命令控制面板上的修改器列表中，添加使用【挤出】命令，调整挤出高度，这样就完成了冷气槽的印章装饰板的制作，如图 7.1.19 所示。

图 7.1.18

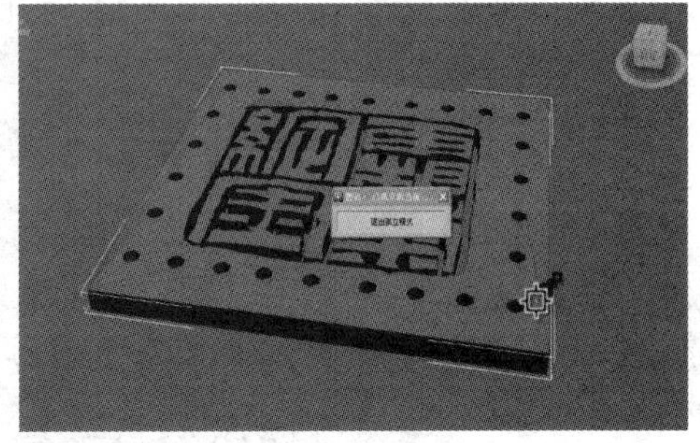

图 7.1.19

(19) 完成后将其移动缩放到合适位置，阵列复制，如图 7.1.20 所示。

图 7.1.20

(20) 制作挡板贴图。打开 Photoshop，导入已经合成好的素材图片，如图 7.1.21 所示。选择菜单【选择】/【色彩范围】，弹出【色彩范围】对话框，调整【颜色容差】为 104，单击“确定”按钮获取选区，如图 7.1.22 所示。

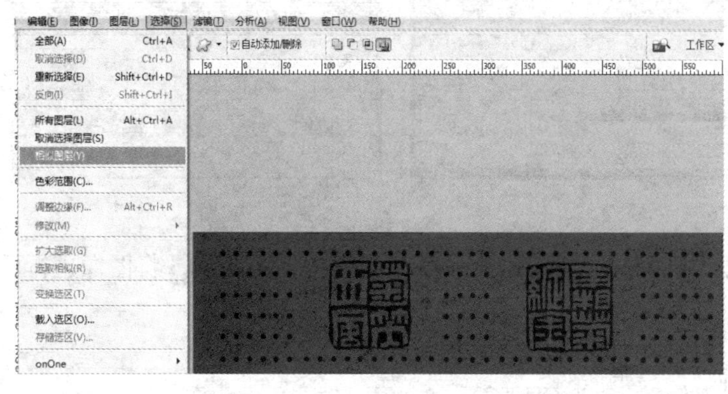

图　7.1.21

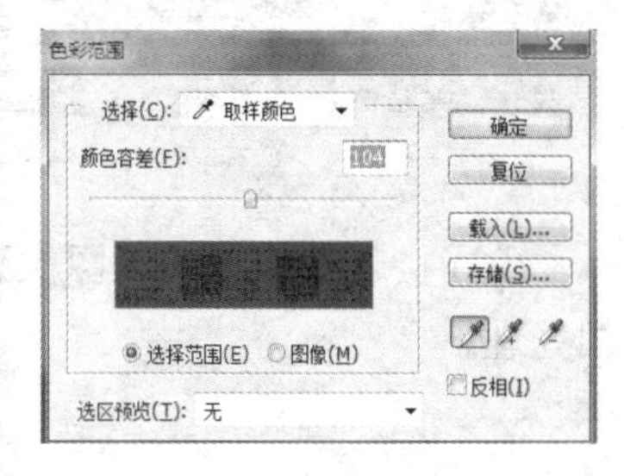

图　7.1.22

(21) 切换到通道面板中，单击“创建新通道”按钮，新建一个 Alpha 通道，如图 7.1.23 所示。用填充工具，选区填充为黑色，如图 7.1.24 所示。

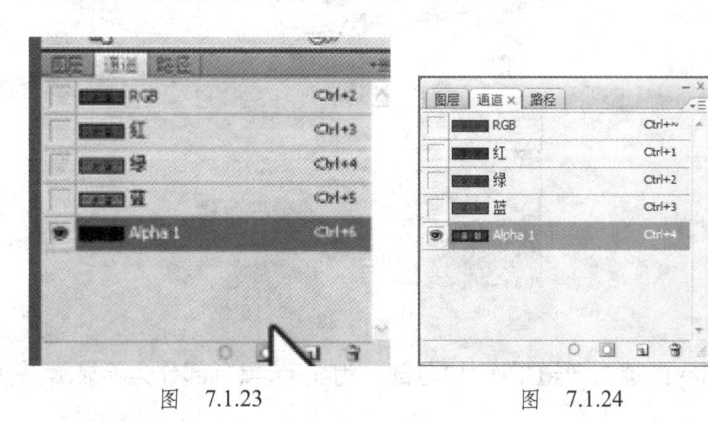

图　7.1.23　　图　7.1.24

(22) 再调整曲线按【Ctrl+M】组合键，如图 7.1.25 所示设置，调整色阶 (按【Ctrl+L】组合键)，如图 7.1.26 所示，设置对比度，如图 7.1.27 所示。尽量使图像只有黑白两种颜色。

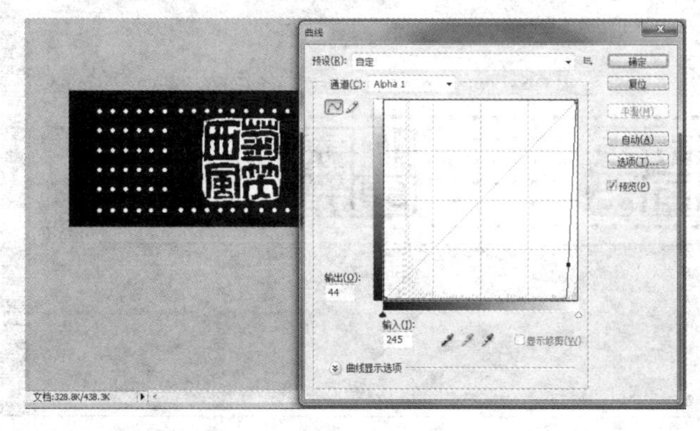

图　7.1.25

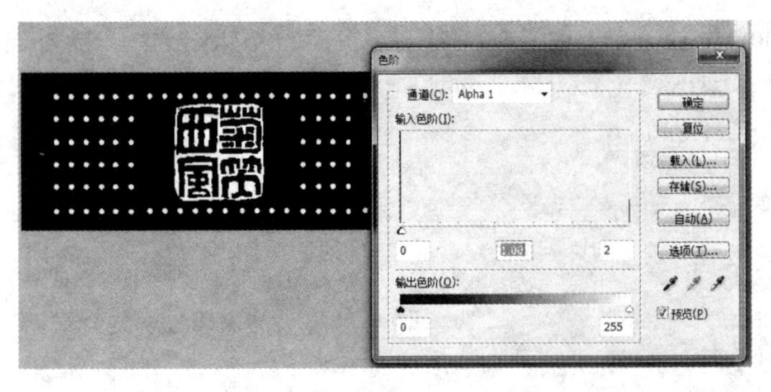

图 7.1.26

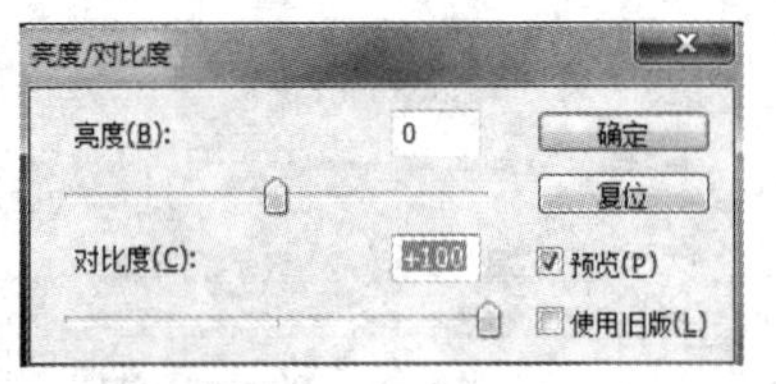

图 7.1.27

(23) 接着选择菜单【图像】/【调整】/【反相】命令，如图 7.1.28 所示。将图像进行反相处理。

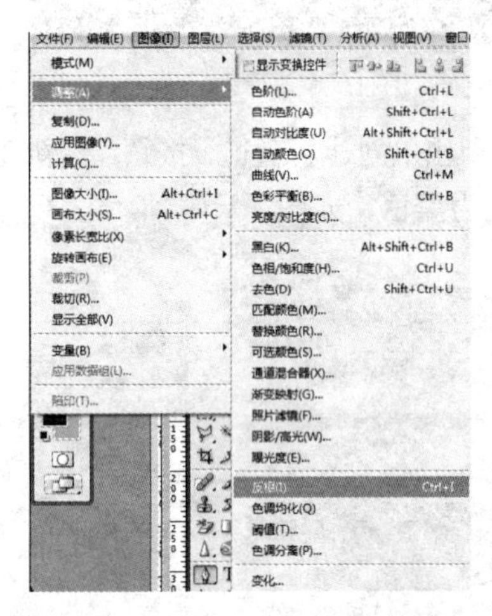

图 7.1.28

(24) 在 3ds Max 的透明通道里面，白色部分为显示，黑色部分为不显示，灰色属于半透明，如图 7.1.29 所示。

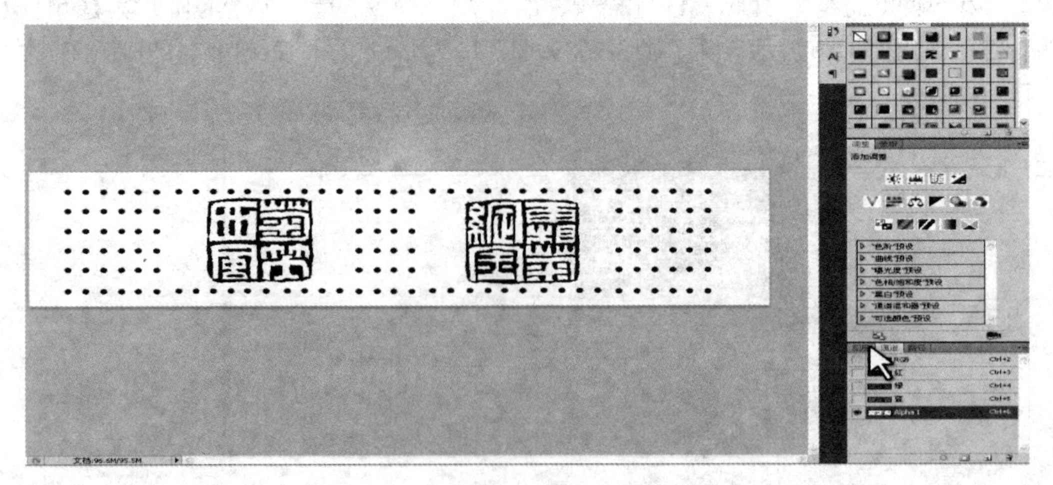

图 7.1.29

(25) 修改完成后，单击保存带通道的 tga 格式图片。接下来制作利用透明贴图来达到类似的效果。回到 3ds Max 中，把五层楼前面的板子选中，按【Alt+Q】组合键进入【孤立模式】，如图 7.1.30 所示。

图　7.1.30

7.2　五层楼外观的贴图

五层楼外观贴图的具体步骤如下：

(1) 选择一个空白的材质球，在【贴图】卷轴栏中，为漫反射通道和不透明通道添加贴图，选择在 Photoshop 中制作完成的 tga 带透明通道的贴图，如图 7.2.1 所示。

(2) 进入不透明通道，在【单通道输出】选项框中，勾选 Alpha，以此显示 Alpha 信息，如图 7.2.2 所示。

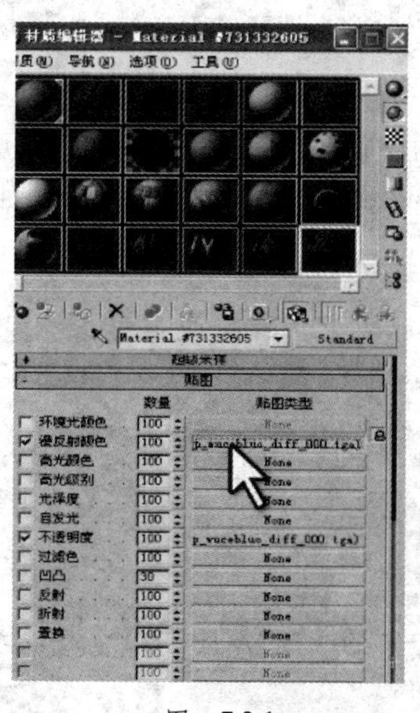

图　7.2.1　　　　图　7.2.2

(3) 回到场景中查看，效果如图 7.2.3 所示。

图 7.2.3

(4) 接着制做五层楼主杆的不透明贴图，这次用另外一种方法，打开 Photoshop，导入素材图片，如图 7.2.4 所示。

(5) 用魔术棒选中蓝灰色部分，填充为白色，如图 7.2.5 所示。保存为 Jpg 格式文件。

图 7.2.4　　图 7.2.5

(6) 回到 3ds Max 中，新建一个空白的材质球，在漫反射通道加入原素材图片，不透明通道加入刚在 Photoshop 中生成的黑白图片 (图 7.2.6、图 7.2.7)，效果如图 7.2.8 所示。

	数量	贴图类型
环境光颜色	100	
✓ 漫反射颜色	100	p_p_wuceng_diff_000.bmp)
高光颜色	100	None
高光级别	100	None
光泽度	100	None
自发光	100	None
✓ 不透明度	100	_wucengluo_diff_001.psd)
过滤色	100	None
凹凸	30	None
反射	100	None
折射	100	None
置换	100	None

图 7.2.6

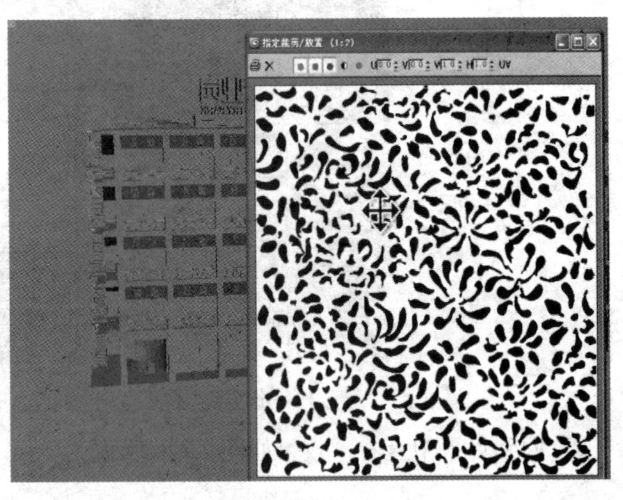

图 7.2.7

图　7.2.8

(7) 把材质赋予模型，贴到柱子上并复制，效果如图 7.2.9 所示。

(8) 把柱子复制多一份并缩小，加入白色材质，制作镂空效果，效果如图 7.2.10 所示。

图　7.2.9

图　7.2.10

(9) 制作底楼的出入口，选择模型后按【Alt+Q】组合键进入孤立模式，效果如图 7.2.11 所示。

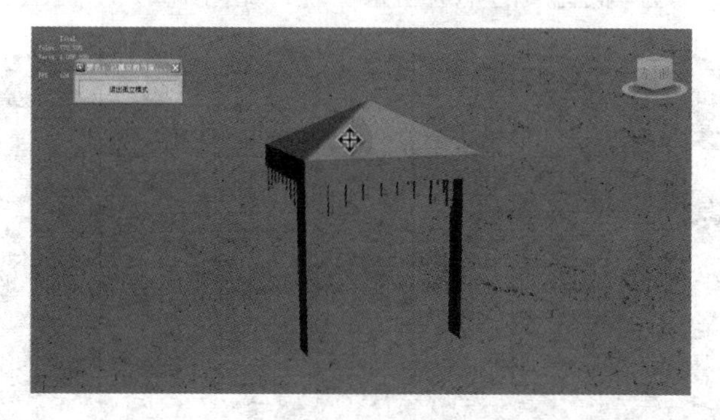

图　7.2.11

(10) 选中四棱锥的四个三角形，添加透明材质，将材质的不透明度设置为 25，如图 7.2.12 所示。效果如图 7.2.13 所示。

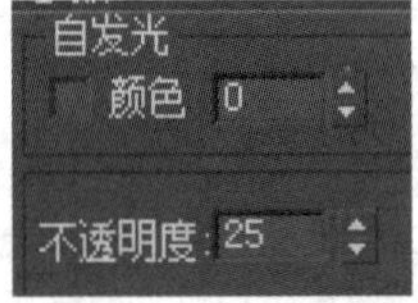

图 7.2.12

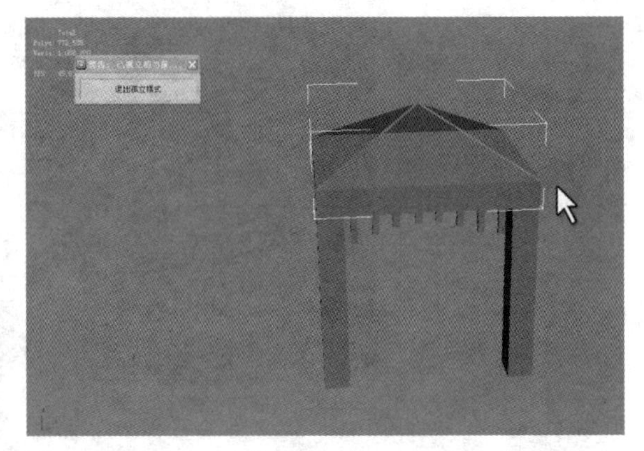

图 7.2.13

(11) 其他材质为白色水泥墙壁，加入菊花图案的材质，如图 7.2.14 所示。

(12) 顶部标志，添加白色材质。栏杆和楼梯，添加蓝灰色材质，如图 7.2.15 所示。

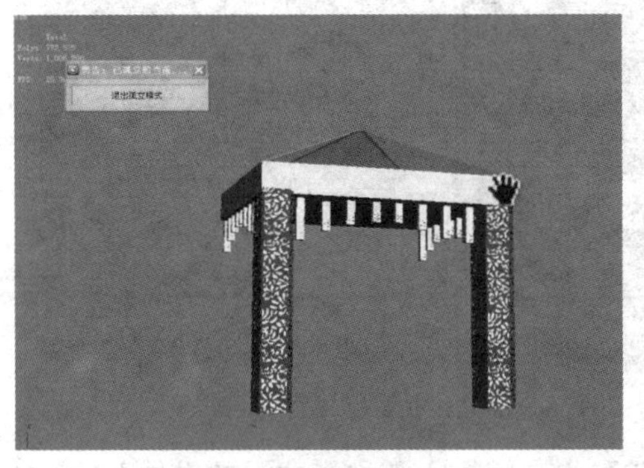

图 7.2.14

图 7.2.15

(13) 窗户玻璃，通过降低材质的不透明来实现，如图 7.2.16 所示。

图 7.2.16

(14) 然后加入其他材质，丰富模型，如图 7.2.17 和图 7.2.18 所示。

图　7.2.17

图　7.2.18

本章小结

本章介绍了创意产业园五层楼外观的制作方法和工作流程，着重讲解了运用 Photoshop 进行贴图制作的基本方法和技巧。通过项目制作的流程训练，让学生可以灵活运用 Photoshop 进行多种贴图效果的制作，掌握好贴图的运用技巧，为今后项目制作奠定坚实的基础。

习 题

1. 选择题

(1) 在 Photoshop 中，按住 (　　) 键选择图层，可以获取图层选区。

A.Ctrl+ 鼠标左键　　B.Ctrl+ 鼠标右键

C.Alt+ 鼠标左键　　D.Alt+ 鼠标右键

(2) 在 Photoshop 中，在 (　　) 面板中，单击【从选区生成工作路径】，可以将选区转变成路径。

A. 路径　　B. 图层　　C. 历史记录　　D. 通道

(3) 在 Photoshop 中，导出 (　　) 格式的路径后，可以直接导入 3ds Max 中。

A.jpg　　B.AI　　C.cdr　　D.tga

(4) 在 Photoshop 中，调整曲线的快捷键是 (　　)。

A.Ctrl+M　　B.Ctrl+D　　C.Ctrl+L　　D.Ctrl+B

(5) 在 3ds Max 中，进入孤立模式的快捷键是 (　　) 。

A.Alt+M　　B.Alt+Q　　C.Alt++L　　D.Alt+B

2. 简答题

(1) 请简述单体建筑模型建模的工作流程。

(2) 请简述透明贴图的方法和技巧。

第 8 章

小榄创意产业园中仓库展览空间的制作

教学目标

通过学习，掌握 3ds Max 中的融合工具、分离工具、附加工具及 UVW 贴图制作外观贴图的方法、步骤和技巧。

教学要求

知识目标	能力目标	素质目标	权重	自测分数
了解三维建模中工具运用方面的知识	掌握三维城市漫游动画中展览空间廓建模工具及运用能力	通过项目中展览空间的制作，提高三维造型能力和项目表现的审美能力	40%	
了解三维建模中工具运用方面的知识	掌握分离工具、间隔工具、复制工具的使用技能	培养复杂三维建模的审美能力	40%	
了解贴图快捷键设置方面的知识及对项目设计制作速度提高的重要性	通过实践掌握 UVW 贴图制作的方法技能	提高学生图像处理方面的审美能力	20%	

8.1 仓库展览空间的建模

仓库展览空间建模的具体步骤如下：

(1) 首先预览一下展览空间完成的图样，如图 8.1.1 和图 8.1.2 所示。

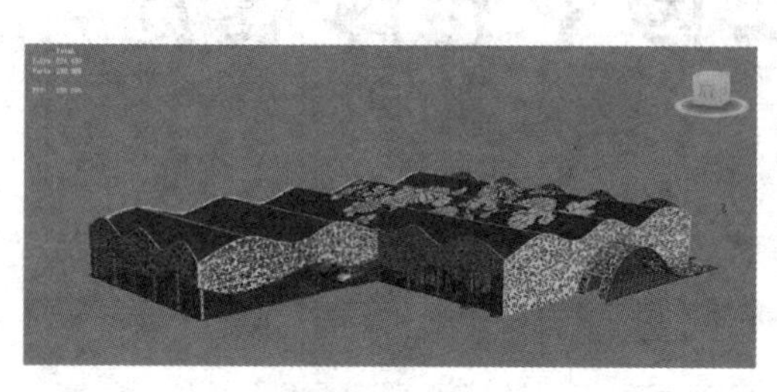

图 8.1.1

图 8.1.2

(2) 开始来制作仓库顶部，先在试图里创建一个平面，打开命令面板，选择【标准基本体】/【平面】命令，在视图中按住鼠标左键拉出一个平面，释放左键确定。在参数面板中设置宽度分段数“10”，然后将平面转换为【可编辑多边形】，参考如图 8.1.3 所示。

(3) 选中屋顶的线段，沿着“Z”轴向上移到合适的高度，如图 8.1.4 所示。

图 8.1.3

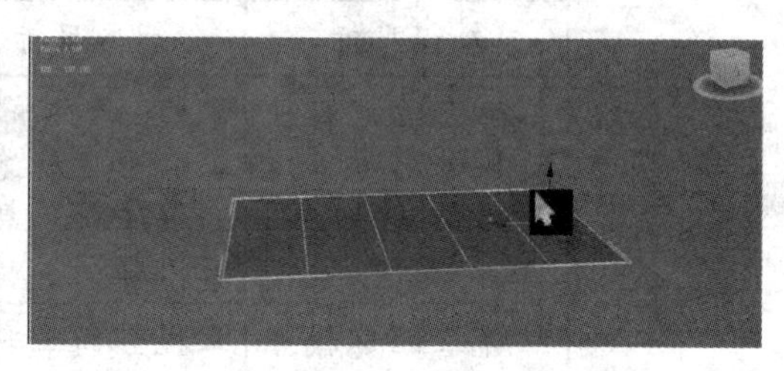

图 8.1.4

(4) 然后选择横向的整排线，单击鼠标右键，在弹出的菜单中选择 连接 【连接】，设置【段数】为 1，如图 8.1.5 所示。删去屋顶多余的面，如图 8.1.6 所示。

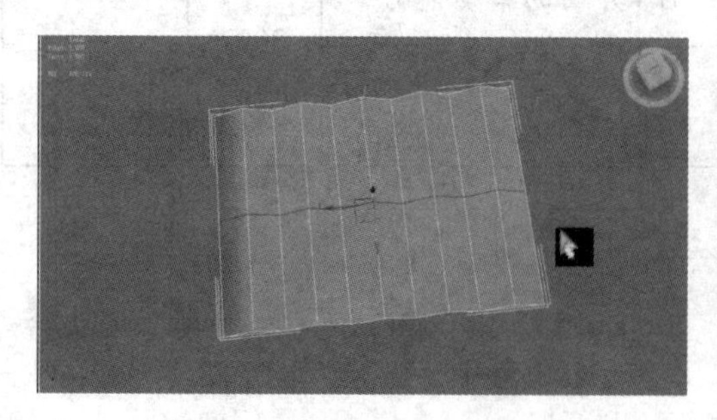

图 8.1.5

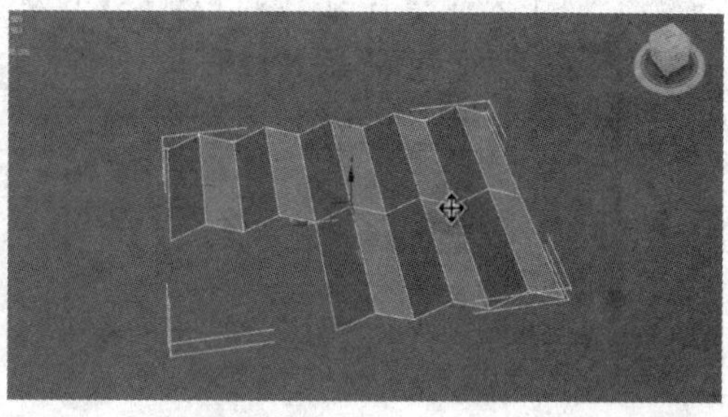

图 8.1.6

(5) 选择上下两部分横向的线，单击鼠标右键，在弹出的菜单中选择 连接 【连接】，设置【段数】为 40，如图 8.1.7 所示。

(6) 进入【面】编辑模式，选择其中一整块凸起的面，如图 8.1.8 所示，在命令面板上的编辑几何体里，选择 分离 【分离】命令，将其单独分离出来。

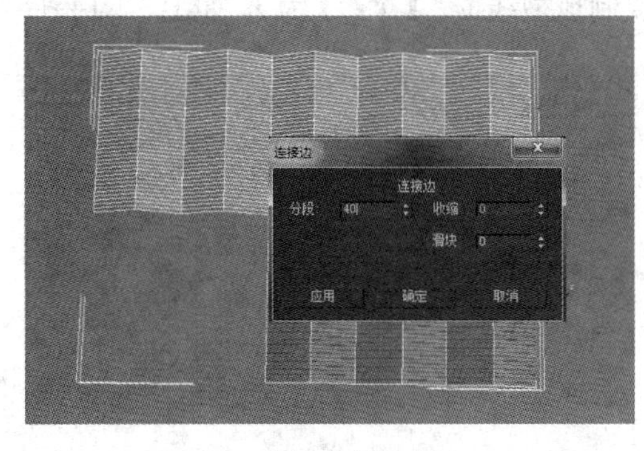

图　8.1.7

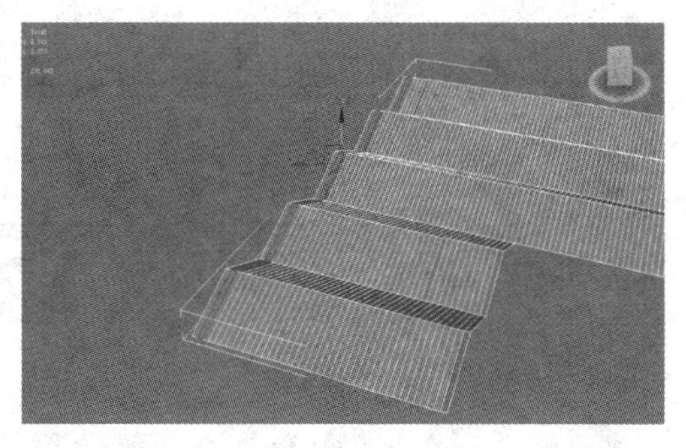

图　8.1.8

(7) 添加【挤出】命令，挤出一定高度，如图 8.1.9 所示。

(8) 按【Shift】键，单击坐标轴 Y 轴横向复制，移动时对准屋顶横梁位置，如图 8.1.10 所示。

图　8.1.9

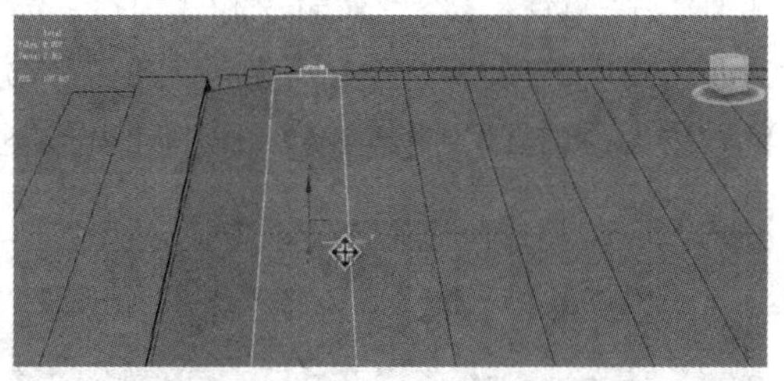

图　8.1.10

(9) 复制调整完成后，在命令面板上的编辑几何体选择【附加】命令，在弹出的【附加列表】中，按【Shift】键，选择刚刚复制出来的模型和屋顶，使其合并在一起，如图 8.1.11 所示。

(10) 由于复制时出现多余的面，单击鼠标框选多余的面，按【Delete】键删除，这样就完成屋顶的建模，如图 8.1.12 所示。

图　8.1.11

图　8.1.12

(11) 现在制作外墙部分，先在坐标中间创建出一个矩形线框作为参考，在命令面板上的【创建】/【图形】中选择【弧】，按住鼠标左键确定起点，在不松开的情况下拉出一个孤型线条，松开左边时确实弧线终点，然后移动鼠标确定弧线弧度，再次单击鼠标左键完成弧线的创建，如图 8.1.13 所示。

(12) 创建完成后可以删去矩形参考线框，复制孤型线框，【次数】为 3，如图 8.1.14 所示。

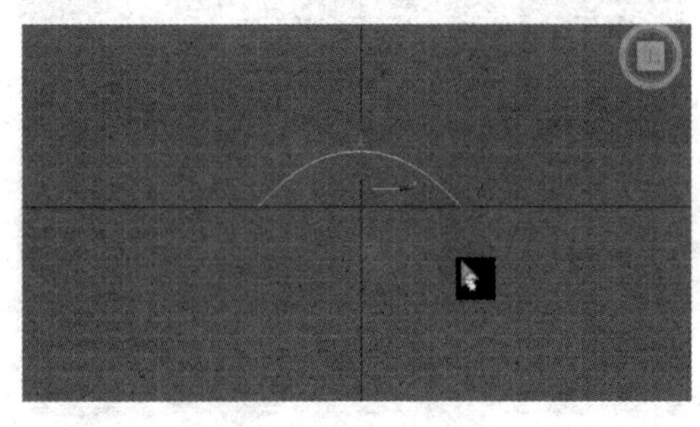

图 8.1.13

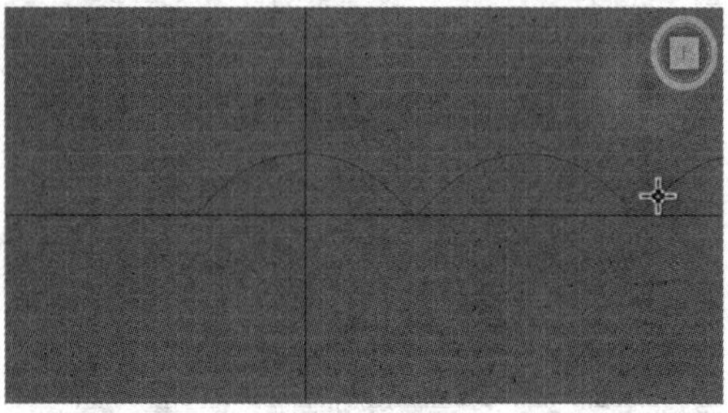

图 8.1.14

(13) 选择其中一条弧线，转换为【可编辑样条线】，把其他两条线条通过【附加】命令合并在一起，然后进入【点】编辑模式，选择两条线框重合在一起的点，在命令面板上的几何体中，选择【熔合】命令和【焊接】命令，将两个点焊接成一个点，如图 8.1.15 所示。

(14) 接着在弧形线框下面创建出一个等宽的矩形线框，删去矩形线框上面的线，再【附加】一条孤型线条，使其成为一个完整的线框，如图 8.1.16 所示。

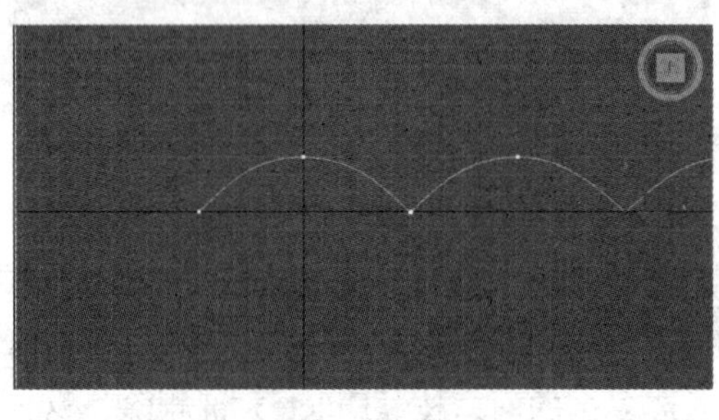

图 8.1.15

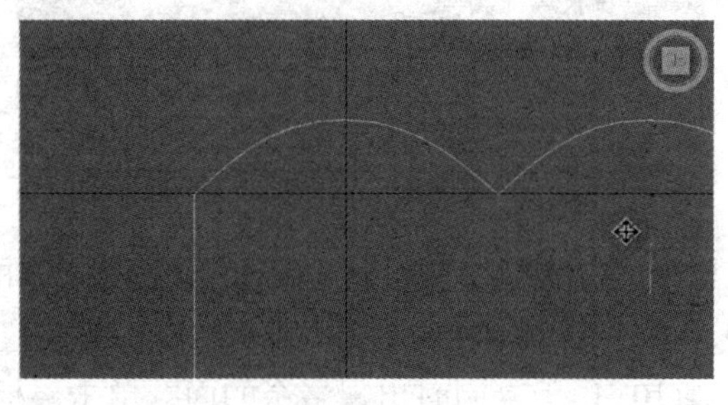

图 8.1.16

(15) 现在处理下两个折角，使其变成圆角，进入【点】编辑模式，选择两个折角的点，如图 8.1.17 所示。

(16) 在命令面板中使用【圆角】命令，如图 8.1.18 所示。

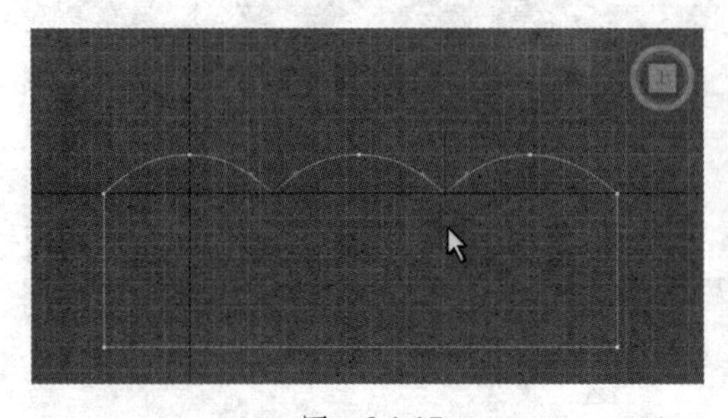

图 8.1.17

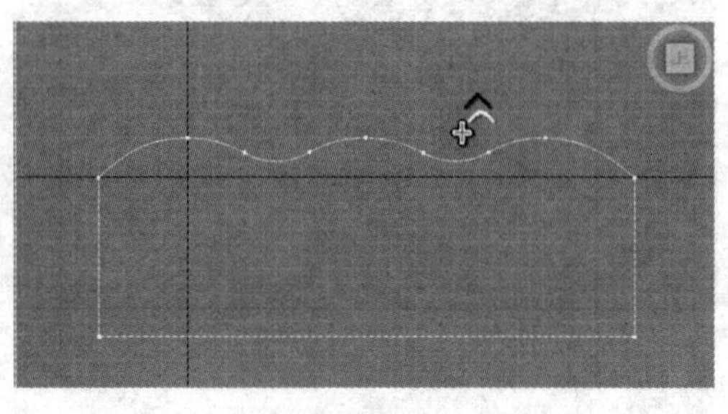

图 8.1.18

(17) 然后将其直接转化为可编辑多边形，再用挤出工具使其具有厚度，如图 8.1.19 所示。

(18) 按照这样就基本完成外观的创建，如图 8.1.20 所示。

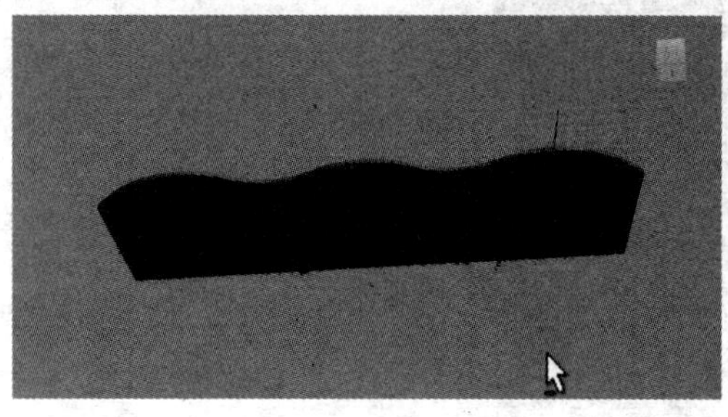

图　8.1.19

图　8.1.20

8.2　仓库展览空间的贴图

仓库展览空间的贴图操作步骤如下：

(1) 制作外墙不透明菊花瓣贴图，为了节省系统资源，我们用贴图的方式来模拟镂空墙的建模，选择一个空的材质球，在漫反射通道和不透明通道加入素材图片，如图 8.2.1 所示。

(2) 分别都是菊花瓣的图片，漫反射通道控制材质颜色，不透明通道控制黑白图片透明度，如图 8.2.2 所示。

图　8.2.1

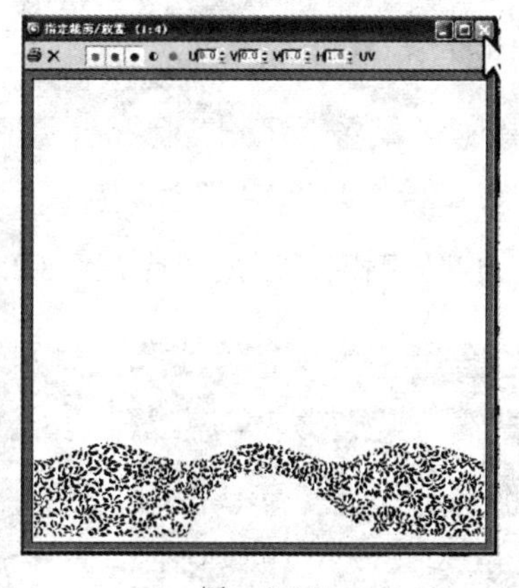

图　8.2.2

(3) 把材质赋予到外墙模型中，为模型添加一个【UVW 展开】修改器，单击命令面板上的【编辑】命令，查看 UV 分布是否正确，如图 8.2.3 所示。

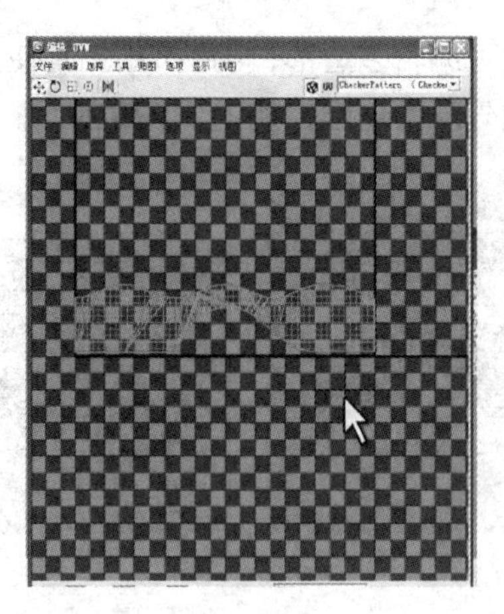

图 8.2.3

(4) 其他外墙也采用同样方法，加入不同的素材，最后将贴图处理成一张图，节约系统资源，如图 8.2.4 和图 8.2.5 所示。

图 8.2.4

图 8.2.5

(5) 接着是顶部的贴图，添加图片 (图 8.2.6)，效果如图 8.2.7 所示。

图 8.2.6

图 8.2.7

(6) 选择外墙柱子，添加一个空白的材质球 (图 8.2.8)，修改漫反射颜色，如图 8.2.9 所示。

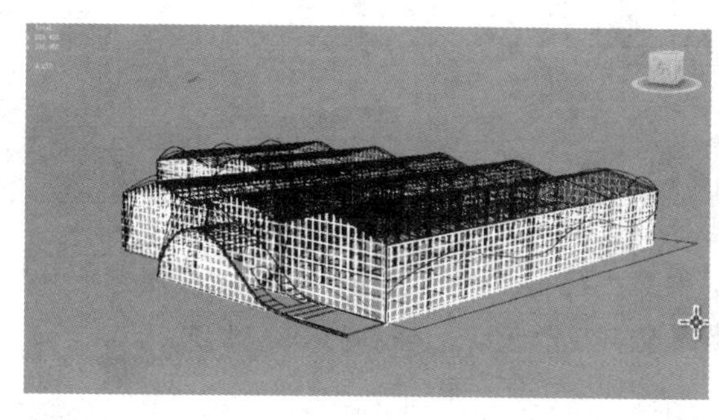

图　8.2.8

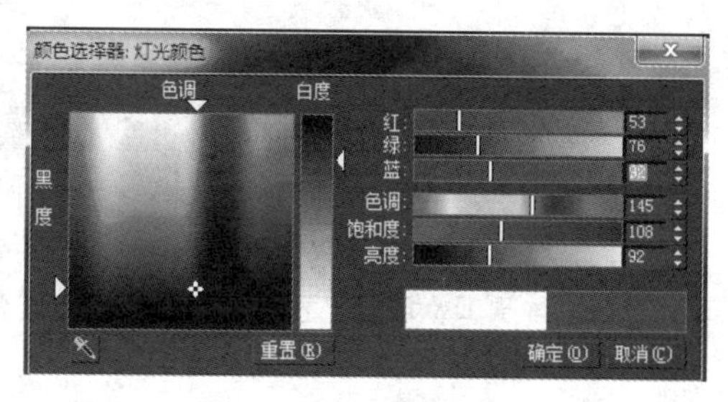

图　8.2.9

(7) 顶部柱子加入白色材质。玻璃材质赋予外墙当中，如图 8.2.10 和图 8.2.11 所示。

图　8.2.10

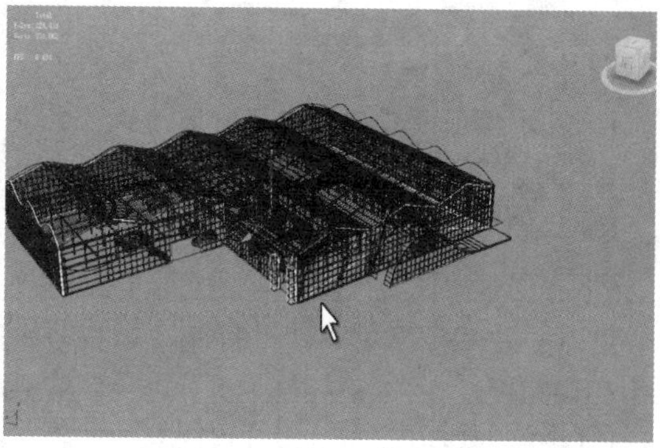

图　8.2.11

(8) 最后加入地毯的贴图，如图 8.2.12 所示。

(9) 这样仓库外观就基本完成，如图 8.2.13 所示。

图　8.2.12

图　8.2.13

本章小结

本章介绍了创意产业园仓库展览空间的建模及外观的制作方法和工作流程，通过项目的制作流程训练，让学生可以灵活运用建模工具进行项目灵活制作和贴图效果的探讨训练，进一步掌握好贴图的运用技巧。同时，让学生能够通过该项目的制作思路，了解传统文化图案与现代设计结合后的审美意境。

习　题

1. 选择题

(1) 在点编辑模式中，选择(　　)命令，将2个点焊接成一个点。

A. 链接　　B. 焊接　　C. 熔合　　D. 分离

(2) 为模型添加一个(　　)修改器，可以查看，编辑UVW分布。

A. UVW展开　　B. 弯曲　　C. 蒙皮　　D. 编辑多边形

(3) 在Photoshop中，导出(　　)格式的路径后，可以直接导入3ds Max中。

A. jpg　　B. AI　　C. cdr　　D. tga

(4) 不透明通道的黑白图片控制(　　)。

A. 颜色　　B. 透明度　　C. 反射　　D. 高光

2. 简答题

(1) 请简述仓库制作的工作流程。

(2) 请简述【UVW贴图】的方法和技巧。

第 9 章

小榄创意产业园中菊花柱的制作

教学目标

通过学习，掌握小榄创意产业园三维城市漫游动画中菊花柱的制作方法。掌握制作菊花柱制作用到的挤出、切角、轮廓、一致等工具的灵活运用，掌握ZBrush插件建模的运用方法和技巧。同时通过贴图训练，掌握餐厅的贴图方法、步骤和技巧。

教学要求

知识目标	能力目标	素质目标	权重	自测分数
了解中国栓马柱的造型审美特征和文化方面的知识	掌握挤出、切角、轮廓、一致等建模工具的运用技巧	通过项目中栓马柱的制作，提高三维造型能力和项目表现的审美能力	40%	
了解三维建模中ZBrush插件工具运用方面的知识	掌握ZBrush插件建模工具的运用	通过项目中栓马柱作，提高三维造型能力和项目表现的审美能力	40%	
了解三维建模中插件工具运用方面的知识	掌握3ds Max中贴图和Photoshop贴图制作方面的能力和技巧	培养对传统文化的爱和运用到现代设计中的素质	20%	

9.1 菊花柱的制作

制作菊花柱的具体操作如下：

(1) 先制作菊花柱头的大概模型。创建一个长方体，转变为可编辑多边形，调整形状，如图 9.1.1 所示。

(2) 再拉出长方体，制作花瓣，如图 9.1.2 所示。

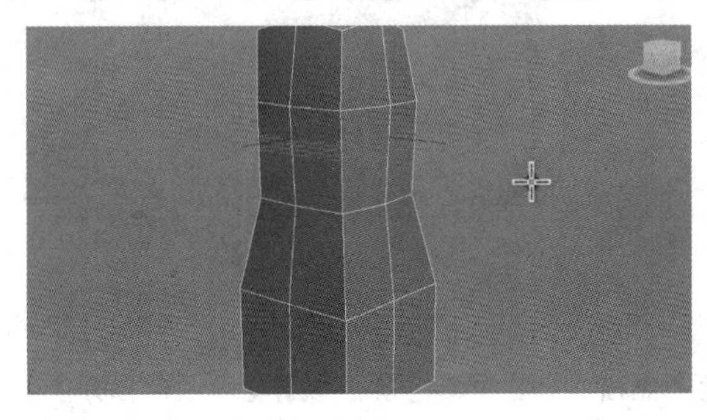

图 9.1.1

图 9.1.2

(3) 用缩放、旋转、移动等方式，创建出大体菊花形状，如图 9.1.3 至图 9.1.7 所示。

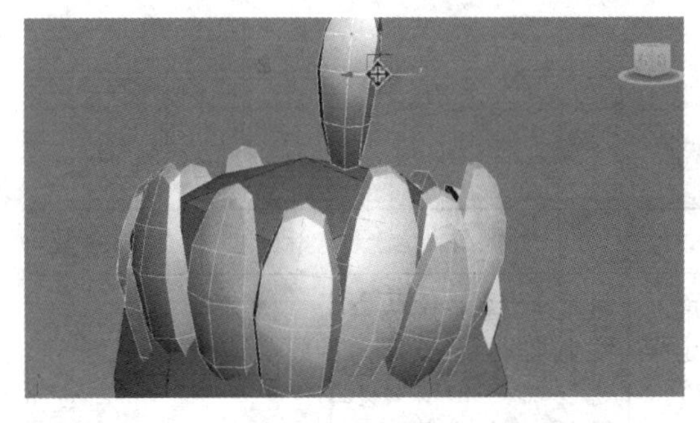

图 9.1.3

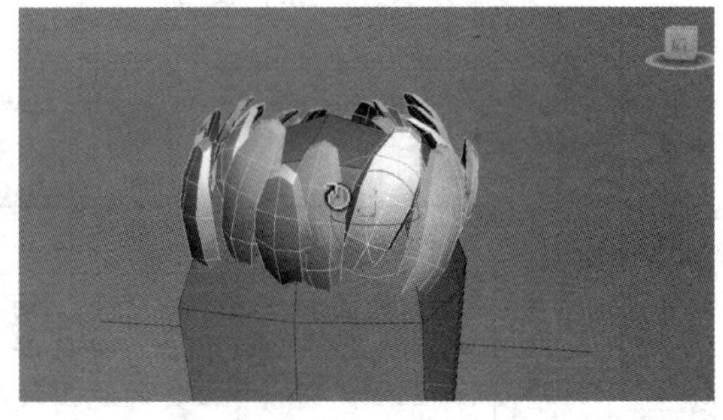

图 9.1.4

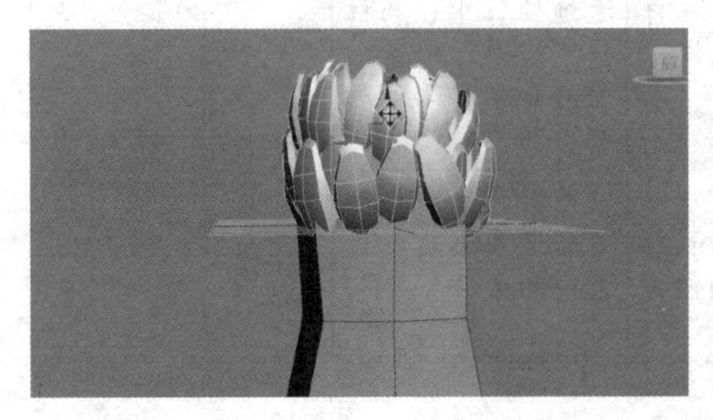

图 9.1.5

图 9.1.6

图　9.1.7

(4) 创建好菊花形状后，把所有模型附加在一起，成为一个整体的模型，如图 9.1.8 所示。

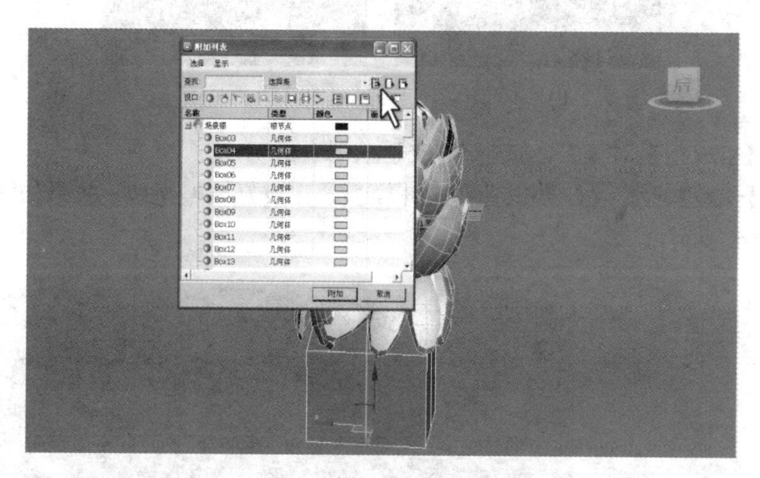

图　9.1.8

(5) 接着创建出一个球体，【段数】设置为 50，段数越高，效果越好。把所有物体都包裹起来，如图 9.1.9 所示。

图　9.1.9

(6) 在控制面板上的【复合对象】面板中，选择添加【一致】命令，如图 9.1.10 所示。选择【沿顶点法线】，如图 9.1.11 所示。

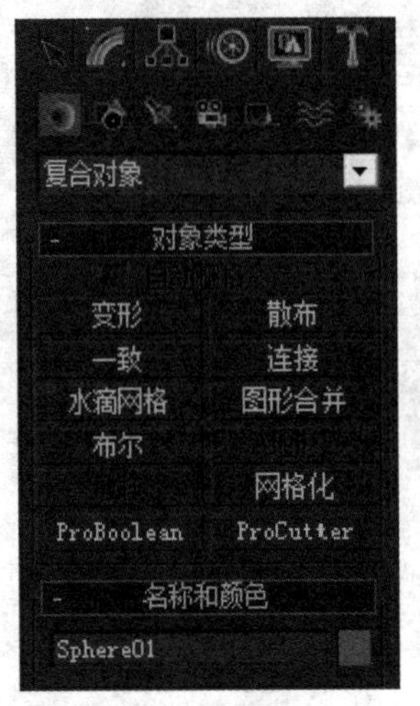

图 9.1.10

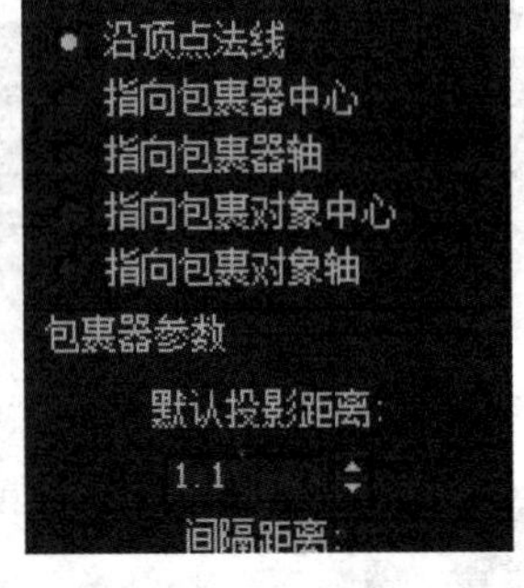

图 9.1.11

(7) 单击【拾取包裹对象】，选择菊花模型，如图 9.1.12 所示。

(8) 完成【一致】命令后，获得菊花大体模型，完成好调整模型，效果如图 9.1.13 所示。最后导出 obj 格式保存。

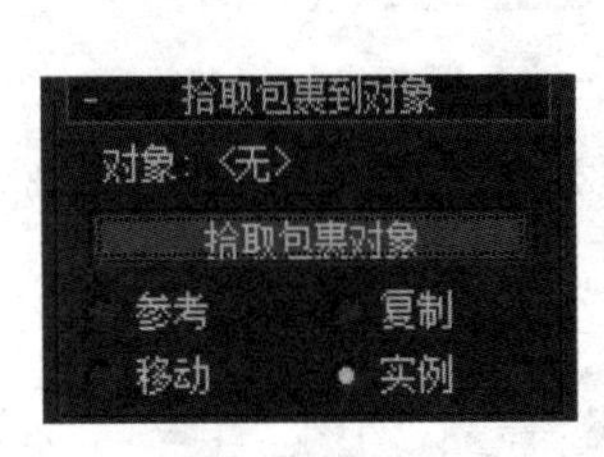

图 9.1.12

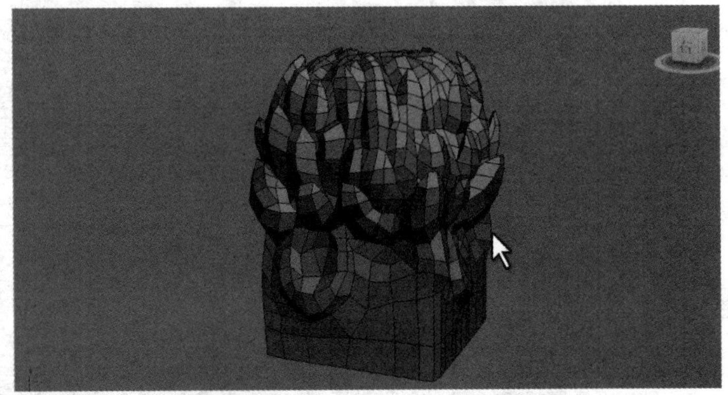

图 9.1.13

(9) 打开 ZBrush 雕刻软件，导入菊花 obj 模型，按【T】键进入【雕刻模式】，如图 9.1.14 所示。

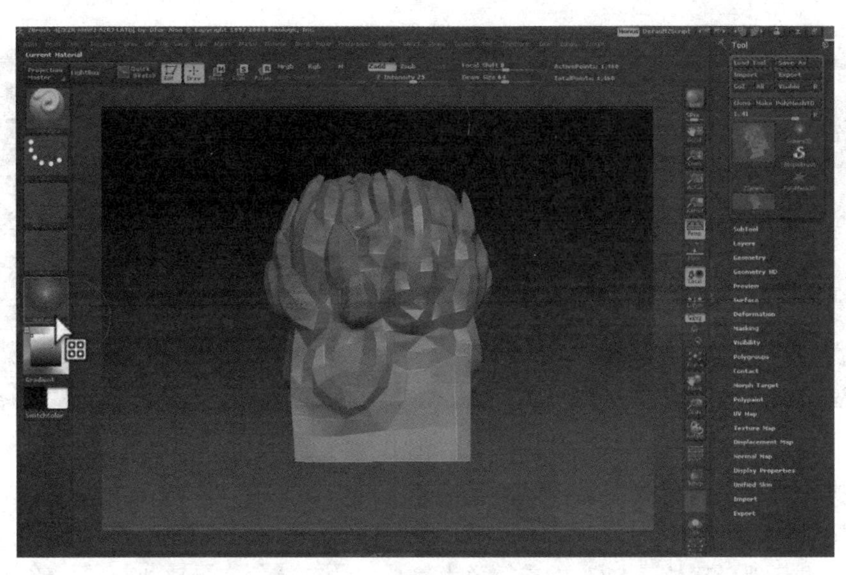

图　9.1.14

(10) 单击左侧工具栏中的■，换一个显眼的材质，如图 9.1.15 所示。

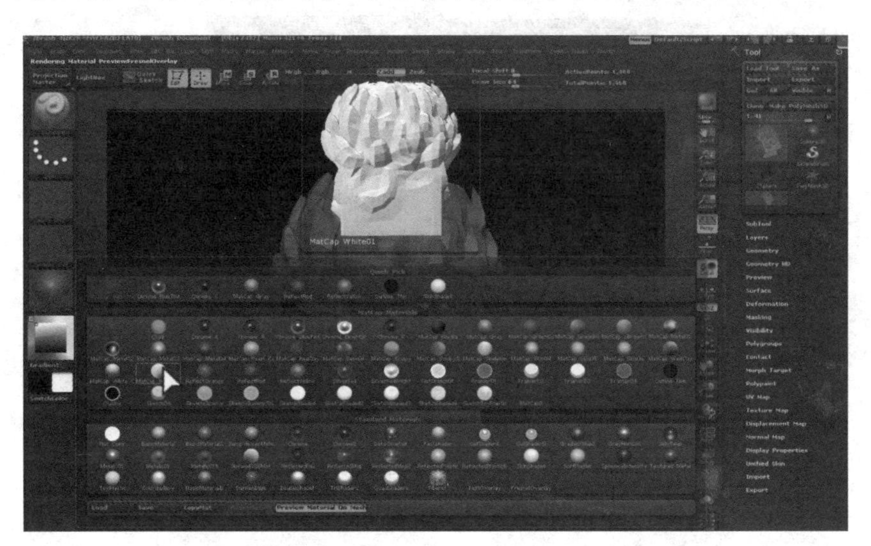

图　9.1.15

(11) 按【P】键，切换透视模型，如图 9.1.16 所示。

(12) 按【D】键，将模型进行【一级细分】，把模型的面数提高四倍，使模型更圆滑，更容易雕刻，如图 9.1.17 所示。

图 9.1.16

图 9.1.17

(13) 操作方式：鼠标放在物体以外单击为【旋转】，放在在物体上为【雕刻功能】，在模型外按【Shift】键 + 鼠标单击为“正”，按【Alt】键 + 鼠标单击为“移动”，按【Alt】键 + 鼠标单击，然后释放【Alt】键后，单击鼠标保持不动，这时移动鼠标就能“缩放”。

(14) 笔刷设置，如图 9.1.18 和图 9.1.19 所示。

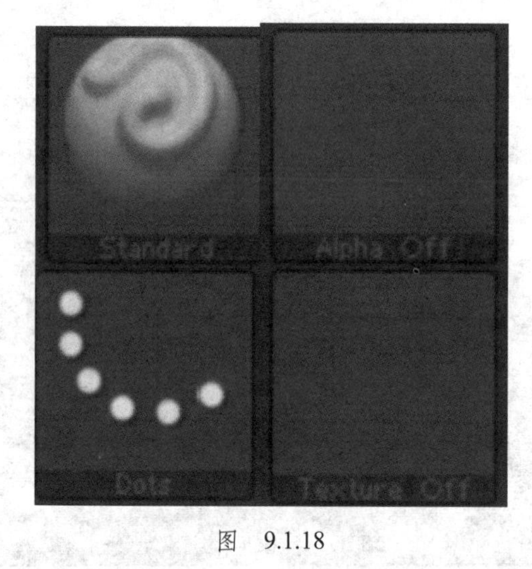

图 9.1.18

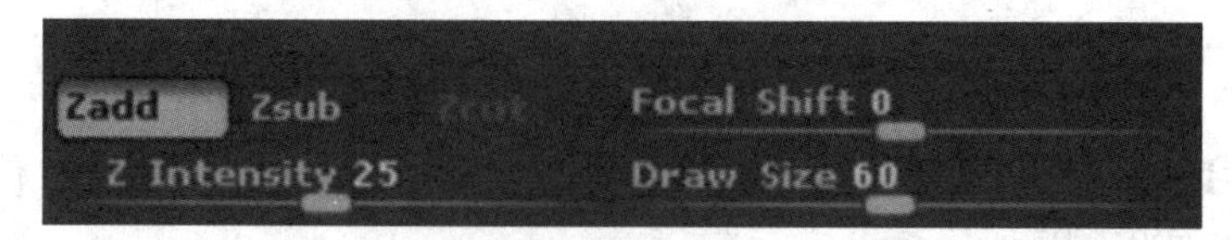

图 9.1.19

(15) 接着进行雕刻，调整模型，如图 9.1.20 至图 9.1.22 所示。

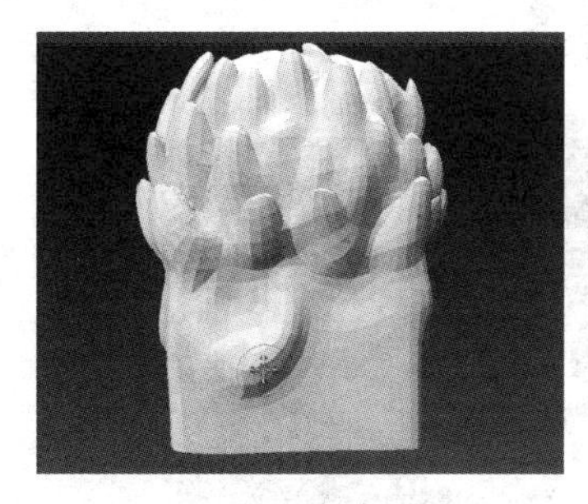

图　9.1.20

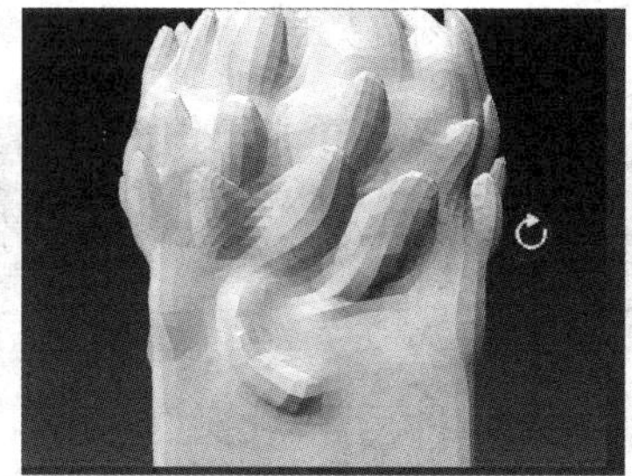

图　9.1.21

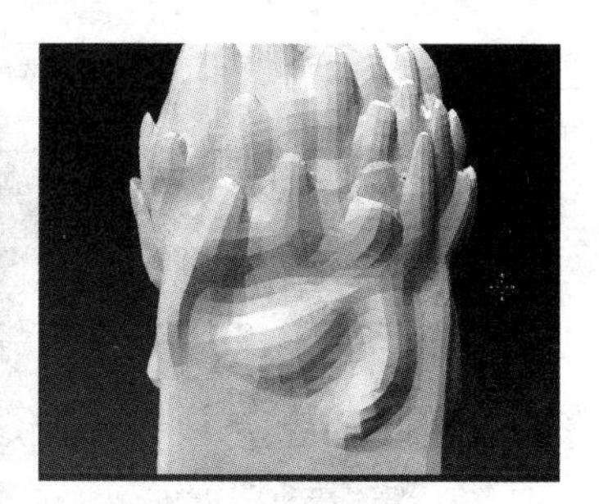

图　9.1.22

(16) 在模型上，按【Shift】键可以平滑雕刻，按【Alt】键可以凹进雕刻 (图 9.1.23)。

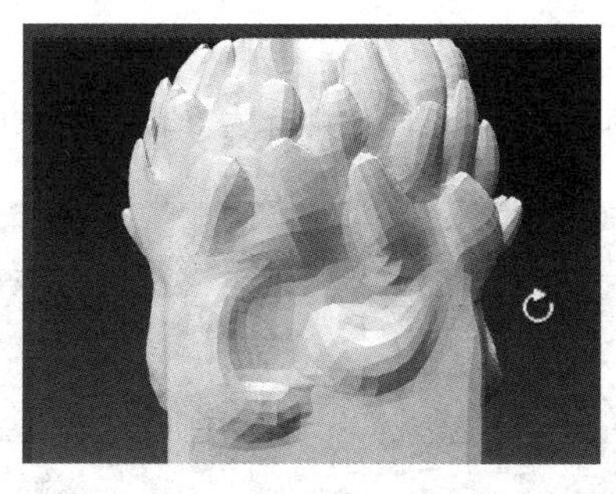

图　9.1.23

(17) 按【T】键，再进行进一步【细分】，继续深化模型，如图 9.1.24 和图 9.1.25 所示。

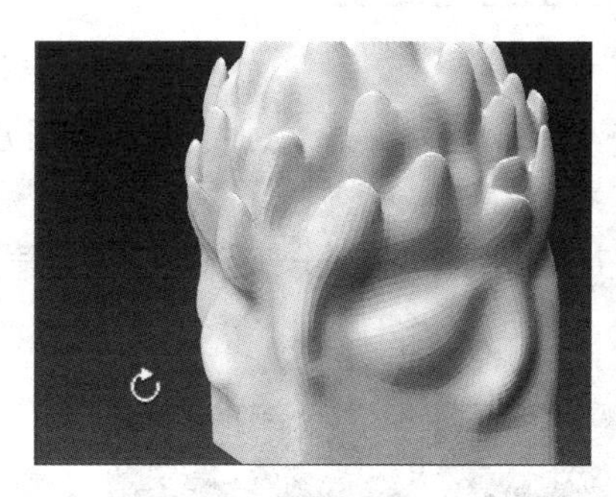

图　9.1.24

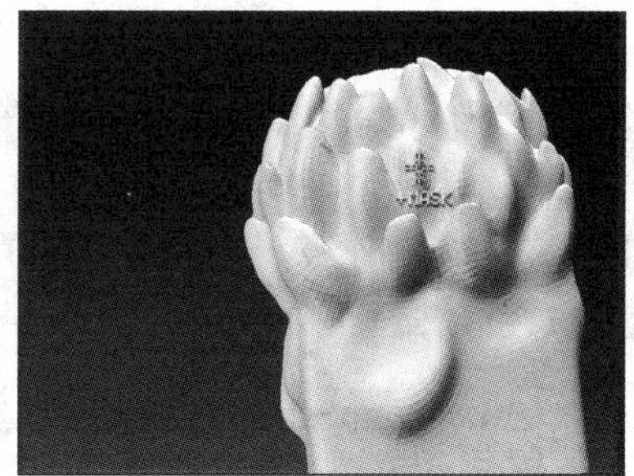

图　9.1.25

(18) 再细分一级，继续深化，如图 9.1.26 所示。

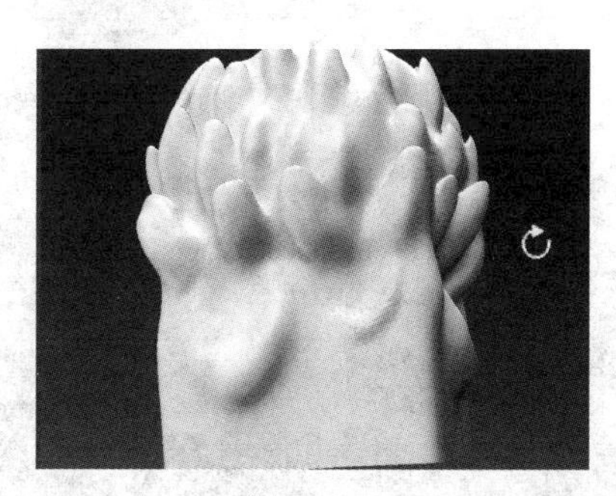

图　9.1.26

(19) 配合各种笔刷和强度大小来雕刻，如图 9.1.27 和图 9.1.28 所示。

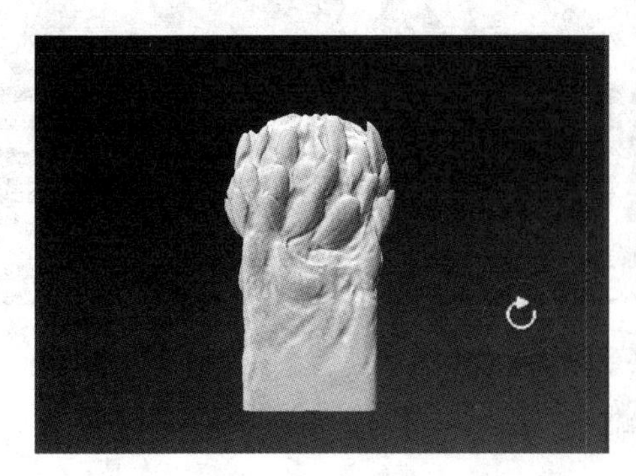

图 9.1.27

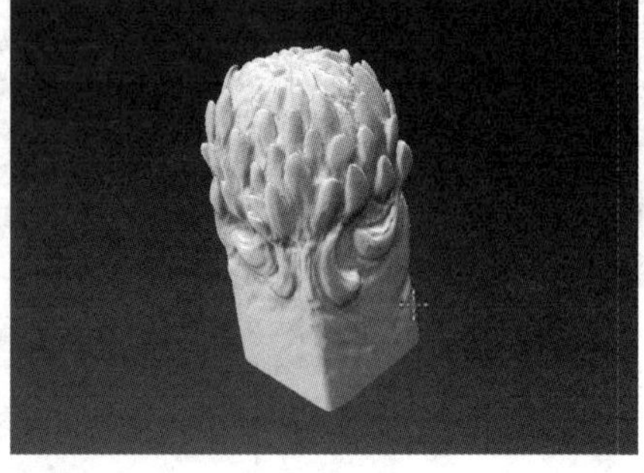

图 9.1.28

(20) 这样就完成菊花柱的柱头，【细分级】为 6，如图 9.1.29 所示。

图 9.1.29

(21) 在 ZBrush 完成后导出为 obj 格式文件，导出时要注意，分别导出不同细分级的模型，一个低模，一个中模，一个高模。

(22) 导出高模，【细分级】为 6，如图 9.1.30 所示。把细分级别调到 4，导出中模，如图 9.1.31 和图 9.1.32 所示。

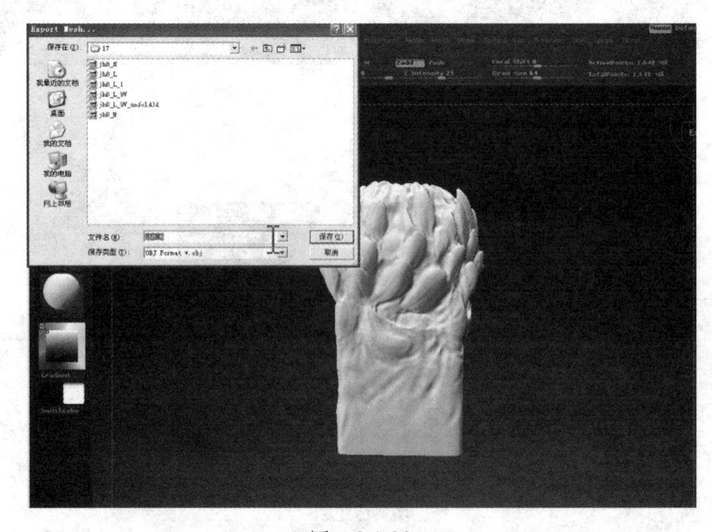

图 9.1.30

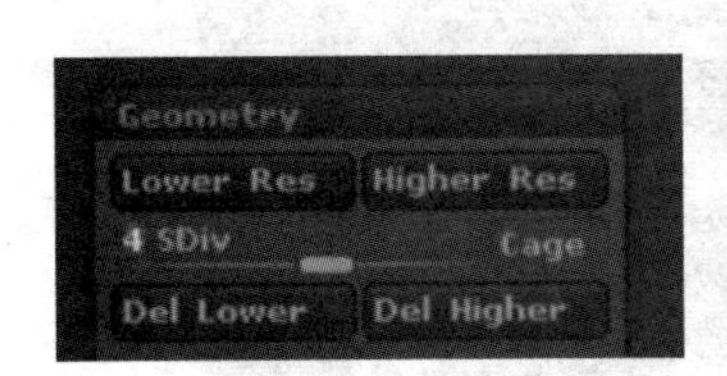

图　9.1.31

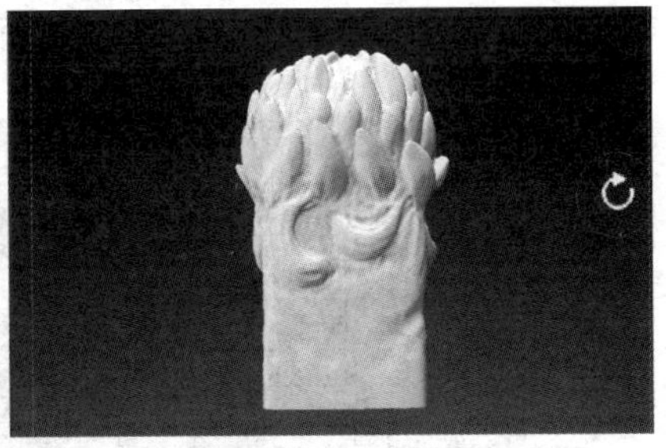

图　9.1.32

(23) 把细分级调到 2，导出低模，如图 9.1.33 所示。

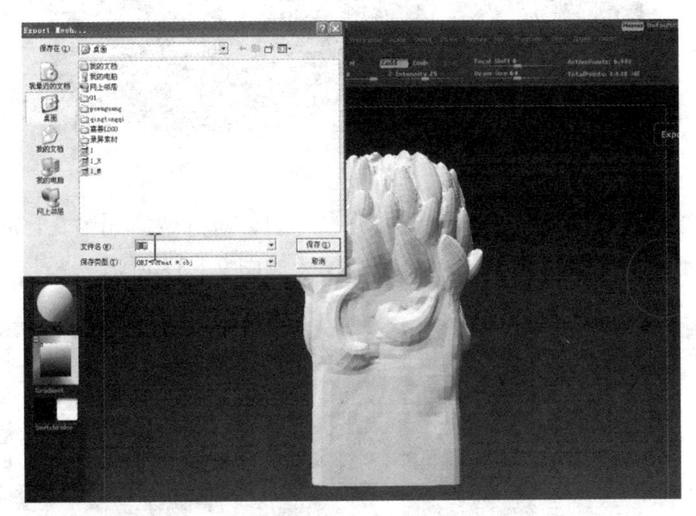

图　9.1.33

(24) 打开 3ds Max，导入制作完成的低模，如图 9.1.34 所示。

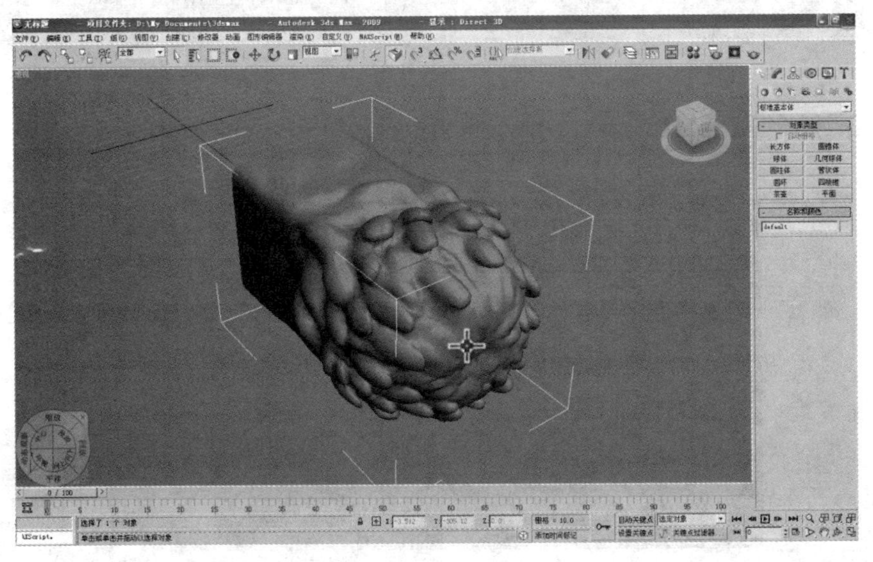

图　9.1.34

(25) 在 UV 软件 Unfold3d 中把 UV 分成四面，如图 9.1.35 所示。

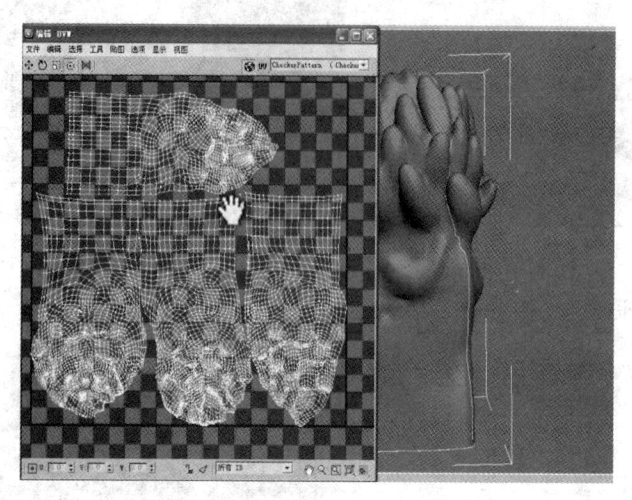

图 9.1.35

(26) 然后继续把高模和中模两个模型叠放在一起，对好位，如图 9.1.36 所示。

(27) 重点是低模要略大于中模，包裹着中模，如图 9.1.37 所示。

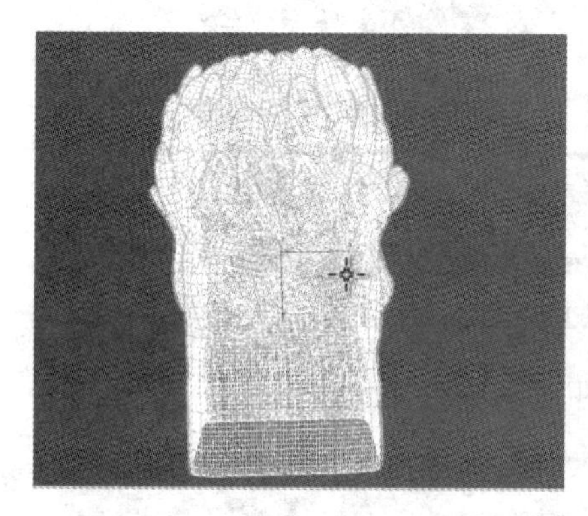

图 9.1.36

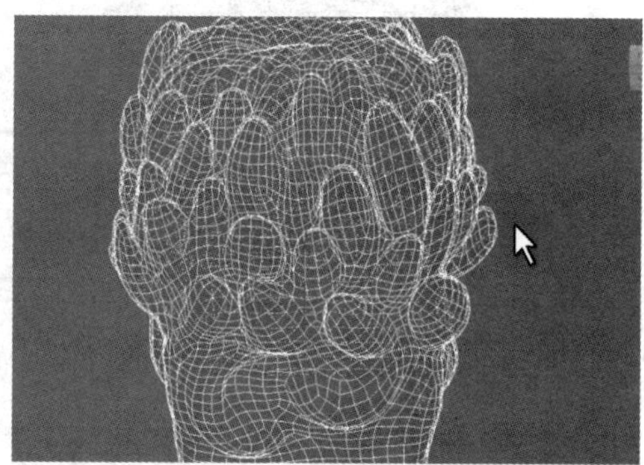

图 9.1.37

(28) 添加一个【推力】命令，使低模包裹中模，如图 9.1.38 所示。

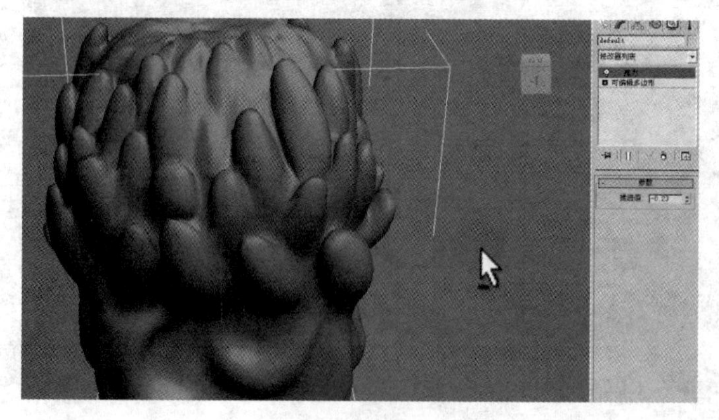

图 9.1.38

(29) 然后给中模添加一个【网络选择】命令，如图 9.1.39 所示。

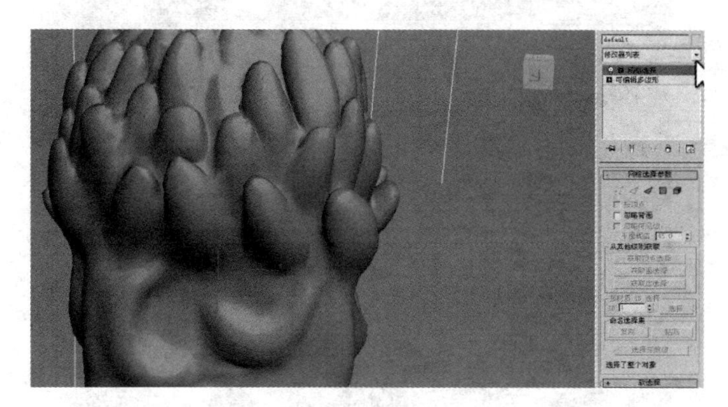

图　9.1.39

(30) 添加一个【投影】命令，如图 9.1.40 所示。

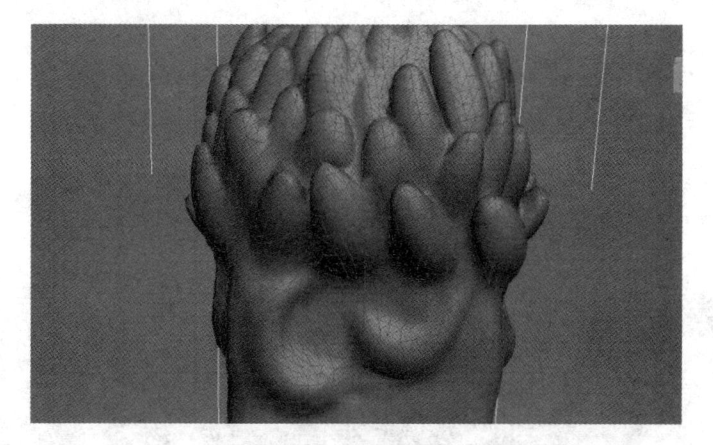

图　9.1.40

(31) 单独导出低模，格式为 .swf，如图 9.1.41、图 9.1.42 所示。

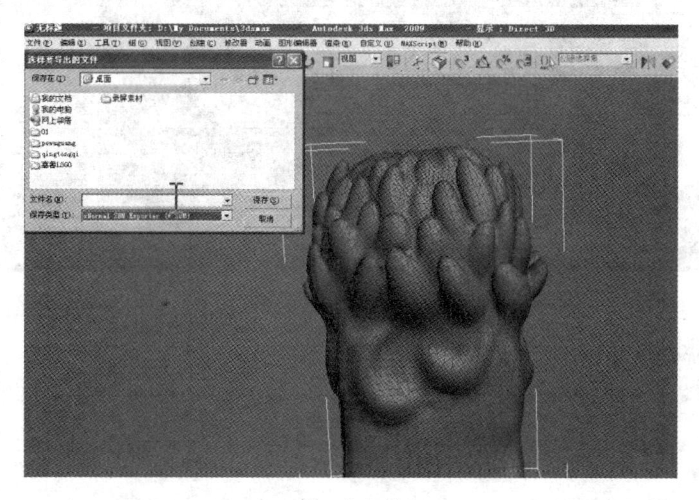

图　9.1.41

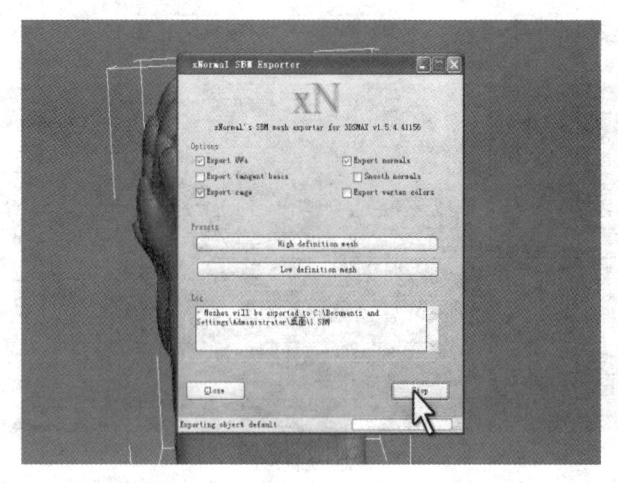

图 9.1.42

9.2 法线贴图软件 xnormal 的介绍和使用

接下来介绍一款制作法线贴图的软件，名叫做 xnormal，用法比较简单，具体操作如下：

(1) 先选择导入高模【High definition meshes】，如图 9.2.1 所示。

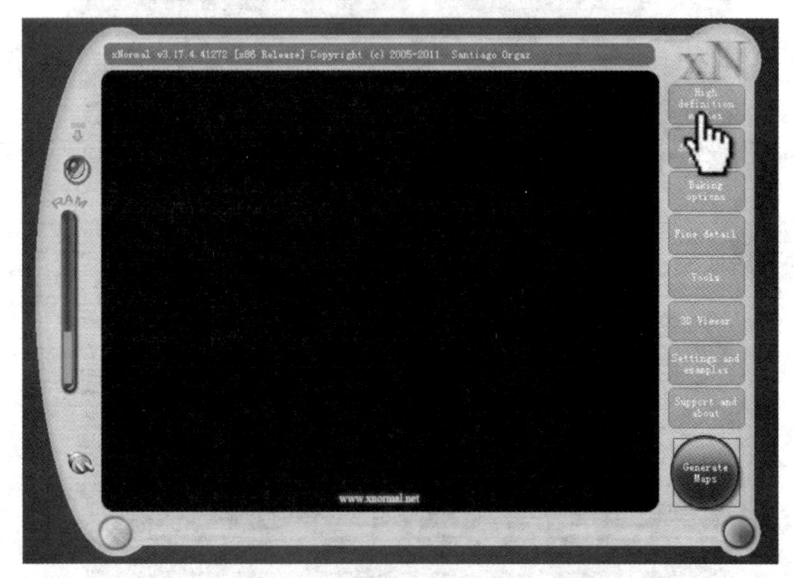

图 9.2.1

(2) 选择【Add meshes】，首先添加高模，如图 9.2.2 所示。

(3) 调整参数，在【Smooth normals】中，选择【Average normals】，如图 9.2.3 所示。

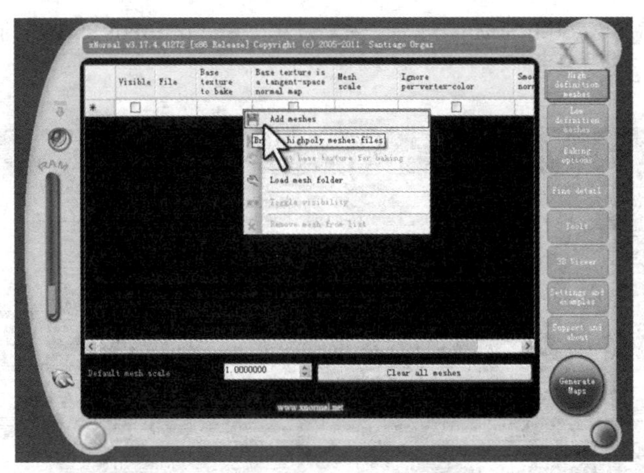

图　9.2.2

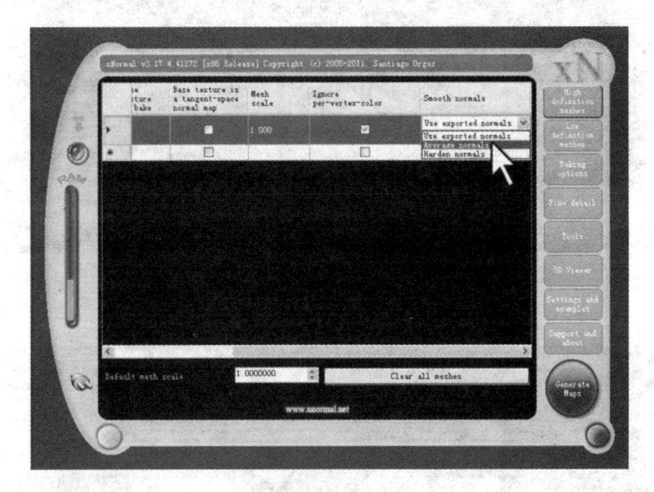

图　9.2.3

(4) 然后导入低模，选择【Low Definition meshes】，单击【Add meshes】选择刚刚生成的 .swf 文件，如图 9.2.4 所示。

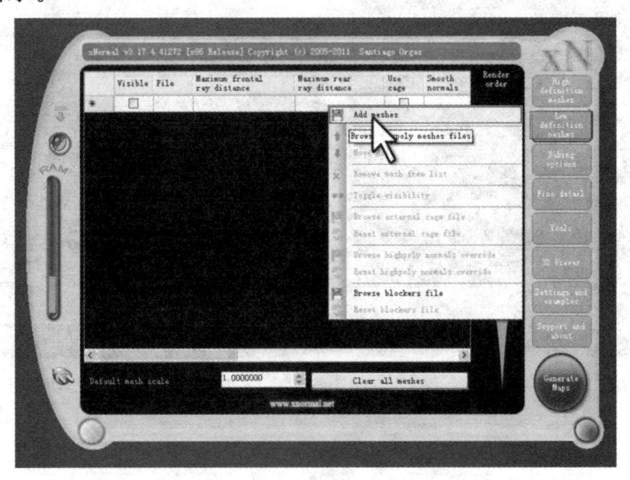

图　9.2.4

(5) 调整参数，在【Smooth normals】中，选择【Average normals】，然后调节输出贴图参数，参考图 9.2.5 至图 9.2.7。

图 9.2.5

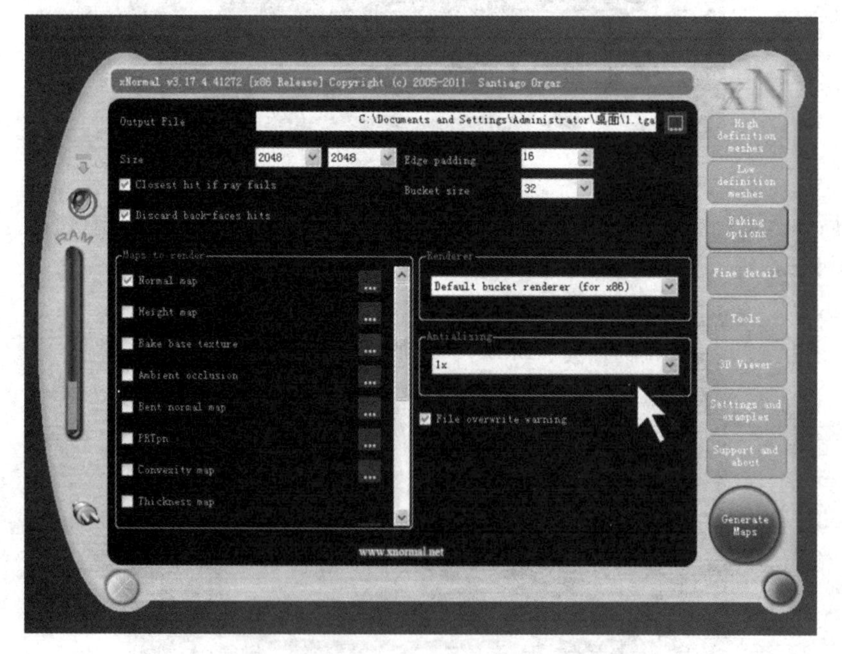

图 9.2.6

图　9.2.7

(6) 勾选【Normal map】选项 (图 9.2.8)，再单击 调节参数，如图 9.2.9 所示。

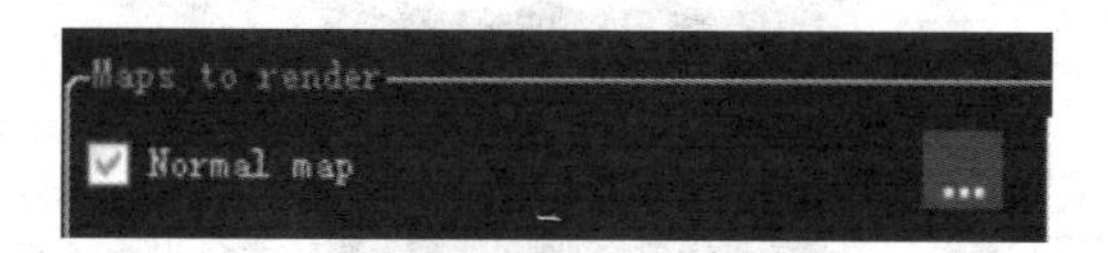

图　9.2.8

图　9.2.9

(7) 开始输出，如图 9.2.10 所示。

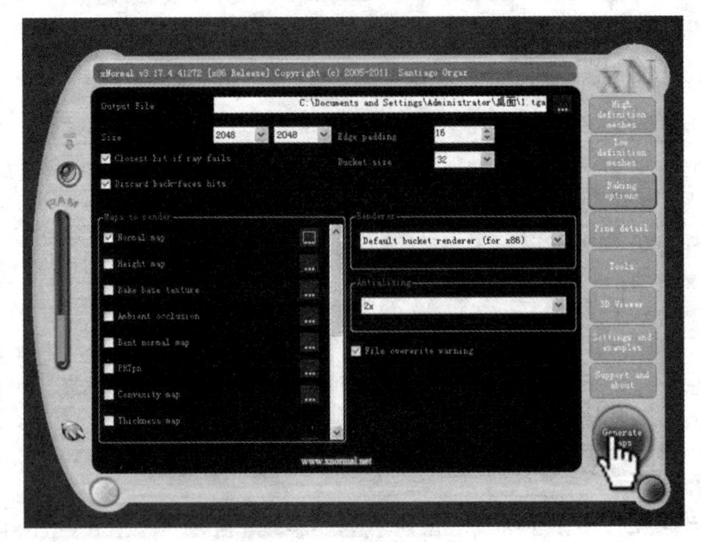

图 9.2.10

(8) 输出完成得到法线贴图，如图 9.2.11 所示。

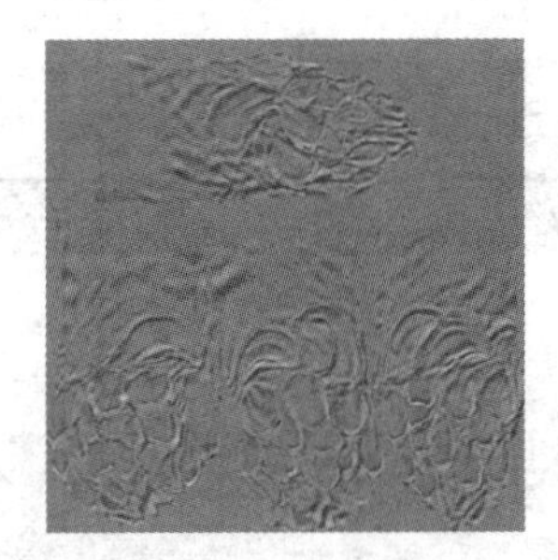

图 9.2.11

(9) 打开 Photoshop，把法线贴图导入，如图 9.2.12 所示。

图 9.2.12

(10) 打开菜单【滤镜】/【锐化】/【USM 锐化】命令，加深纹理，如图 9.2.13 所示。

(11) 保存图片，回到 3ds Max 中。把低模转换为【可编辑多边形】，如图 9.2.14 所示

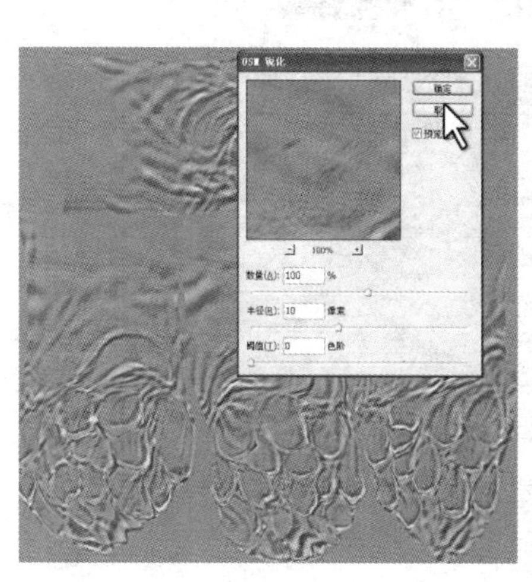

图　9.2.13

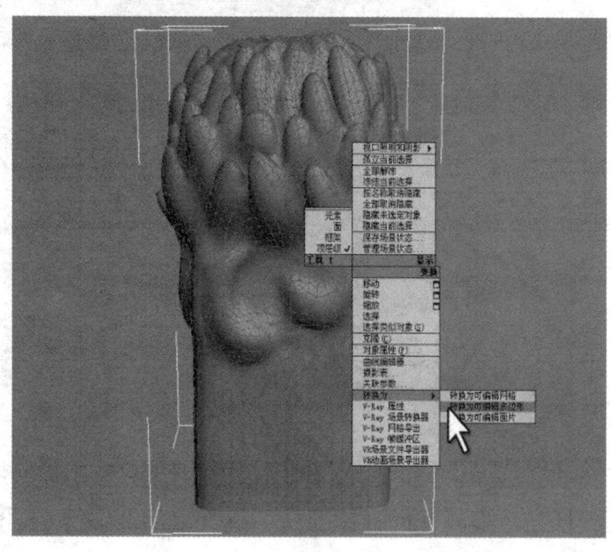

图　9.2.14

(12) 删除中模模型。给低模添加加入法线贴图，如图 9.2.15 所示。

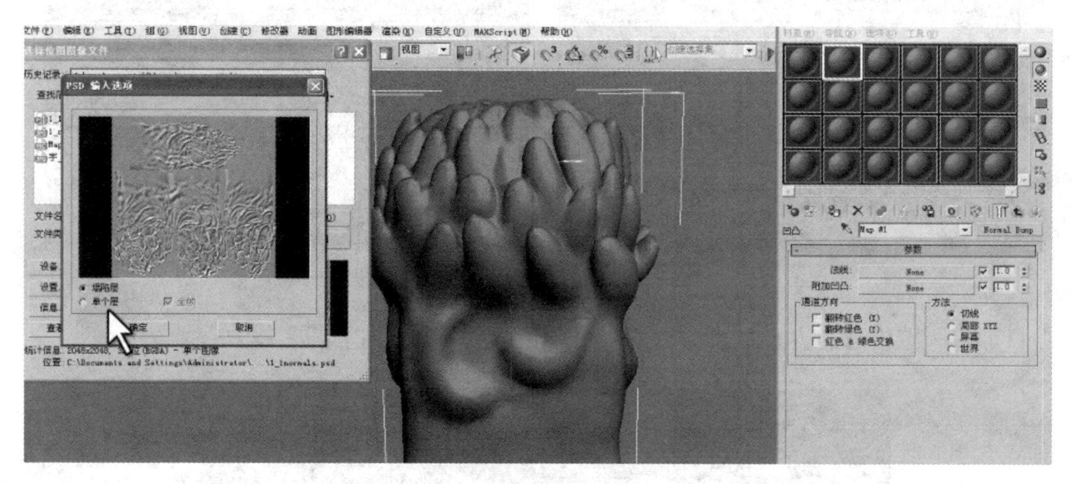

图　9.2.15

(13) 打开显示贴图，显示法线纹理，如图 9.2.16 所示。

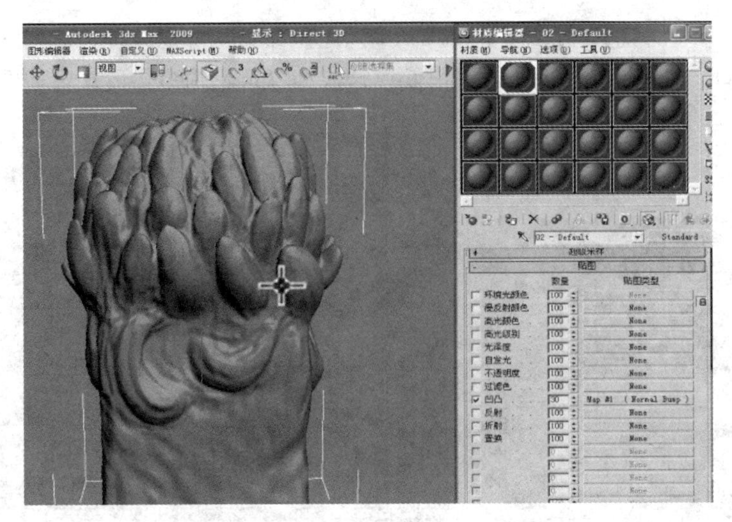

图 9.2.16

(15) 选择模型，进入【点】编辑模式，选中最底层一圈的点，如图 9.2.17 所示。

(16) 移动 Z 轴向，向移动，将柱子往下延伸，如图 9.2.18 所示。

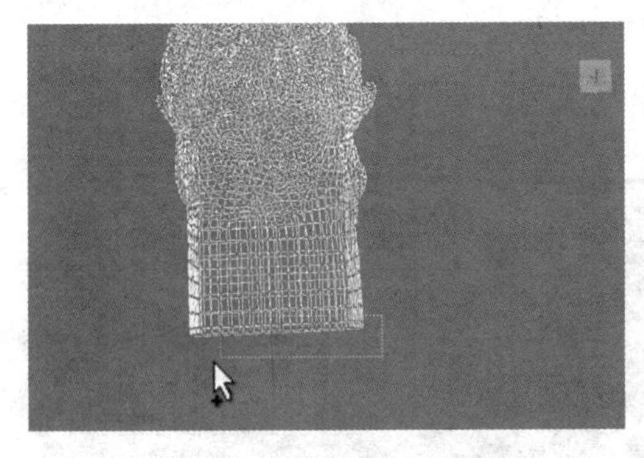

图 9.2.17

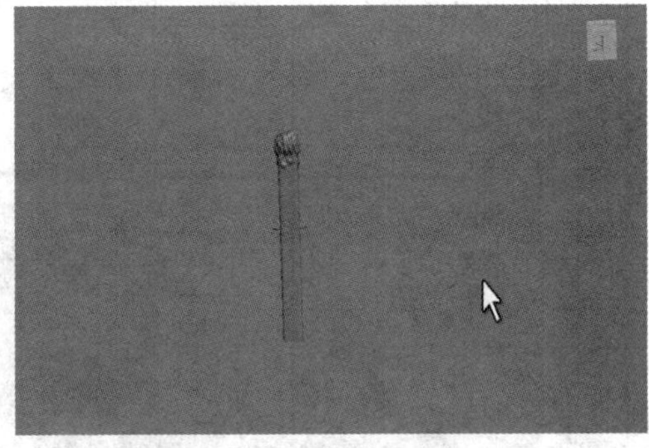

图 9.2.18

(17) 进入选中【边界】最下面一圈线，单击【封口】，如图 9.2.19 所示。

图 9.2.19

(18) 打开 Photoshop，制作纹理图片，如图 9.2.20 所示。

图　9.2.20

(19) 保存图片后，在 CrazyBumpEvaluation 制作法线贴图，如图 9.2.21 所示。

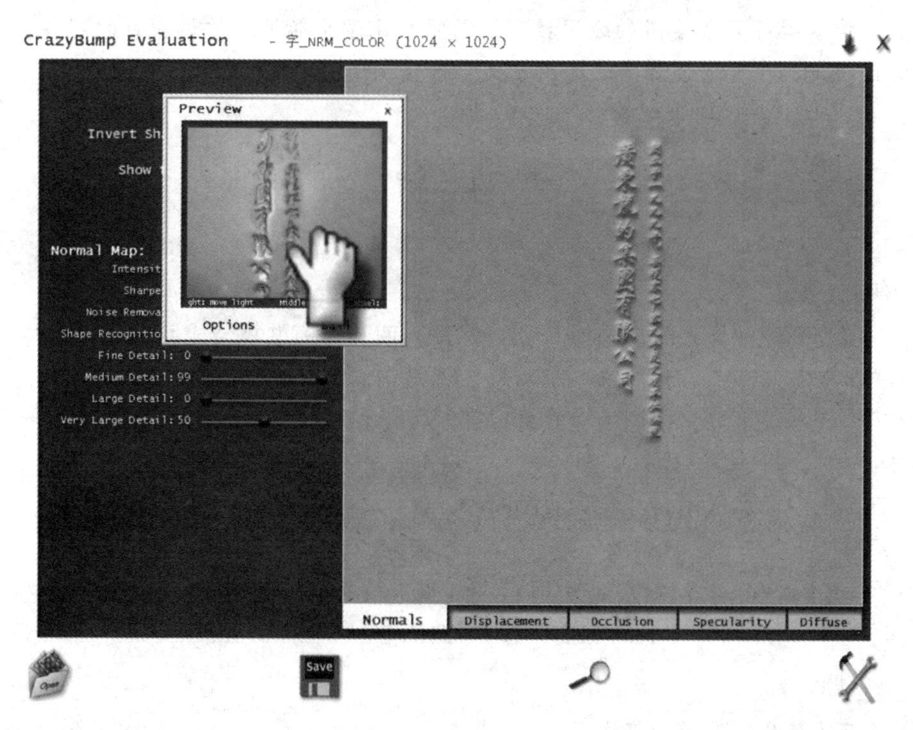

图　9.2.21

(20) 把法线图片加入柱中就完成菊花柱，效果如图 9.2.22 所示。

(21) 其他的柱也用同样的方法制作，如图 9.2.23 所示。

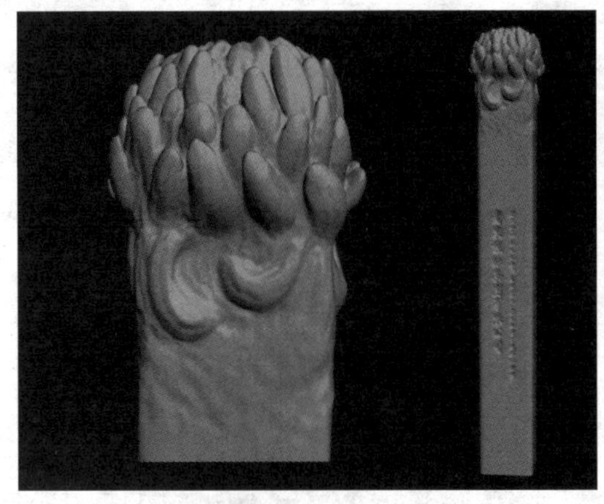

图 9.2.22

图 9.2.23

本章小结

本章介绍了创意产业园中景观菊花柱的建模及相关建模插件的运用，通过项目的制作流程训练，让学生可以灵活运用多种建模工具进行项目制作的训练，进一步掌握好复杂建模的运用技巧。同时，让学生能够通过该项目的制作，了解传统文化在现代设计中的运用意义和价值。

习　题

1. 选择题

(1) 在制作菊花柱模式时，添加 (　　) 命令，使圆球模型复合成原菊花模型的形状。

A. 水滴网格　B. 一致　C. 散布　D. 变形

(2) 模型进一级细分，模型的面数会提高 (　　) 倍。

A.2　B.3　C.4　D.5

(3) 高模、中模和低模合并在一起的时候，(　　) 需要在略大于其他两个。

A. 高模　B. 中模　C. 低模　D. 一样大

(4) 在 ZBrush 和 3ds Max 中，使用 (　　) 来进行不同软件的互换。

A.obj　B.max　C.ma　D.mb

2. 简答题

(1) 请简述菊花柱建模的工作流程。

(2) 请简述在 3ds Max 中创建菊花柱子模型的方法和技巧。

第10章

小榄创意产业园园内景观的设计制作

教学目标

通过制作熟练掌握在3ds Max中建模和材质设定方面的能力和技巧，在3ds Max与OnyxTREE BAMBOO之间，通过格式转换的训练，提高制作能力和图像运用能力。掌握Itoo软件(森林版)的运用方法和技巧。

教学要求

知识目标	能力目标	素质目标	权重	自测分数
了解在3ds Max中运用各种建模的基本知识	掌握在3ds Max中运用多边形建模的基本工作流程和建模能力	培养在综合项目制作中的团队协作能力	25%	
了解3ds Max中贴图的相关知识	掌握在3ds Max中对多边形建模对象的贴图技巧和能力	培养在综合项目制作中的团队协作能力	20%	
OnyxTREE BAMBOO插件的相关知识	掌握3ds Max与OnyxTREE BAMBOO之间进行运用的能力和技巧	培养学生探索新知识的能力	35%	
Itoo软件(森林版)插件的相关知识	掌握Itoo软件(森林版)运用技巧	培养学生探索新知识的能力	20%	

10.1 创意园路灯模型的制作

(1) 观察设计图 10.1.1，理清项目制作思路。

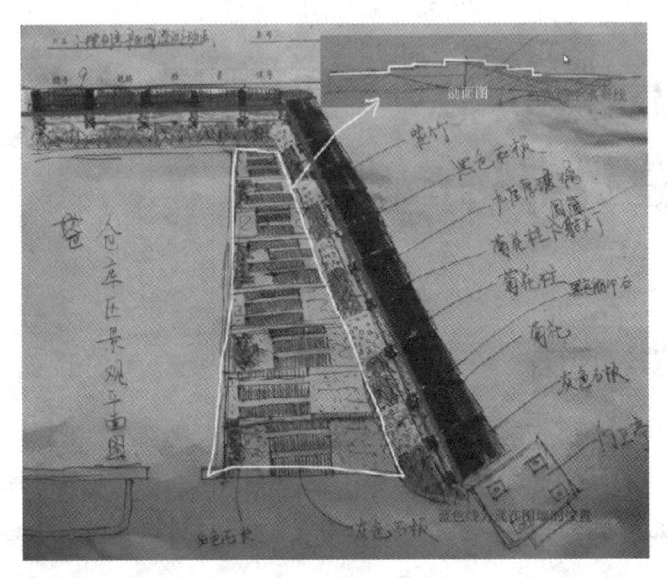

图 10.1.1

(2) 打开 3ds Max 2009，导入地形场景，如图 10.1.2 所示。

图 10.1.2

(3) 合并菊花柱场景文件，如图 10.1.3 所示，只选择导入场景文件中菊花柱模型，其他不选择。

(4) 沿着花坛把菊花柱排列到合适的位置，如图 10.1.4 所示。

图　10.1.3

图　10.1.4

(5) 创建柱子与柱子之间的玻璃，用长方体就可以实现效果，如图 10.1.5 所示。

图　10.1.5

(6) 打开材质编辑器，选择一个空白材质编辑球，设置【不透明度】参数为 30，调节高光级别和光泽度。为了观察透明材质球的状况，可以选择▩【背景】命令，如图 10.1.6 所示。赋予材质到场景，如图 10.1.7 所示。

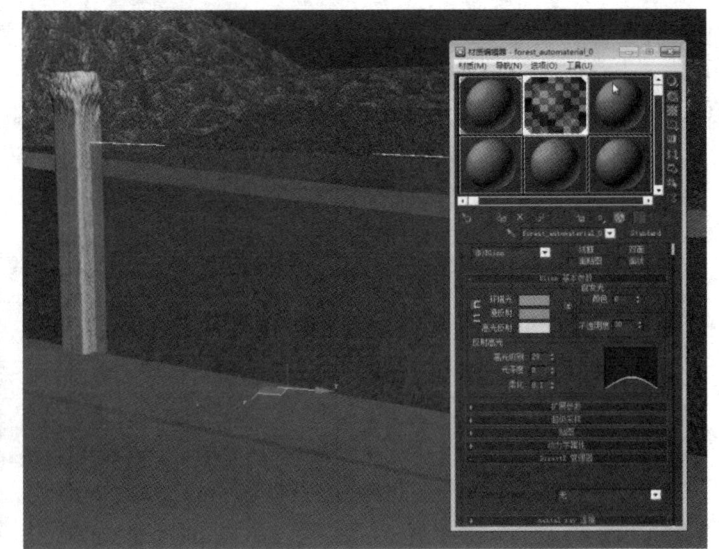

图 10.1.6　　　　图 10.1.7

(7) 复制到每根柱子与柱子之间，如图 10.1.8 所示。

(8) 创建一个长方体，作为围墙外的装饰灯台，如图 10.1.9 所示。

图 10.1.8　　　　图 10.1.9

(9) 创建一个圆柱体。作为围场外的灯，编辑圆柱体成落地灯，如图 10.1.10 所示。

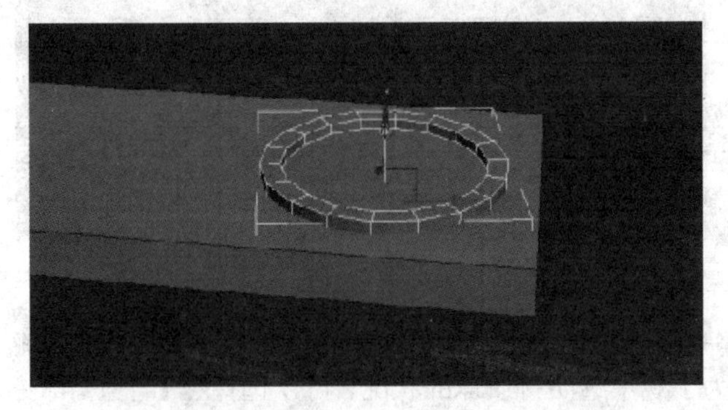

图 10.1.10

(10) 创建一个空白的材质编辑球，作为灯的材质，如图 10.1.11 所示。

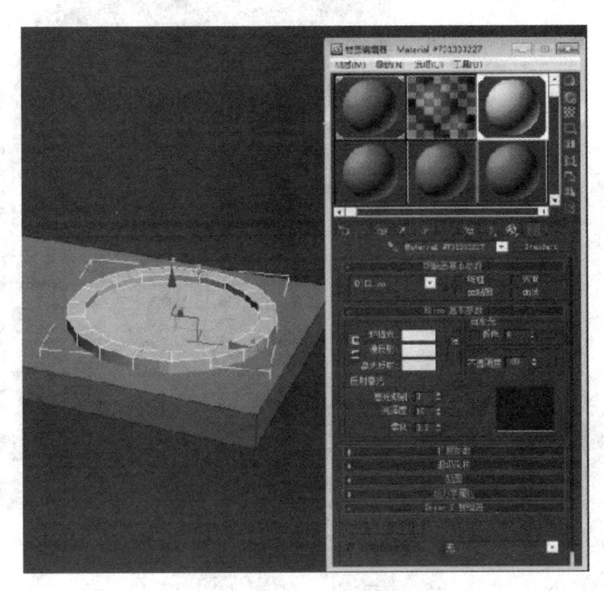

图　10.1.11

(11) 创建一个材质编辑球，作为灯座的材质，如图 10.1.12 所示。

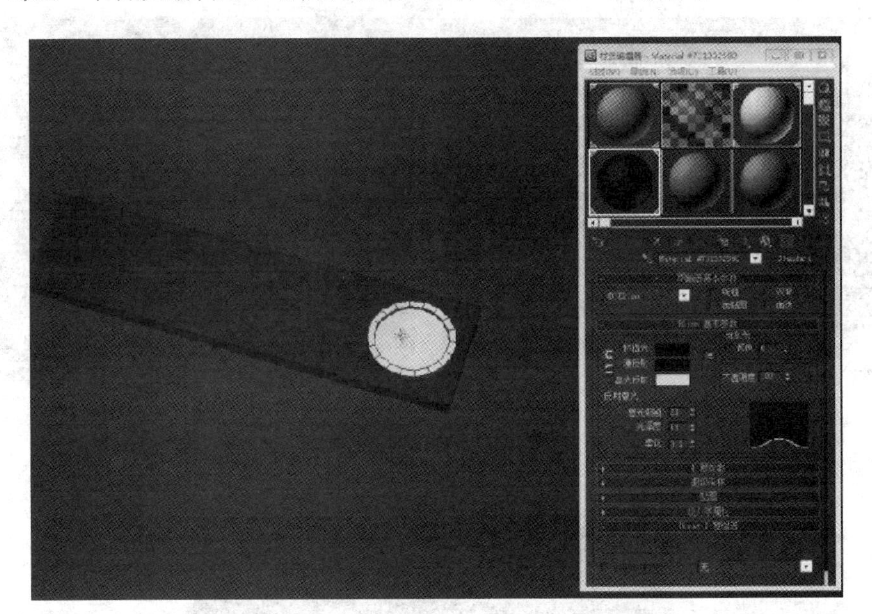

图　10.1.12

(12) 将模型附加在一起，方便复制。根据参考线复制灯座，如图 10.1.13 所示。

(13) 创建一条窗外小路。为小路创建材质。选择一个空白材质编辑球，在漫反射里面添加【位图】命令，指定石头材质。然后赋予材质到模型，如图 10.1.14 所示。

图 10.1.13　　　　图 10.1.14

(14) 复制其他石头小路，最后完成效果，如图 10.1.15 所示。

(15) 创建景观石路。赋予石头材质和和表面的玻璃材质，如图 10.1.16 所示。

图 10.1.15

图 10.1.16

(16) 附加模型，根据设计图排列石头路，如图 10.1.17 所示。

图 10.1.17

(17) 添加白色石米材质，如图 10.1.18 所示。

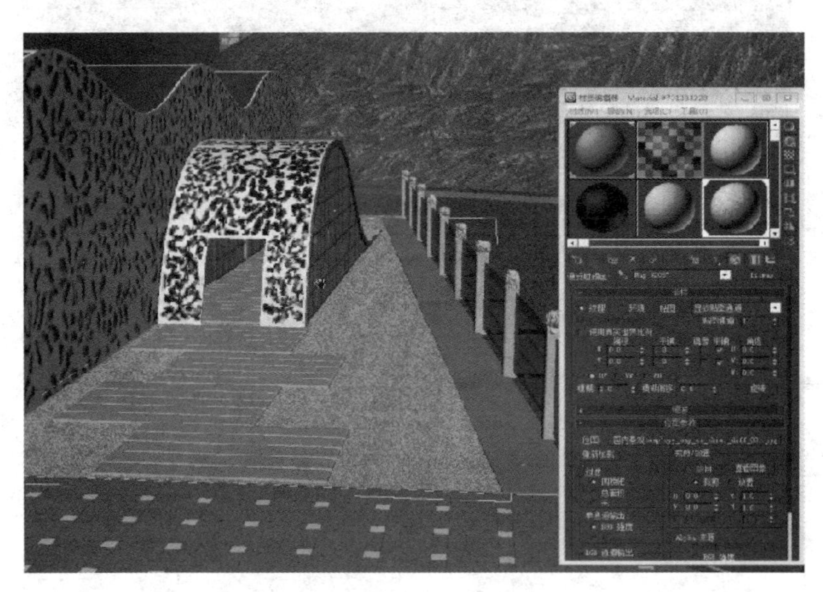

图　10.1.18

(18) 继续添加其他贴图，草地材质，如图 10.1.19 所示。

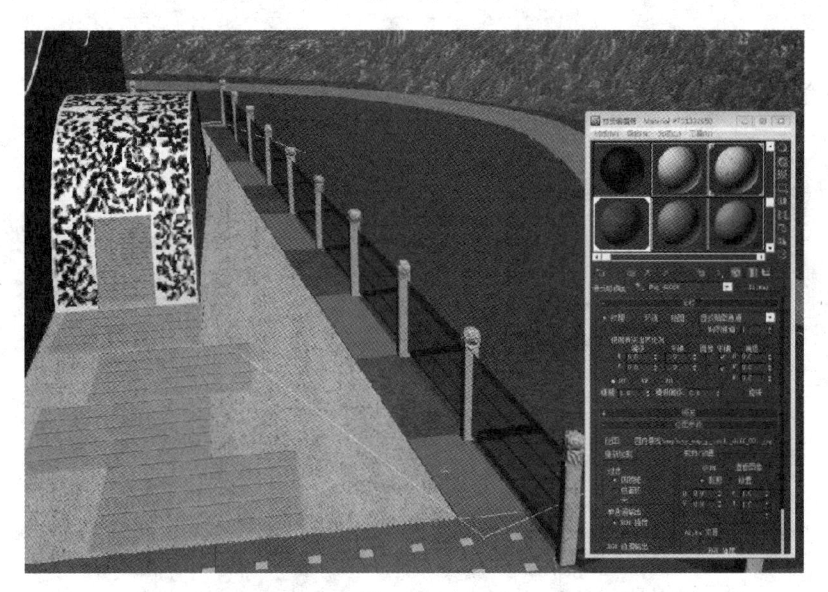

图　10.1.19

(19) 继续添加其他贴图，鹅卵石材质，如图 10.1.20 所示。

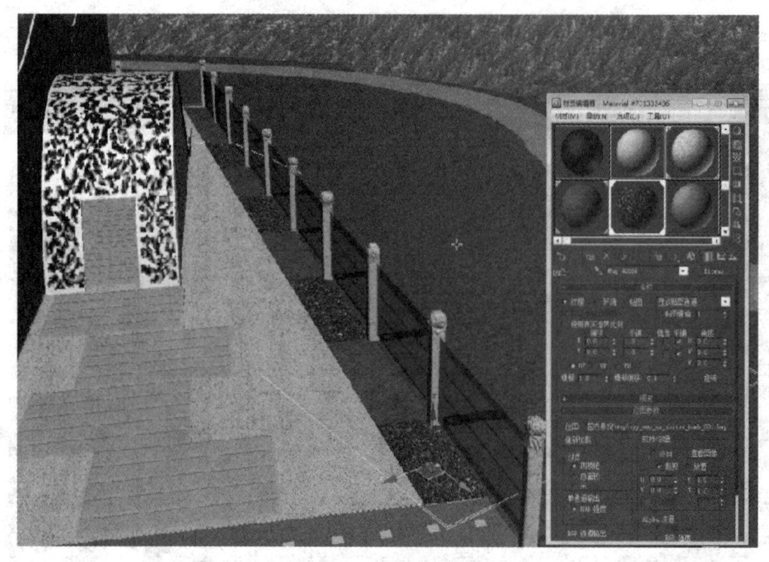

图 10.1.20

10.2 创意园餐厅场景竹模型的制作

(1) OnyxTREE BAMBOO 6.0 软件介绍 (图 10.2.1)。

图 10.2.1

(2) 打开 OnyxTREE BAMBOO 6.0 软件，如图 10.2.2 所示。

(3) 打开菜单【File】/【Load Parameters】，导入竹子类型，如图 10.2.3 所示。

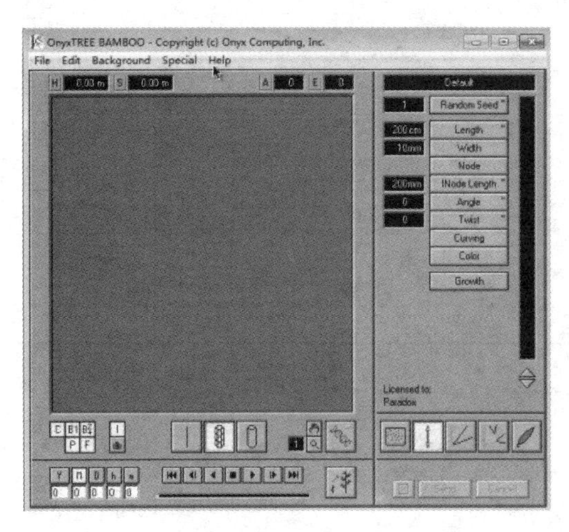

图　10.2.2

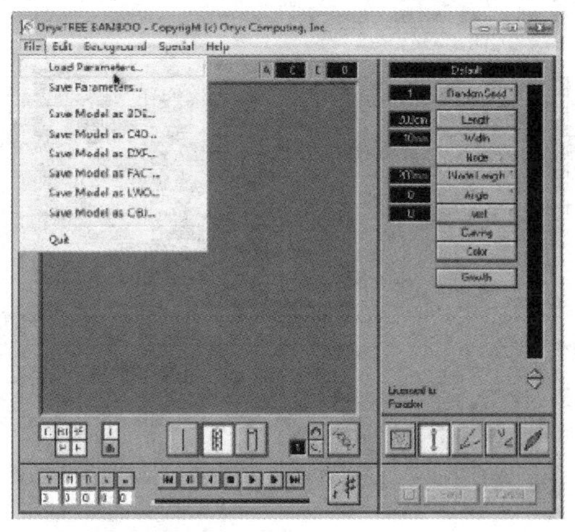

图　10.2.3

(4) 弹出的窗口中，选择指定竹子类型，我们这里选择【Phyllostachys aurea 4p.bmb】，导入完成后，在窗口视图中就出现一棵已经预设好的竹子模型，如图 10.2.4 所示。

(5) 右边窗口是调节模型各部分的参数，选择树干编辑模式，在右边窗口调节参数，如图 10.2.5 所示，单击“确定”按钮结束设置。

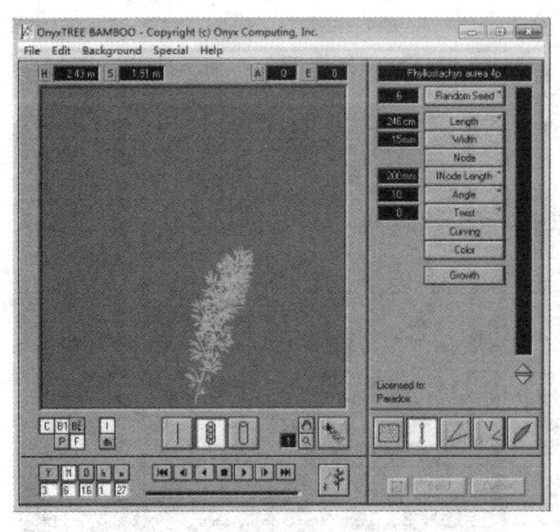

图　10.2.4

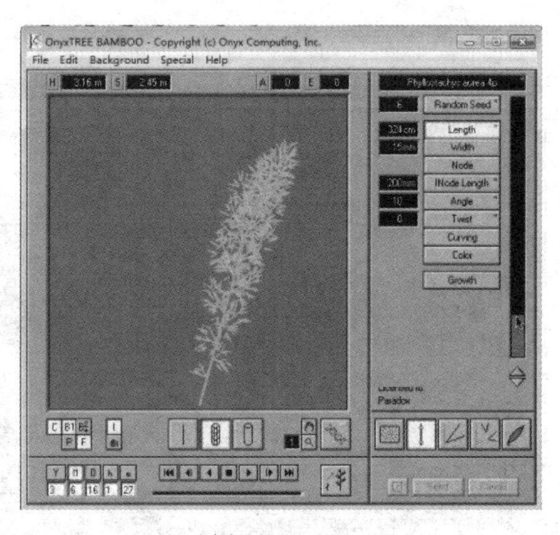

图　10.2.5

(6) 选择叶子编辑模式，在右边窗口叶子参数，如图 10.2.6 所示设置，单击“确定”按钮结束设置。

(7) 调节完成确认模型形态后，选择菜单【File】/【Save Model as OBJ】命令，导出 OBJ 格式模型 (图 10.2.7)。

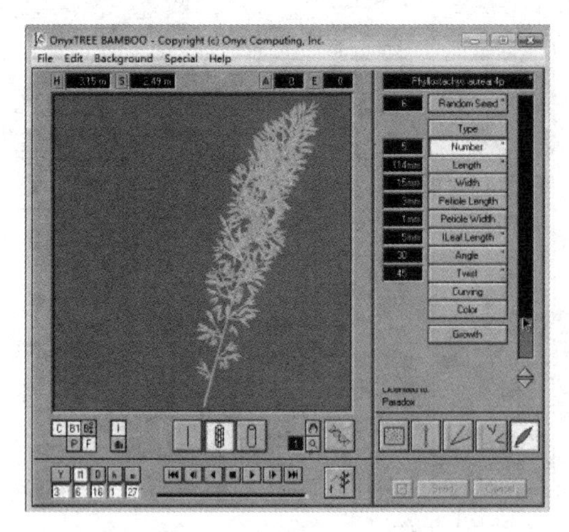

图 10.2.6

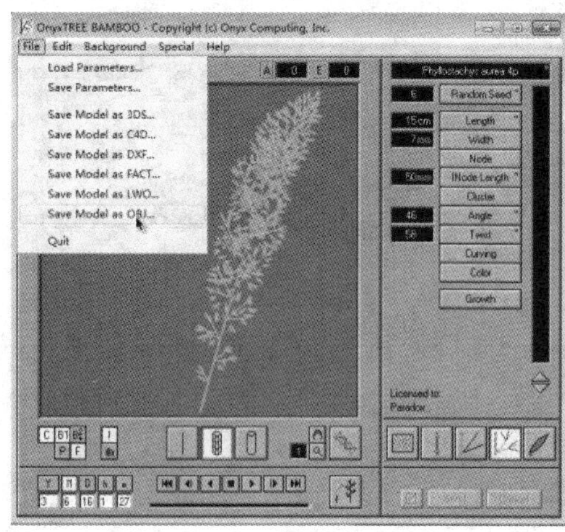

图 10.2.7

(7) 弹出的导出 OBJ 模型的选项，这里我们直接默认就可以，单击 Save 按钮，选择保存路径后完成导出 OBJ 模型，如图 10.2.8 所示。

(8) 打开 3ds Max。选择菜单【文件】/【导入】命令，选择导入刚刚在 OnyxTREE BAMBOO 输出的竹子 OBJ 格式文件。将其导入场景中，如图 10.2.9 所示。

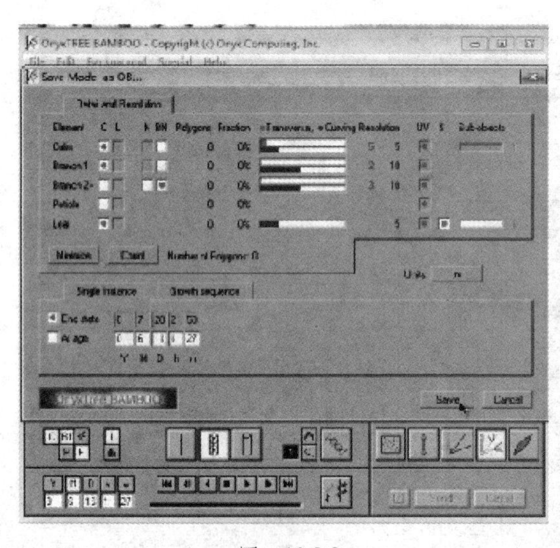

图 10.2.8

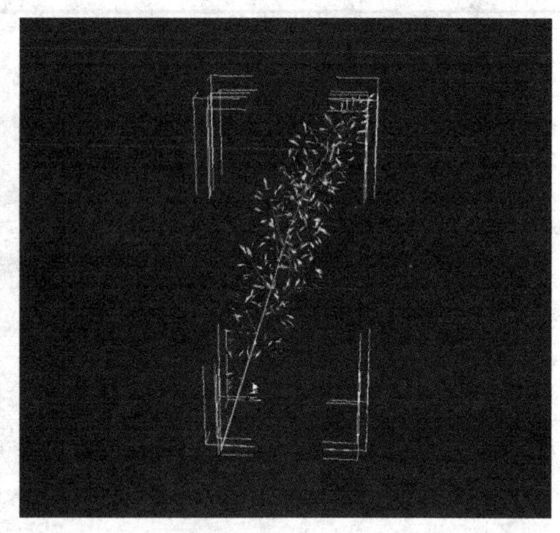

图 10.2.9

(9) 打开材质编辑器 (M)，选择一个空白材质球，调节模型材质【高光级别】和【光泽度】参数，如图 10.2.10 所示。

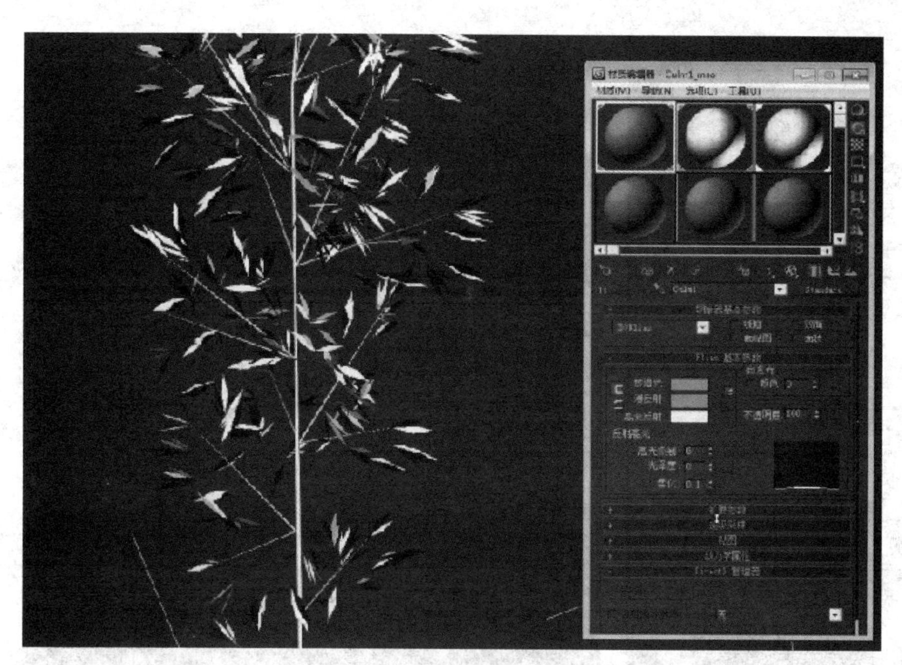

图　10.2.10

(10) 添加叶子纹理贴图。在【漫反射通道】里添加【位图】命令，导入叶子纹理贴图，赋予材质到模型。添加凹凸贴图，在【凹凸通道】里，单击 None 按钮，选择添加【位图】命令，指定叶子凹凸纹理贴图，如图 10.2.11 所示。

图　10.2.11

10.3　V-Ray 材质代理

受电脑硬件的限制，如果在场景中模型面数太多，会直接影响机器的运行，限制我们进行编辑的快捷性和实时性。所以我利用各种方法来节省系统资源，以缓解模型面数对机器硬件的依赖。这里介绍的是利用 V-Ray 材质代理解决这个问题，方便我们对场景的修改编辑和实时观察。具体操作如下：

(1) 选择叶子模型，单击鼠标按右键选择【转化】/【转化为可编辑多边形】，进入【点】编辑模式，【附加】其他对象。附加完成后检查是否已经合拼成一个模型，如果无误的话，进行下一步，单击鼠标右键选择【V-Ray 网格导出】。将模型装换输出为 V-Ray 代理，如图 10.3.1 所示。

(2) 在弹出的“VRay 网络导出”对话框中，勾选【导出动画】，单击“确定”按钮完成确认，如图 10.3.2 所示。然后等待转换过程，完成装换以后，保存此场景文件。

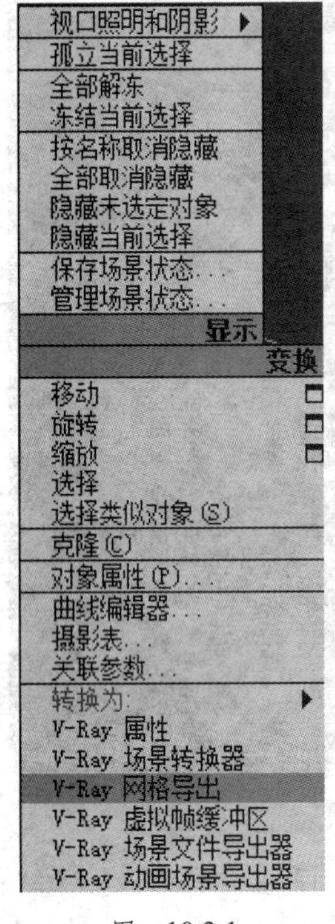

图 10.3.1

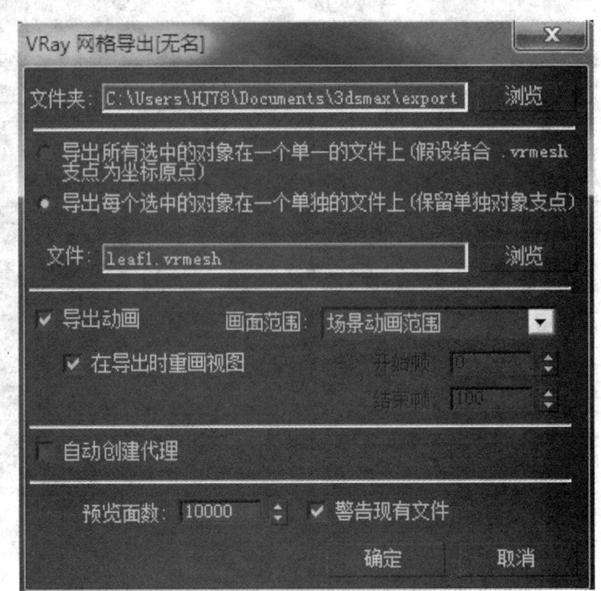

图 10.3.2

(3) 选择菜单【文件】/【重置】命令，重置成一个新的场景后，打开场景文件，导入竹子 VR 代理文件，移动缩放到合理的位置，如图 10.3.3 所示。

图 10.3.3

(4) 按照设计图，复制阵列排布竹子模型，如图 10.3.4 所示。

图　10.3.4

(5) 由于模型数目增多的关系，操作时机器运行速度会变得缓慢。我们可以把竹子 VR 代理模型用方盒显示，如图 10.3.5 所示，达到减小资源的目的。

图　10.3.5

10.4　创意园餐厅场景其他插件的运用

(1) 制作石头效果。选择摆放鹅卵石的花坛，按快捷键【Alt+Q】孤立对象。在命令面板里面进入“线”编辑模式，选择长方体的外围线段，如图 10.4.1 所示。

(2) 复制此段线框，选择命令面板上的【编辑边】/【利用所选内容创建图形】，如图 10.4.2 所示。在弹出的对话框中选择【线性】，单击“确定”按钮完成复制线框，如图 10.4.2 所示。

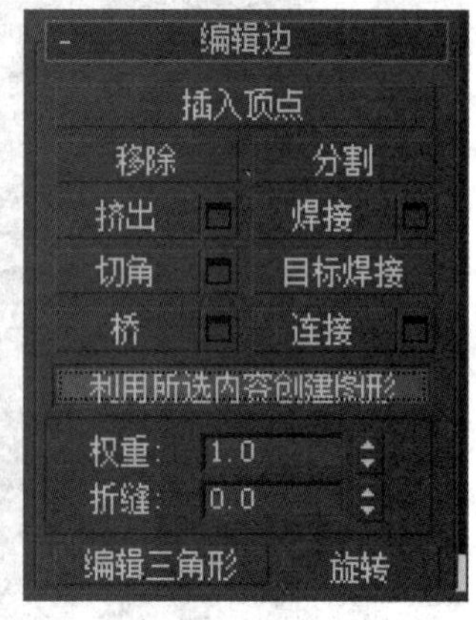

图 10.4.1　　图 10.4.2

(3) 选中新建的线框，在命令面板上的【创建】下拉菜单中，如图 10.4.3 所示。选择【Itoo 软件】，如图 10.4.4 所示。

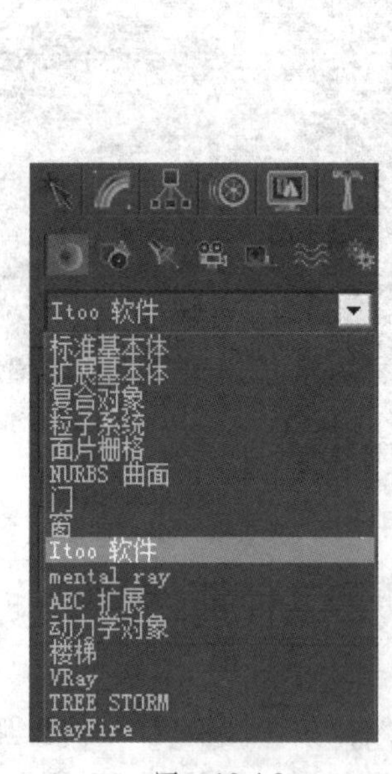

图 10.4.3　　图 10.4.4

(4) 移动鼠标到刚刚创建的线框，当鼠标变为十时，单击鼠标左键激活，此时画面视图出现两个空白的平面，表示加载森林专业版插件成功，如图 10.4.5 所示。

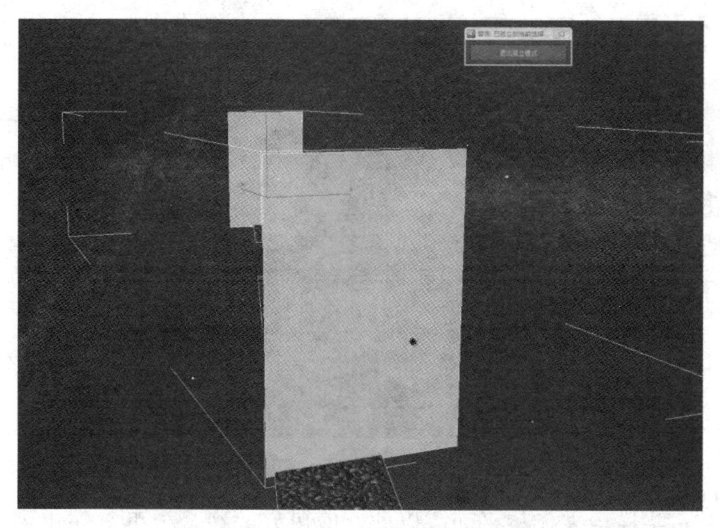

图　10.4.5

(5) 调节【全局大小】参数，主要包括贴图宽度和高度，如图 10.4.6 所示。

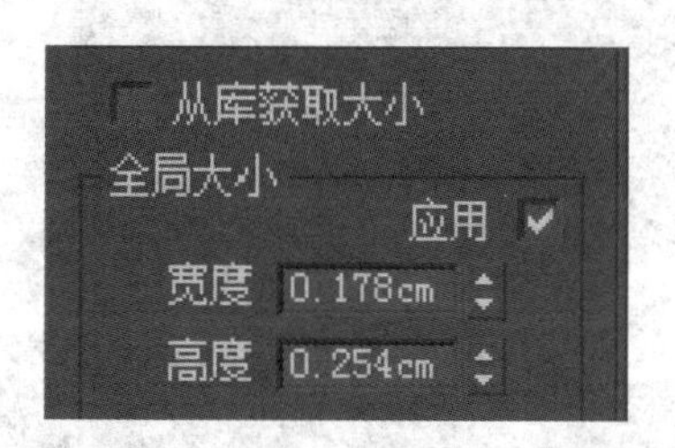

图　10.4.6

(6) 调节【大小】参数，贴图 X 轴和 Y 轴的密度，如图 10.4.7 所示。

(7) 调节【比例】参数，贴图宽度与高度比例，限制最大高度与最小高度，如图 10.4.8 所示。

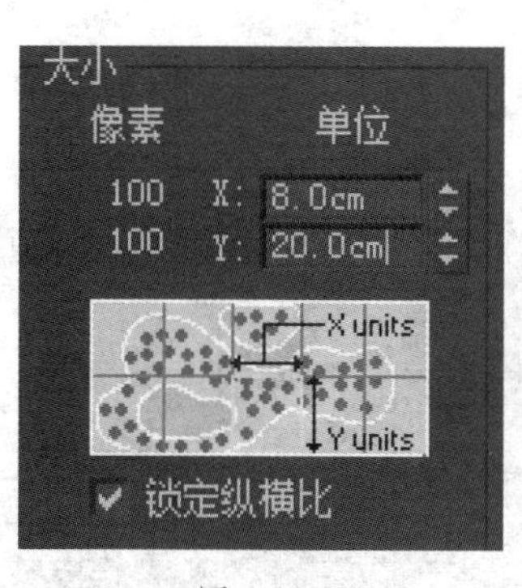

图　10.4.7

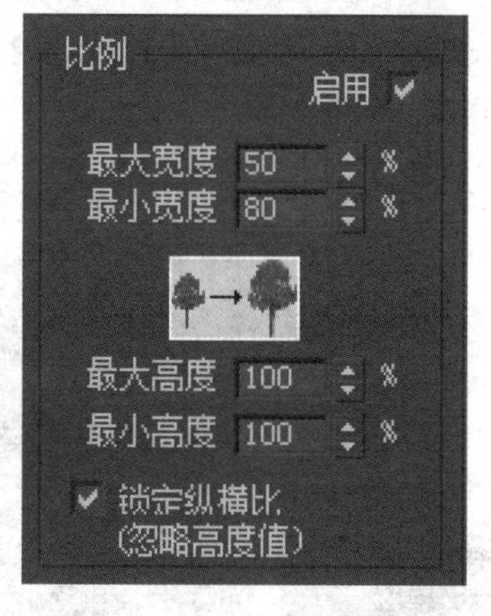

图　10.4.8

(8) 调节完参数后效果如图 10.4.9 所示。

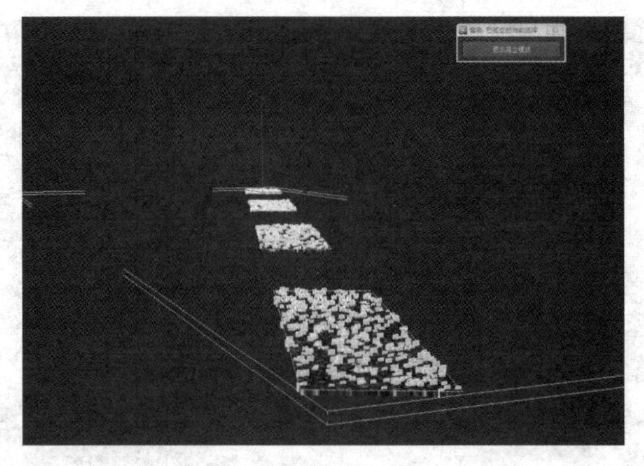

图 10.4.9

(9) 创建一个石头模型来代替平面，以此获取更好的视觉效果，创建一个长方体，转化为【可编辑多边形】，将模型编辑成不规则的石头，效果如图 10.4.10 所示。

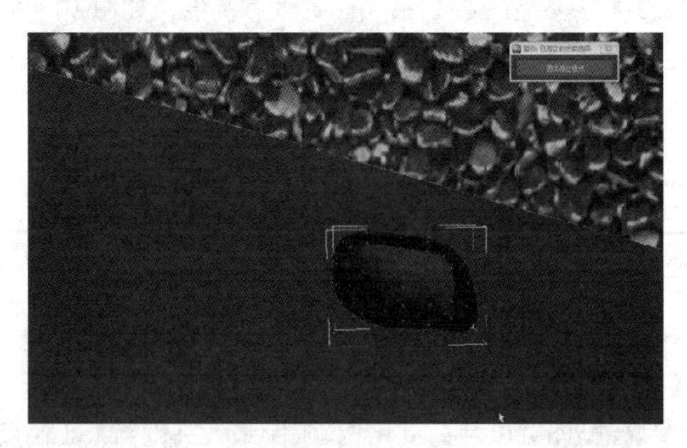

图 10.4.10

(10) 选择石头线框，在【几何体】找到【自定义对象】，单击【None】，选择石头模型来代替平面，如图 10.4.11 所示。

(11) 完成后的效果如图 10.4.12 所示。

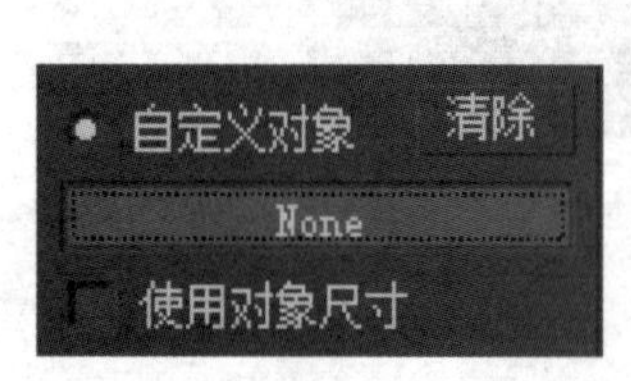

图 10.4.11

图 10.4.12

(12) 山体分布树贴图的制作。制作方法跟制作分布石头一样。选择命令面板上的【创建】/【图形】/【线】命令，根据山体的顶视图创建线段，如图 10.4.13 所示。

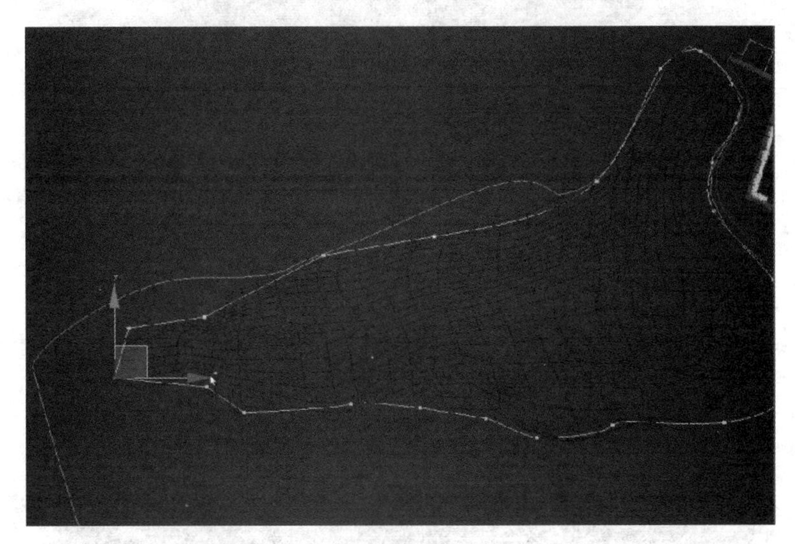

图　10.4.13

(13) 保持选中新建的线框，在命令面板上的【创建】下拉菜单中选择【Itoo 软件】，在【属性】选项中，选择【库】，挑选树木贴图，如图 10.4.14 所示。

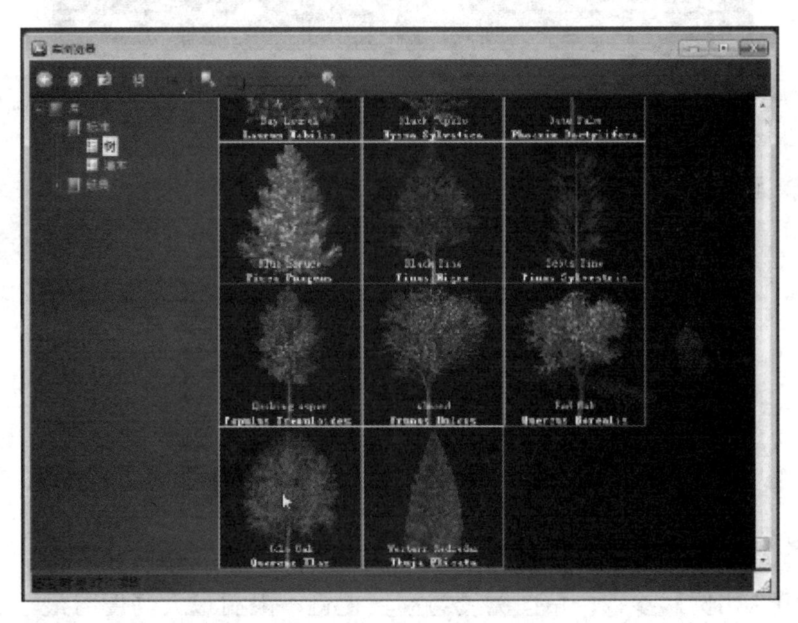

图　10.4.14

(14) 在【摄影机】卷轴栏中，勾选【自动指定到激活视图】/【限于可视范围】，如图 10.4.15 所示设置。

(15) 在【曲面】卷轴栏中，单击【曲面】选项中的【None】，如图 10.4.16 所示。添加山体模型，让树木顺着模型表面分布，如图 10.4.16 和图 10.4.17 所示。

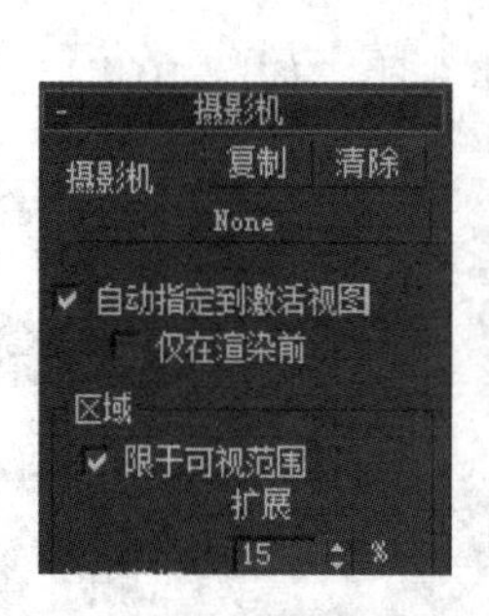

图 10.4.15

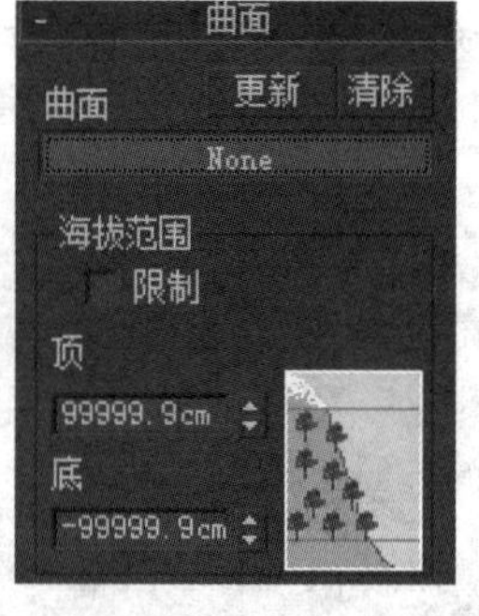

图 10.4.16

图 10.4.17

(16) 调节【全局大小】参数，贴图宽度和高度，如图 10.4.18 所示。

(17) 调节【大小】参数，贴图 X 轴和 Y 轴的密度，如图 10.4.19 所示。

图 10.4.18

图 10.4.19

(18) 调节【比例】参数，贴图宽度与高度比例，限制最大高度与最小高度，如图 10.4.20 所示设置。

(19) 调节完参数后山体分布树的制作效果，如图 10.4.21 所示。

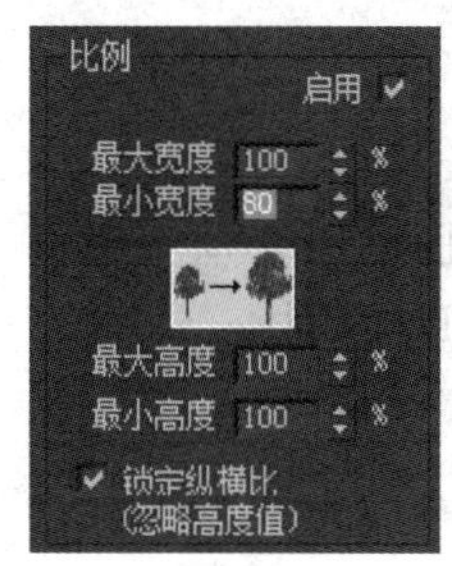

图　10.4.20

图　10.4.21

(20) 把竹子代理改为模型显示，最终完成园内景观设计制作，如图 10.4.22 所示。

图　10.4.22

本章小结

本章介绍了创意产业园中景观的建模制作过程，通过项目的制作流程训练，让学生了解景观方面的知识及其在环境艺术设计中的重要意义，进一步掌握好整体建模制作的统一性。让学生能够通过该项目的制作，了解传统文化元素在现代设计中的运用，提升学生审美素养。

习 题

1. 选择题

(1) 在 3ds Max 与 OnyxTREE BAMBOO 之间，通过 (　　) 转换格式。

A. max　　B.OBJ　　C. ma　　D. jpg

(2) 在森林专业版中，在 (　　) 面板添加让树木跟随模型表面来排列。

A. 曲面　　B. 摄像机　　C. 全局大小　　D. 比例

2. 简答题

(1) 请简述 OnyxTREE BAMBOO 的工作流程。

(2) 请简述 Itoo 软件的工作流程。

(3) 请简述 V-Ray 材质代理的工作流程。

第11章

小榄创意产业园夜景灯光和渲染的设置

教学目标

通过学习，熟练掌握在3ds Max中设置灯光的方法、步骤和技巧，通过与外挂V-Ray渲染器的结合运用，把握好夜景灯光相关栏目的数值设置的运用，通过反复测试掌握进行夜景灯光渲染的方法和技巧 。

教学要求

知识目标	能力目标	素质目标	权重	自测分数
了解光的照射原理知识	掌握在3ds Max中进行灯光设置的基本方法和步骤	提升学生对光运用方面的审美素养	25%	
了解3ds Max自带渲染器与外挂V-Ray渲染器的相关知识	掌握在3ds Max中运用V-Ray渲染器的方法、技巧和能力	提升学生对光构成方面的运用能力的素养	20%	
了解3ds Max自带渲染器与外挂V-Ray渲染器结合运用的相关知识	掌握在3ds Max中运用V-Ray渲染器进行夜景渲染的方法	培养学生探索新知识的能力	35%	
掌握项目灯光设置的流程知识	掌握综合运用各种渲染器进行项目设置的方法、技巧和能力	提升学生对特定时间段光构成的审美素养	20%	

11.1 V-Ray 渲染介绍

V-Ray 渲染器是由 chaosgroup 和 asgvis 公司出品，中国由曼恒公司负责推广的一款高质量渲染软件。V-Ray 是目前业界最受欢迎的渲染引擎。基于 V-Ray 内核开发的有 VRay for3ds max、Maya、Sketchup、Rhino 等诸多版本，为不同领域的优秀 3D 建模软件提供了高质量的图片和动画渲染。除此之外，V-Ray 也可以提供单独的渲染程序，方便使用者渲染各种图片。

V-Ray 渲染器提供了一种特殊的材质——VrayMtl。在场景中使用该材质能够获得更加准确的物理照明（光能分布），更快的渲染，反射和折射参数调节更方便。使用 VrayMtl，你可以应用不同的纹理贴图，控制其反射和折射，增加凹凸贴图和置换贴图，强制直接全局照明计算，选择用于材质的 BRDF。3ds max 安装 V-Ray 渲染器，可以渲染出图像生动，效果逼真的作品。

11. 2　产业园夜景灯光和渲染的设置

产业园夜景灯光和渲染的具体操作如下：

(1) 打开 max 文件，检查场景模型完整性，是否有错漏。

(2) 在透视图寻找镜头摆放位置，如图 11.2.1 所示。确定完成后在透视图中按【Ctrl+C】键建立摄像机，如图 11.2.2 所示。

图　11.2.1

图　11.2.2

(3) 如果觉得构图角度不好，可以利用界面右下角的调整工具，调整构图，如图 11.2.3 所示。

(4) 按【默认渲染】(F9) 渲染一次，查看模型和贴图是否错误。没有错误时，打开【渲染设置】(F10)，在【指定渲染器】卷轴栏中，单击产品级后面的“拓展”按钮，将默认渲染器改为【V-Ray Adv 1.50.SP4】渲染器，如图 11.2.4 所示。

图 11.2.3

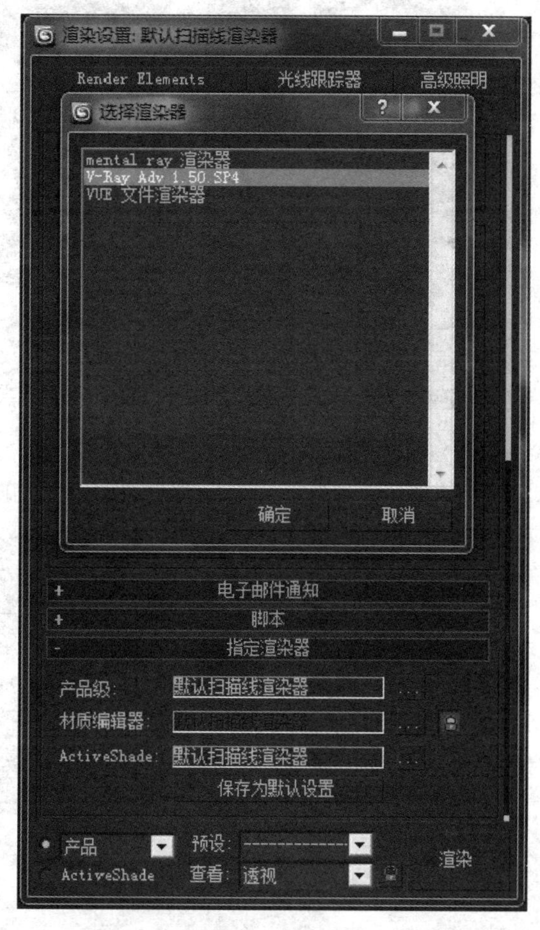

图 11.2.4

(5) 由于是调试阶段，所以渲染器的设置不需要太高，画面质量不用太好。设置调整测试渲染参数，打开 V-Ray 面板，修改【图像采样器 (反锯齿) 】卷轴栏参数，更改【图像采样器】类型为【固定】，关闭【抗锯齿过滤器】，如图 11.2.5 所示。

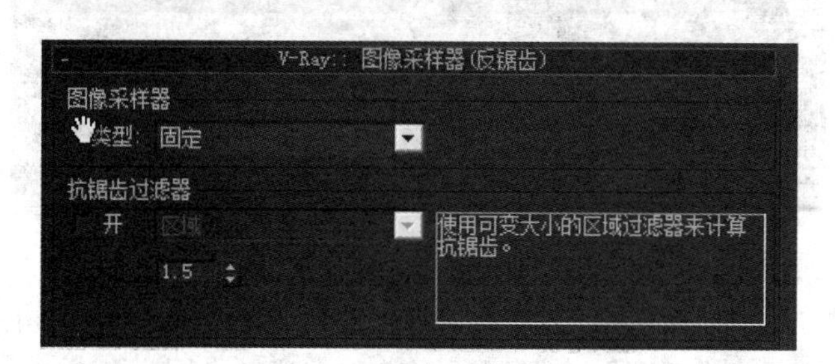

图 11.2.5

(6) 修改【全局开关】卷轴栏参数，关闭【默认灯光】，将【二次光线偏移】调为 0.001，如图 11.2.6 所示。

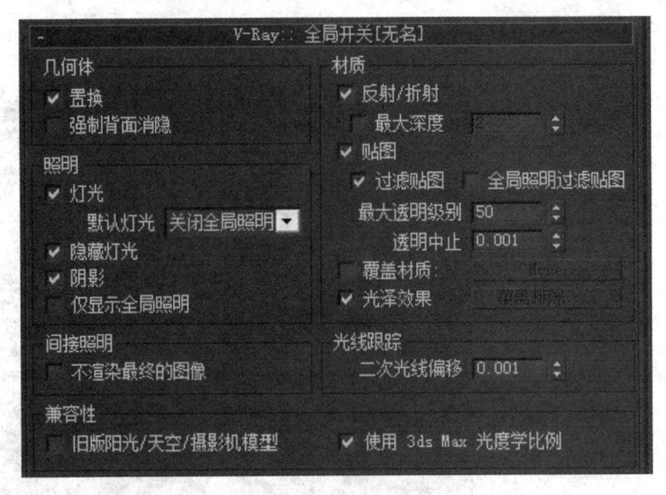

图 11.2.6

(7) 修改【环境】卷轴栏参数，打开全局照明环境，如图 11.2.7 所示。

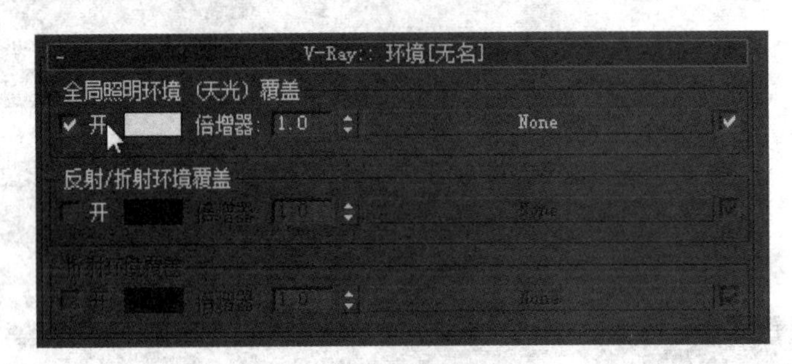

图 11.2.7

(8) 修改【环境光颜色】为 31，56，101，如图 11.2.8 所示。

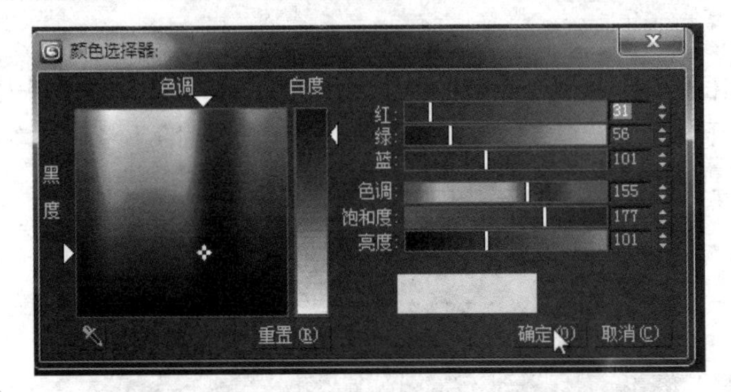

图 11.2.8

(9) 切换到上方的【间接照明】选项板，如图 12.2.9 所示。修改【间接照明 (gi)】参数，打开【GI】开关，将【二次反弹】全局照明引擎改为【灯光缓存】，如图 11.2.10 所示。

图 11.2.9

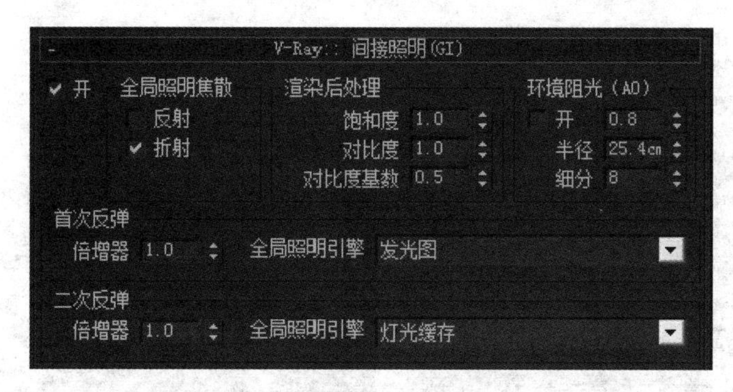

图　11.2.10

(10) 修改【发光图】卷轴栏参数，将【当前预设】调为非常低。半球细分调为 30， 插值采样调为 20，打开【显示计算相位】，如图 11.2.11 所示。

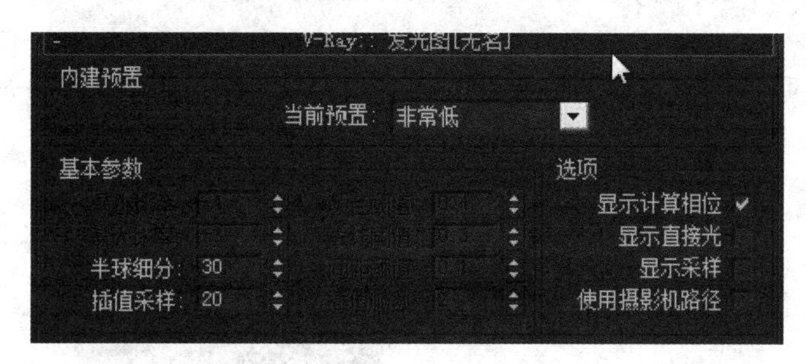

图　11.2.11

(11) 修改【灯光缓存】卷轴栏参数，细分调为 200，打开【显示计算相位】，如图 11.2.12 所示。

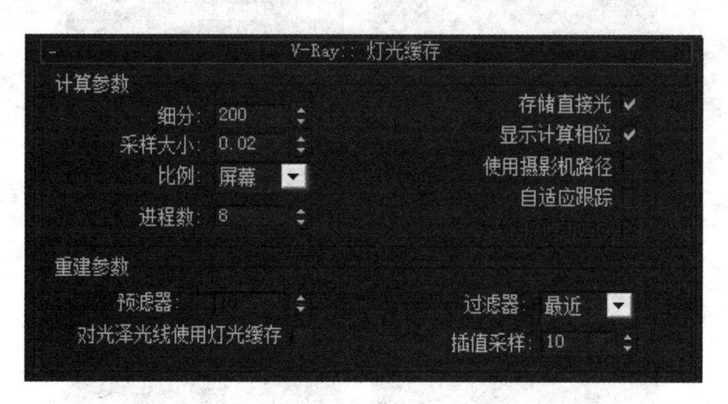

图　11.2.12

(12) 单击“渲染”按钮查看调试效果，如图 12.2.13 所示。检查模型。如果没有问题，可以继续下一步操作；如果发现问题，应及时返回模型阶段修改。

(13) 发现整体颜色偏蓝，降低环境光倍增器参数为 0.6，如图 11.2.14 所示。

图　11.2.13

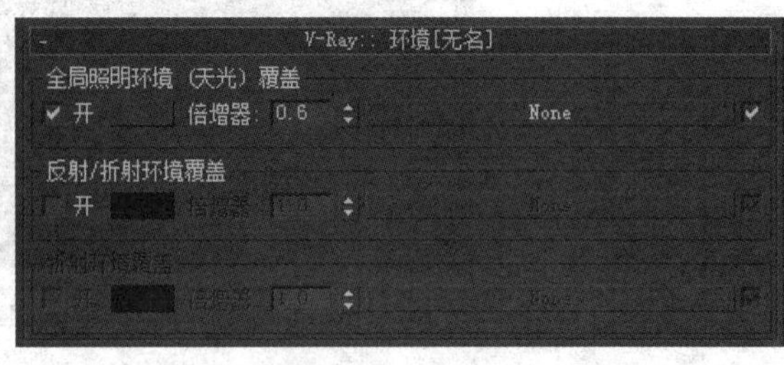

图　11.2.14

(14) 现在开始为场景添加灯光，在命令面板中选择【灯光】/【VRay】面板，如图 11.2.15 所示。

(15) 选择添加一个【VR 太阳】。VRay 太阳灯光就是模拟真实太阳关照的效果，如图 11.2.16 所示。

图　11.2.15

图　11.2.16

(16) 在顶视图中按住鼠标左键拖动来为场景确定灯光位置和朝向，如图 11.2.17 所示。

(17) 完成时会弹出一个对话框，提示【你想自动添加一张 VR 天空环境贴图吗？】，选择【是 (Y)】，如图 11.2.18 所示设置，单击“确定”按钮完成设置。

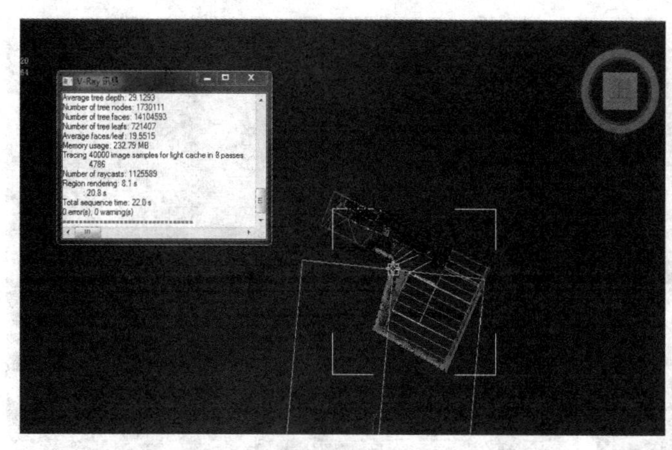

图　11.2.17

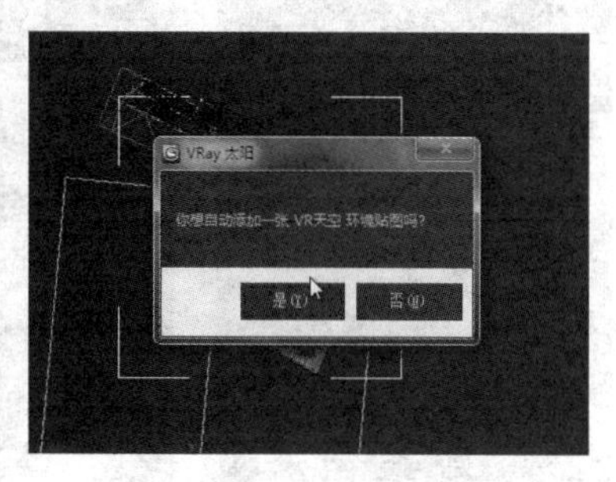

图　11.2.18

(18) 选择菜单【渲染】/【环境】命令，可以看到在【环境贴图】中已经自动添加了一张 VR 天空贴图，如图 11.2.19 所示。

(19) 回到在侧视图，调整 V-Ray 太阳的高度和位置，模拟早上 8 点左右的阳光，如图 11.2.20 所示。

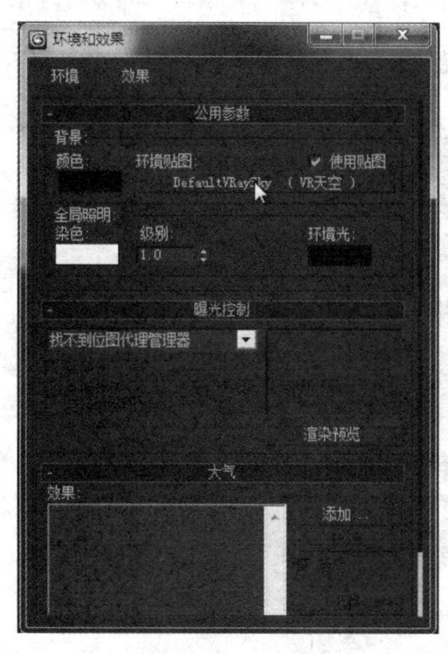

图　11.2.19

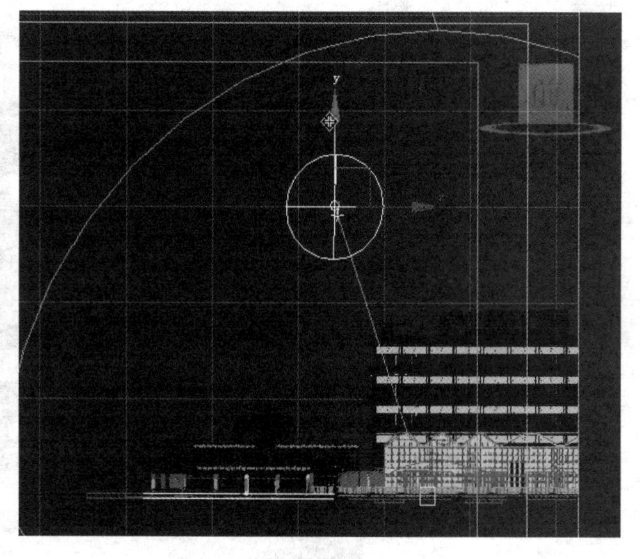

图　11.2.20

(20) 在命令面板上的【修改】面板中，调整灯光参数，如图 11.2.21 所示设置。

(21) 按快捷键【8】打开环境和效果面板，打开【材质编辑器】，选择一个空的材质球，将【V-Ray 天空】拖曳到材质球上，选择【实例】并复制，如图 11.2.22 所示。

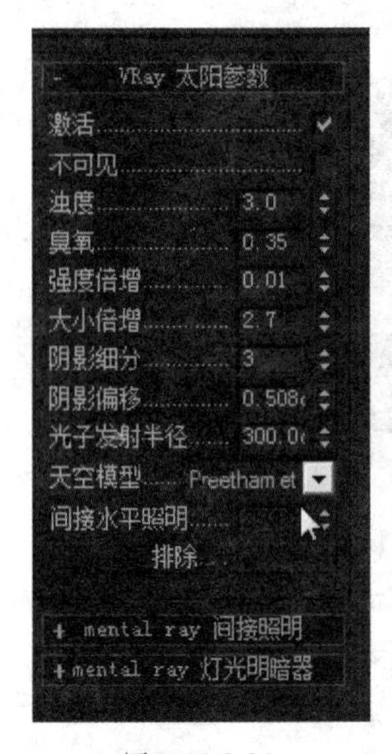

图 11.2.21

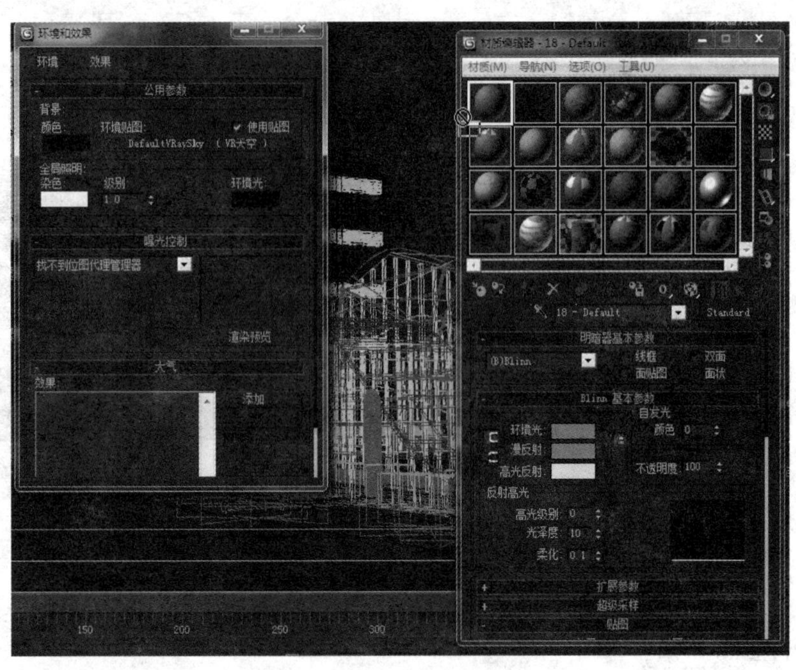

图 11.2.22

(22) 在材质球选项中勾选【手动太阳节点】，单击“太阳节点”按钮，如图 11.2.23 所示。

图 11.2.23

(23) 打开【拾取对象 (H)】，选择 VR 太阳 01，如图 11.2.24 所示。

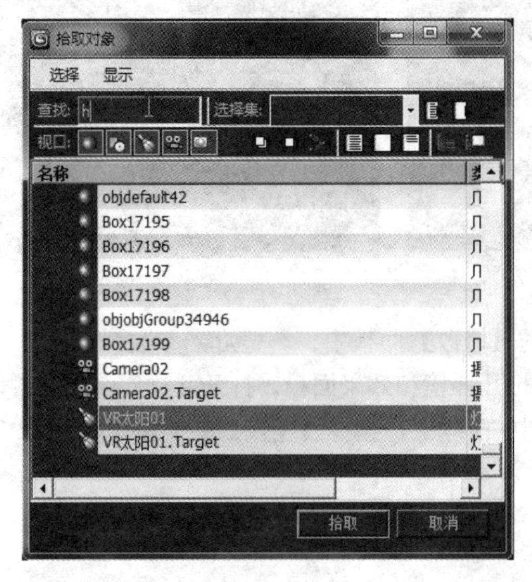

图 11.2.24

(24) 继续调整其他参数，如图 11.2.25 所示。

(25) 调整完成后单击【渲染】查看，效果如图 11.2.26 所示。

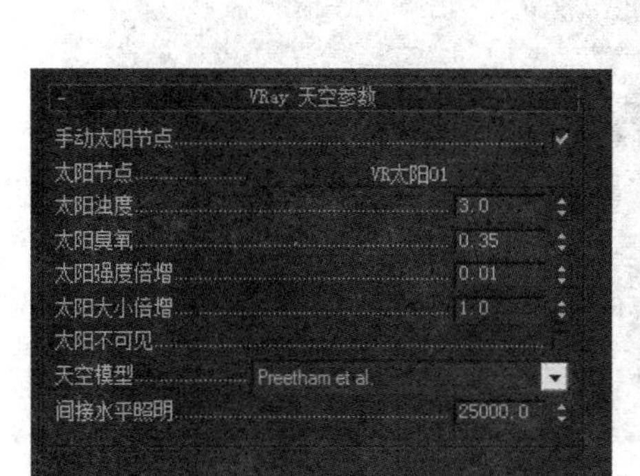

图　11.2.25

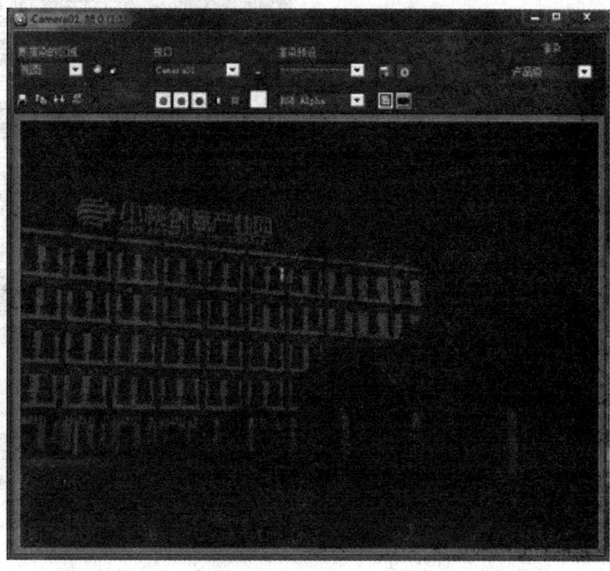

图　11.2.26

(26) 画面太阳光线亮度太大，调小【太阳强度倍增】，如图 11.2.27 所示。降低太阳角度，如图 11.2.28 所示。

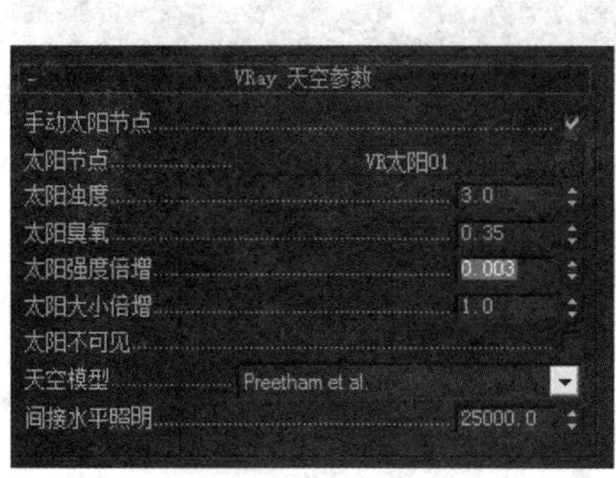

图　11.2.27

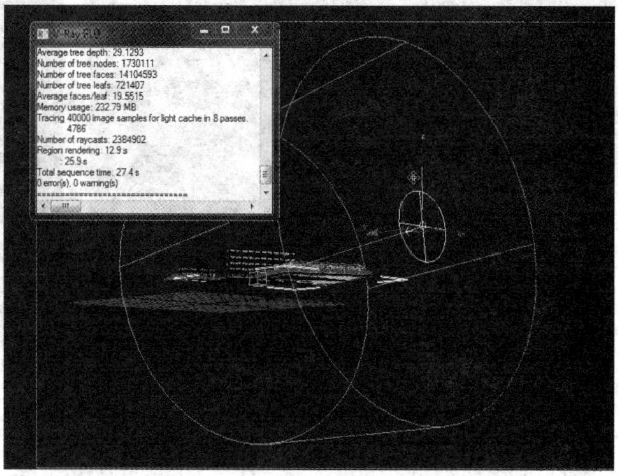

图　11.2.28

(27) 调整 VRay 太阳的【强度倍增】，如图 11.2.29 所示。

(28) 调整完成后按【F9】键查看，环境光较适合 (图 11.2.30)。

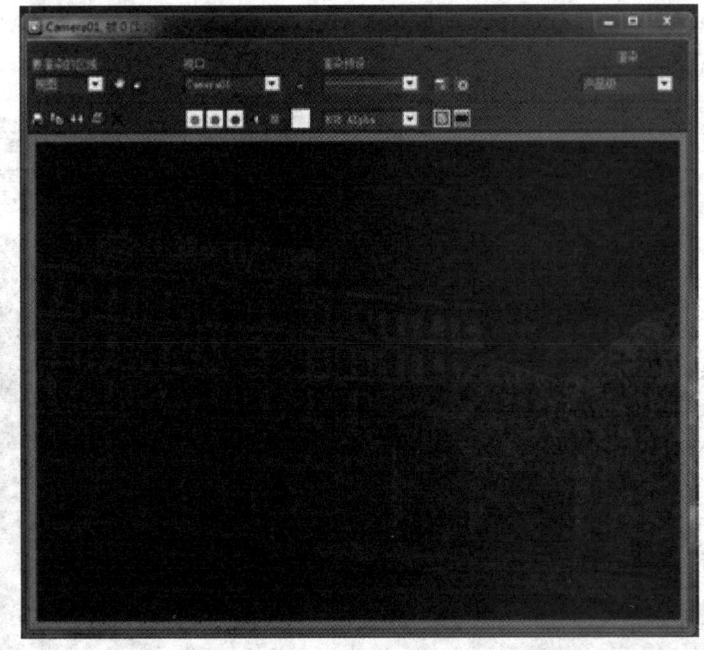

VRay 太阳参数

激活 ✔

不可见

浊度 3.0

臭氧 0.35

强度倍增 0.005

大小倍增 2.7

阴影细分 3

阴影偏移 0.508

光子发射半径 204.0

天空模型 Preetham et

间接水平照明

排除...

图 11.2.29

图 11.2.30

(29) 在命令面板中选择【灯光】/【VRay】面板，添加【VR 灯光】，在顶视图按住鼠标拖曳创建，如图 11.2.31 所示。旋转到合适位置，如图 11.2.31 和图 11.2.32 所示。

图 11.2.31

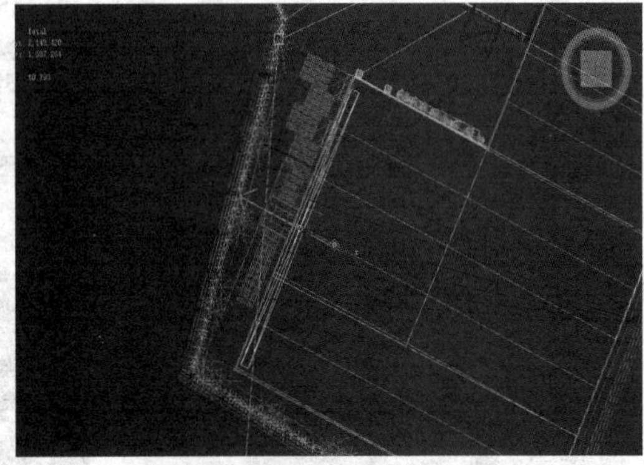

图 11.2.32

(30) 打开修改面板，调整灯光，如图 11.2.33 所示。

(31) 调整颜色 (250，153，0)，如图 11.2.34 所示。

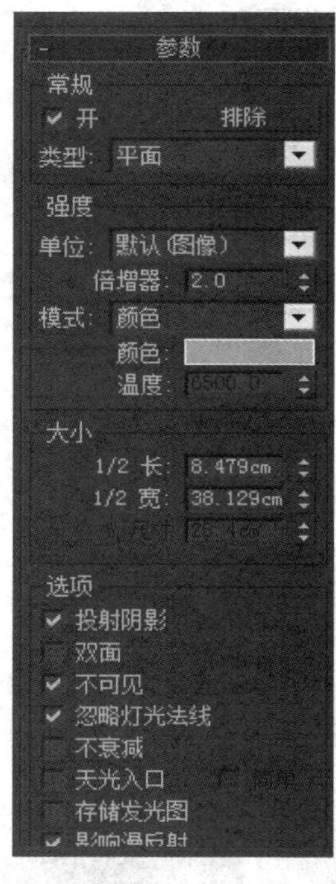

图　11.2.33

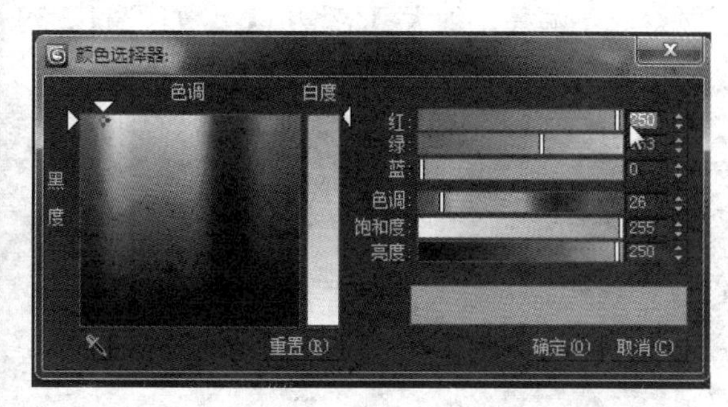

图　11.2.34

(32) 打开渲染帧窗口，选择【区域模式】，框选要查看渲染部分即可，这样节约渲染时间。按【F9】键查看，如图 11.2.35 所示。

(33) 接下来为楼顶建筑添加灯光，如图 11.2.36 所示。

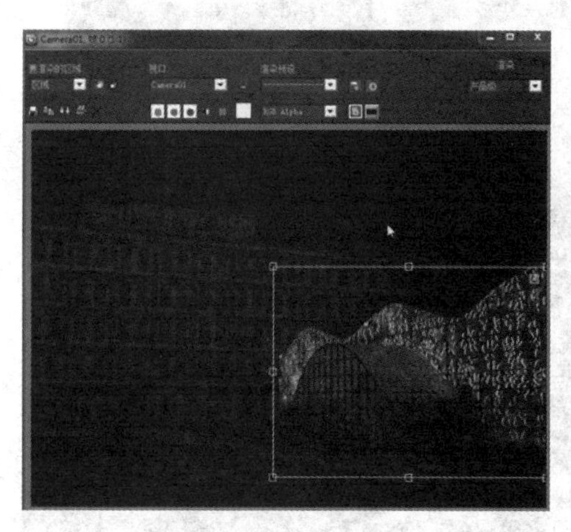

图　11.2.35

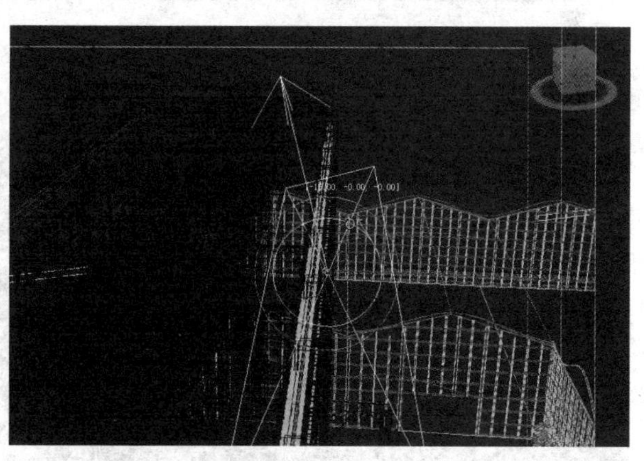

图　11.2.36

(34) 打开修改面板，更改灯光颜色 (228，238，252)，如图 11.2.37 所示。

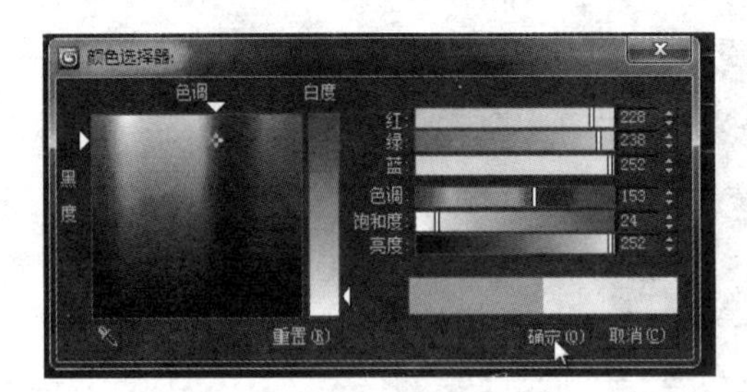

图 11.2.37

(35) 按【F9】键查看，效果如图 11.2.38 所示。

(36) 感觉灯光不够亮，加大【倍增值】，如图 11.2.39 所示。

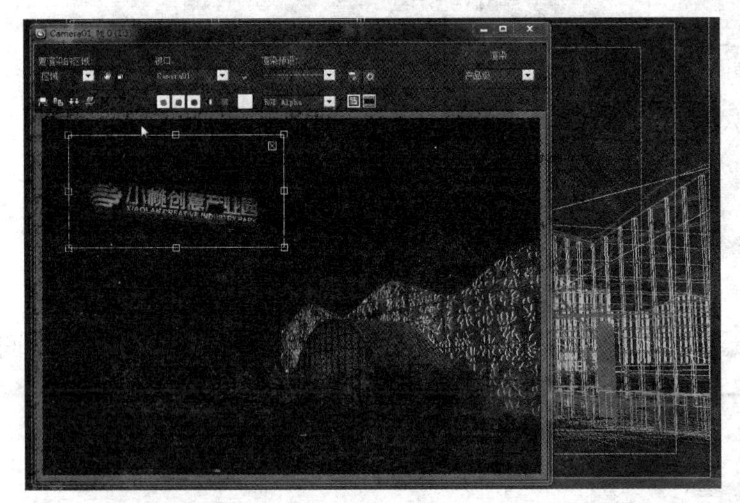

图 11.2.38

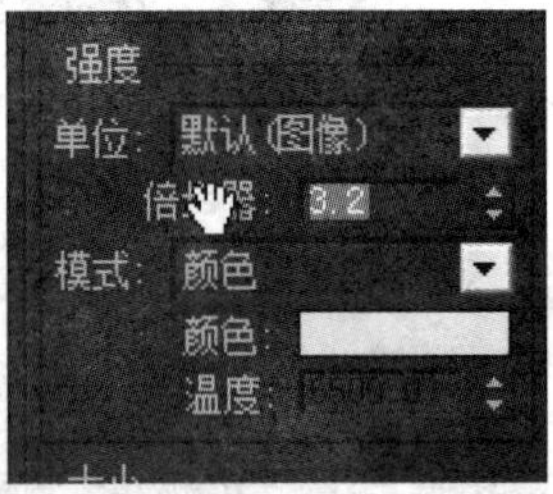

图 11.2.39

(37) 按【F9】键查看，效果如图 11.2.40 所示。

图 11.2.40

(38) 为楼层添加灯光，效果如图 11.2.41 所示。

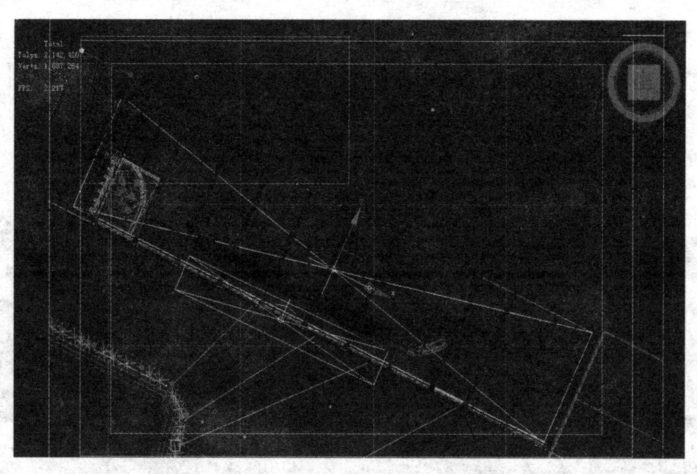

图　11.2.41

(39) 设置【倍增值】为 1，如图 11.2.42 所示。调整高度，如图 11.2.43 所示。

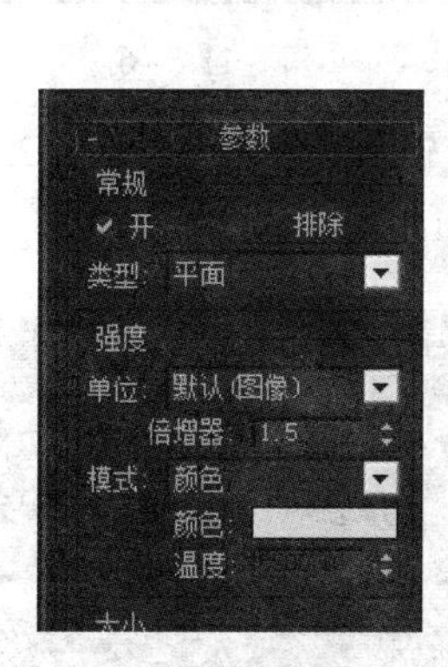

图　11.2.42

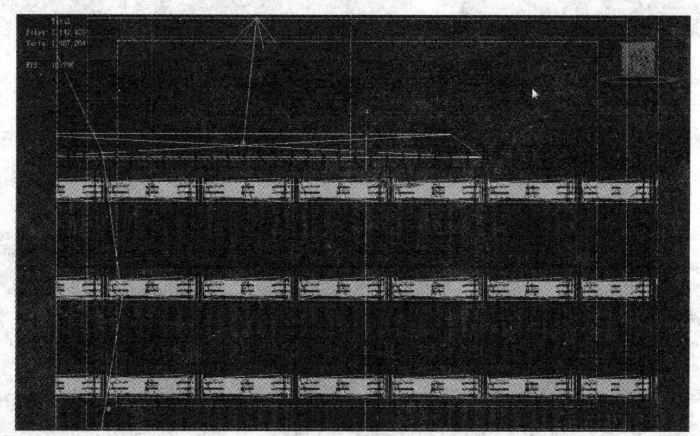

图　11.2.43

(40) 按【F9】键查看，如图 11.2.44 所示。

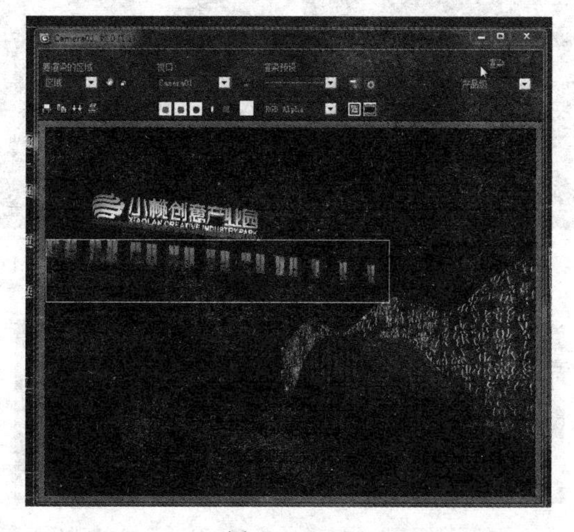

图　11.2.44

(41) 按住【Shift】键拖动灯光向下移动，【实例】复制三个灯光，然后调整到合适位置，选择其中一个灯光，再向下复制一个灯光以便独立修改参数，调整到合适位置，如图 11.2.45 所示。

(42) 确认没问题后，选择【视图渲染】查看并检查，如图 11.2.46 所示。

图 11.2.45

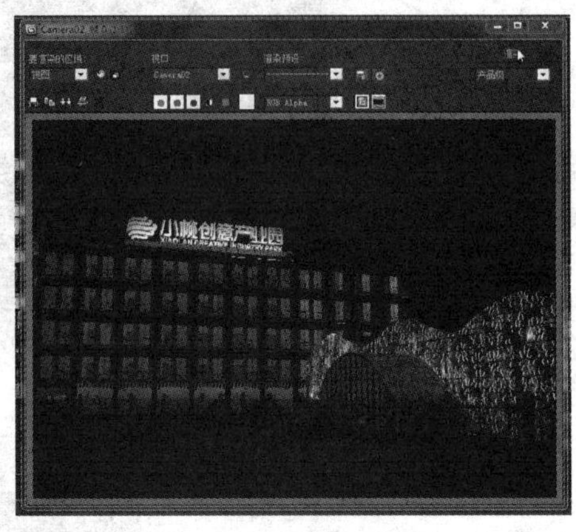

图 11.2.46

(43) 确认整个构图材质无误后，打开【渲染设置】，设置输出大小为 2048×1448，如图 11.2.47 所示。设置最后的渲染输出设置，如图 11.2.48 至图 11.2.51 所示。

图 11.2.47

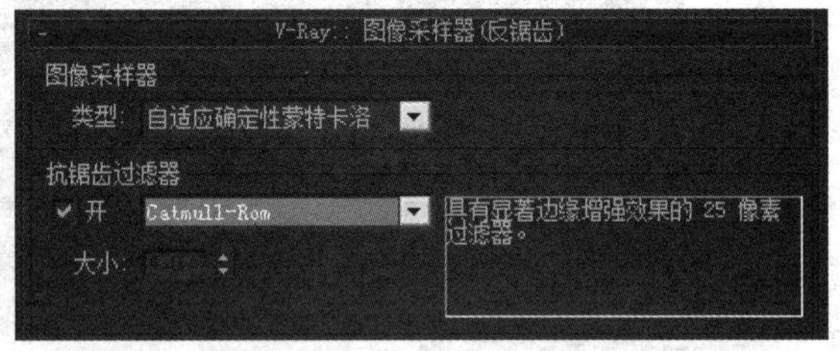

图 11.2.48

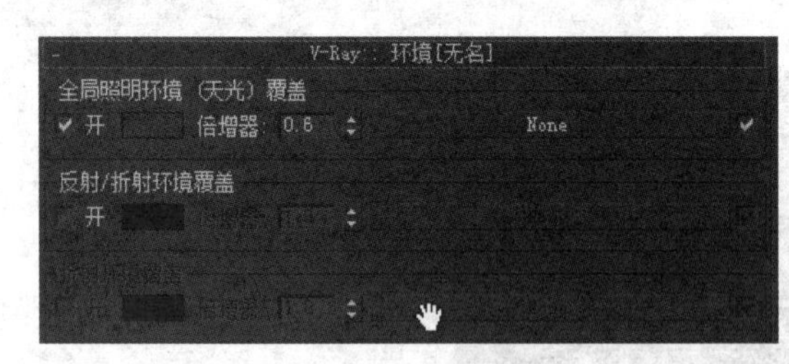

图 11.2.49

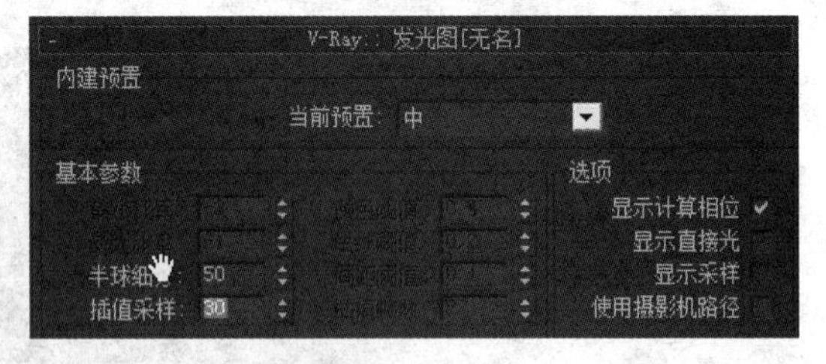

图 11.2.50

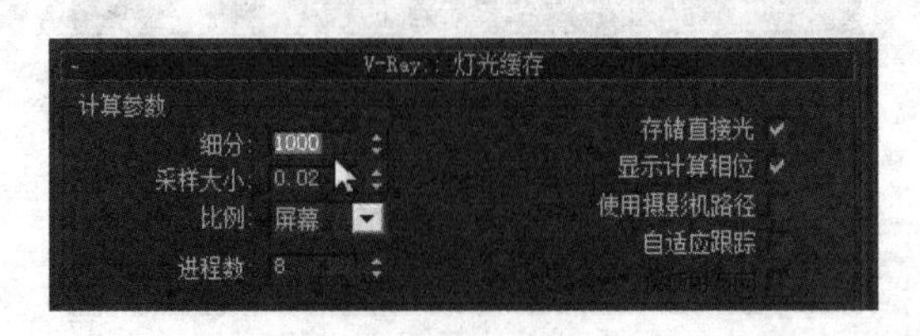

图 11.2.51

(44) 启动【帧缓冲区】，如图 11.2.52 所示。

(45) 选择【渲染输出】，保存文件，如图 11.2.53 所示。

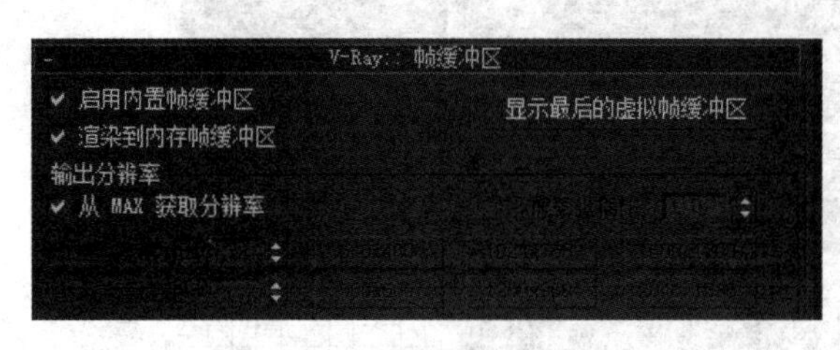

图　11.2.52

图　11.2.53

(46) 完成设置后，单击【渲染】，如图 11.2.54 所示。

图　11.2.54

(47) 如果画面需要修改，可以打开【颜色校正】，如图 11.2.55 所示。最后保存修改后的文件 (图 11.2.56)。

图　11.2.55

图 11.2.56

本章小结

本章介绍了创意产业园灯光的设置过程和渲染方法，通过项目的制作流程训练，让学生反复测试灯光的相关数值以及运用VRay渲染器进行渲染测试，进一步掌握好整体灯光设置与分镜头渲染。学生通过该项目的制作，可以全面综合地掌握3ds Max灯光、材质及渲染的运用方法、流程和技巧，为今后从事大型项目制作奠定基础。

习　题

1. 选择题

(1) 通过(　　)卷轴栏中，设置渲染器的转换。

A. 图像采样器　　B. 指定渲染器　　C. 全局开关　　D. 环境

(2) 在间接照明中，首次反弹的全局照明引擎一般选择(　　)。

A. 发光图　　B. 灯光缓存　　C. bf 算法　　D. 光子图

(3) 本章运用到模拟太阳灯光的是(　　)。

A.VR 天空　　B. 平行灯光　　C. 泛光灯　　D. 聚光灯

2. 简答题

(1) 请简述夜景灯光渲染设置的工作流程。

(2) 请简述夜景与日景灯光渲染的区别。

第12章

小榄创意产业园动画合成

教学目标

通过学习，熟练掌握在3ds Max中设置摄影机的方法、步骤和技巧，通过分镜头设置的训练，掌握建筑漫游动画中景别的运用知识。通过将各个分镜头的链接运用训练，掌握最终场景渲染的综合运用能力以及动画合成的方法、步骤和应该注意的事项。确保学生能够独立完成建筑漫游动画的设计制作。

教学要求

知识目标	能力目标	素质目标	权重	自测分数
了解摄影摄像方面的知识	掌握在3ds Max中进行摄影机设置的基本方法和步骤	提高学生对摄影摄像作品审美的素养	25%	
了解动画分镜头的相关知识	掌握在3ds Max中运用摄影机进行分镜头设置的方法、步骤和技巧	提高学生对镜头运用方面的素养	20%	
了解动画电影与文学、音乐方面的相关知识	掌握在3ds Max中运用VRay渲染器进行综合场景进行渲染的选项和数值测试能力	培养学生探索新知识的能力	35%	
掌握进行动画综合项目合成方面的知识	掌握进行动画最终合成的方法、技巧和能力	提升学生在文学及音乐方面的素养	20%	

12.1　最终摄影机设置和调节

(1) 打开 3ds Max 软件。统一场景单位，选择菜单【自定义】/【单位设置】命令，弹出【单位设置】对话框，把显示单位比例设置成米，如图 12.1.1 所示。

(2) 设置渲染设置，选择菜单【渲染】/【渲染设置】命令，将【输出大小】设置为 1024×576，如图 12.1.2 所示设置，单击“确定”按钮结束。

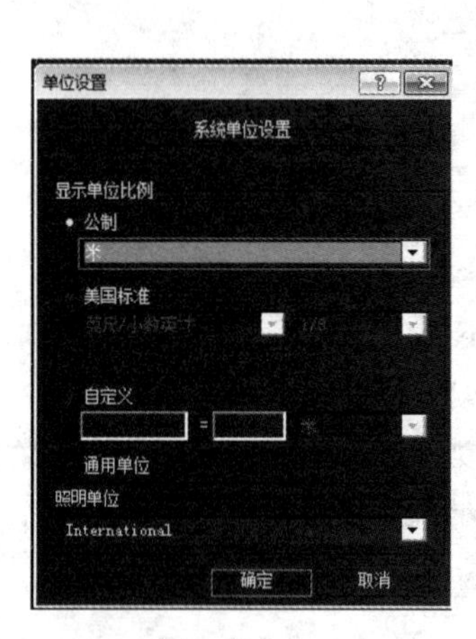

图　12.1.1

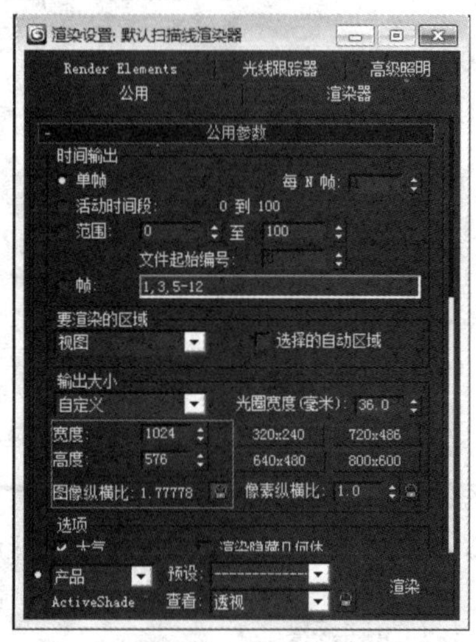

图　12.1.2

(3) 右击【播放动画】，弹出时间配置，如图 12.1.3 所示。选择帧速率为 PAL，结束时间修改为 351 帧，如图 12.1.4 所示。

图　12.1.3

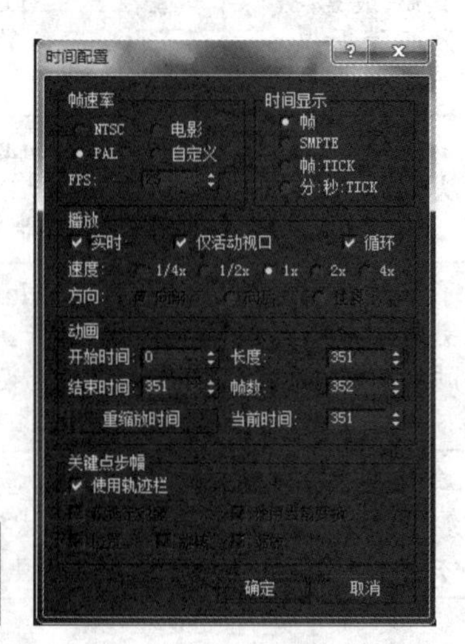

图　12.1.4

(4) 摄影机的种类分为目标摄影机和自由摄影机。目标摄影机除了有摄影对象外，还有一个目标点，摄影机的视角始终向着目标点，以查看所放置的目标点周围的区域，其中摄影机和目标点的位置都可单独调整，如图 12.1.5 所示。自由摄影机只有一个对象，不仅可以自由移动位置坐标，还可以沿自身坐标自由旋转和倾斜，如图 12.1.6 所示。

目标摄影机用于观察目标点附近的场景内容，易于定位，直接将目标点移动到需要的位置上就可以了。目标摄影机出发点及其目标点都可以设置动画。

自由摄影机用于观察所指方向内的场景内容，多应用于轨迹动画制，在视图中只能进行整体控制，视角能够随着路径的变化而变化，例如室内巡游、室外鸟瞰、走迷宫、车辆跟踪等。

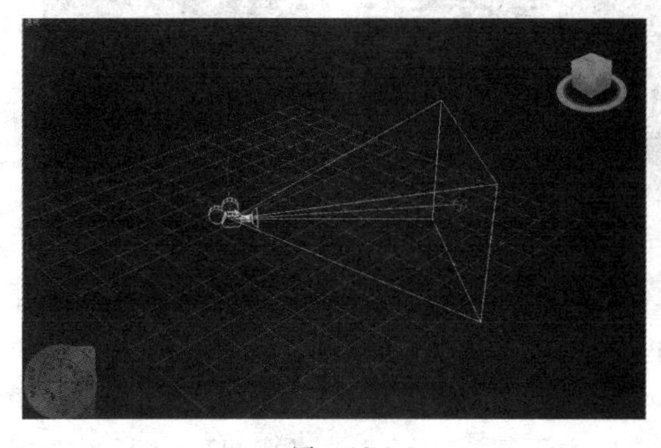

图　12.1.5

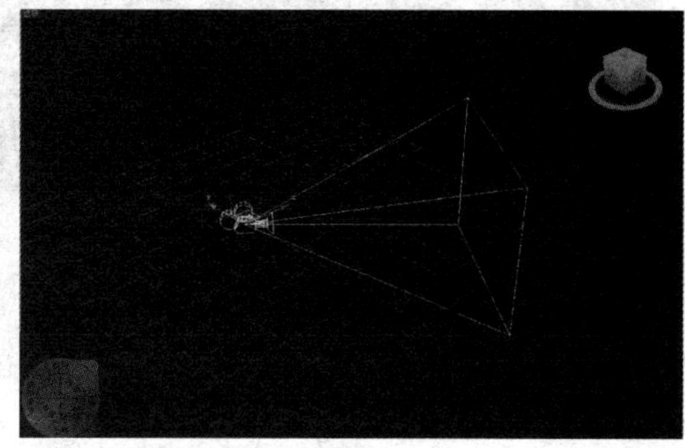

图　12.1.6

(5) 摄影机主要通过焦距和视野两个参数控制其观察效果。这两个参数分别在控制面板上的【参数】卷展栏中的【镜头】和【视野】指定，如图 12.1.7 所示。

(6) 剪切平面。摄影机有一个拍摄范围，超出部分自动被切掉，在视图中用一个锥形表示，锥形之内都是可以拍摄到的，也就是可见的。拍摄范围可通过面板中的【剪切平面】调节，如图 12.1.8 所示。

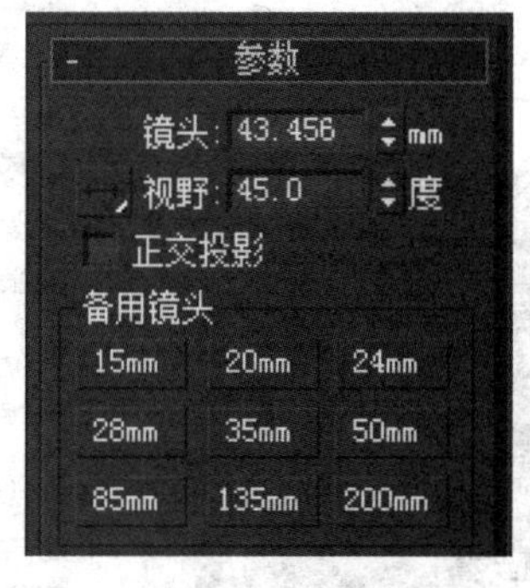

图　12.1.7

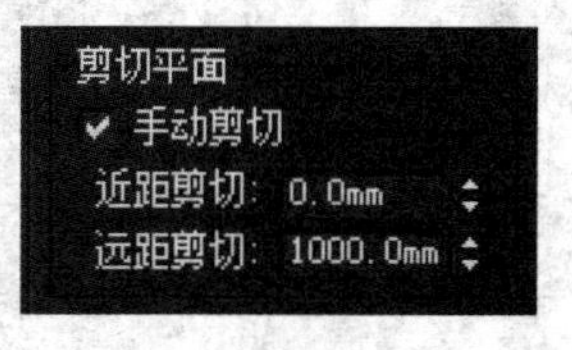

图　12.1.8

(7) 开始制作摄影机动画。打开场景文件，如图 12.1.9 所示。观察场景，通过之前设计好的分镜来分析镜头摆放的位置与运动路径。

(8) 创建摄影机，在命令面板中选择【摄影机】，在面板中显示【目标】和【自由】两个按钮，如图 12.1.10 所示，选择合适的摄影机。

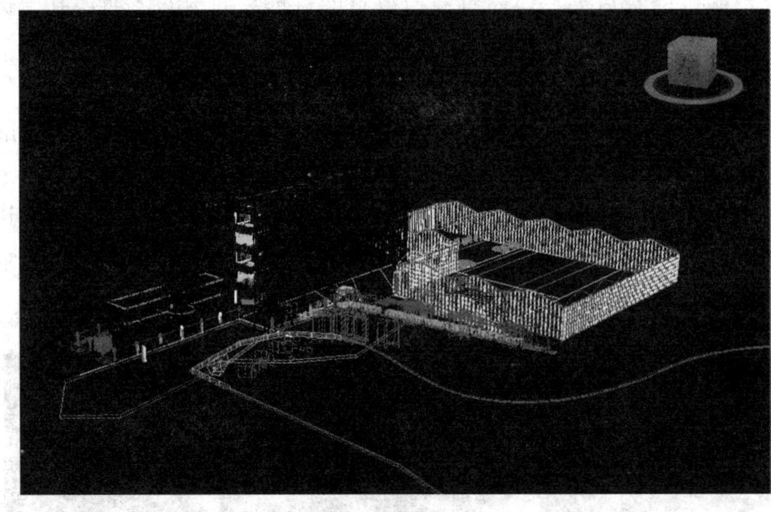

图 12.1.9

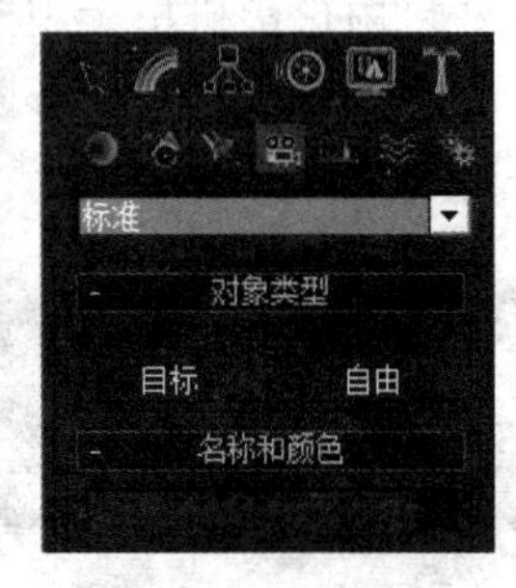

图 12.1.10

(9) 对于摄影机应该在哪个视图中创建，这主要由个人习惯而定，在哪个视图中创建都无所谓，有人喜欢在左视图创建，有人喜欢在顶视图创建，根据情况具体，场景也可以使用透视图来创建摄影机。

在透视图中，确定好摄影机位置，如图 12.1.11 所示。选择菜单【视图】/【从视图创建摄影机】，如图 12.1.12 所示，建立摄影机 camera01，将摄影机类型设置为【自由】。

图 12.1.11

图 12.1.12

(10) 通过操作界面右下角的视图控制工具来调整摄影机的位置，旋转等功能，如图 12.1.13 所示。

(10) 调整完毕后，我们开始为摄影机设置动画。在下方工具栏中，打开“自动关键点”按钮，进入动画编辑，如图 12.1.14 所示。只要摄影机有参数变化，系统会自动记录，然后添加关键帧。

(11) 拖动时间滑块到第 157 帧，或者直接在视图控制工具面板中，将时间输入为 157，如图 12.1.15 所示。

图　12.1.13

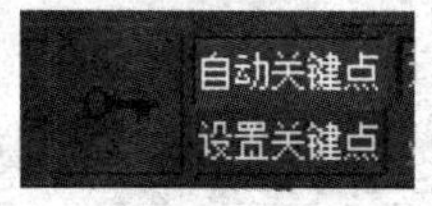

图　12.1.14

图　12.1.15

(12) 通过【视图调整工具】中的【推拉摄影机】移动摄影机，画面如图 12.1.16 所示。

图　12.1.16

(13) 拖动时间滑块到第 239 帧，继续推摄影机，最后画面如图 12.1.17 所示。

图　12.1.17

(14) 拖动时间滑块到第 351 帧，继续推摄影机，最后画面如图 12.1.18 所示。

图 12.1.18

(15) 修改调整摄影机运动轨迹。我们可以通过选择控制面板上的【运动】中的【轨迹】工具，如图 12.1.19 所示。显示物体运动的轨迹，如图 12.1.20 所示。我们可以通过观察运动轨迹，得到运动路径和运动速率，方便我们修改调整。

图 12.1.19

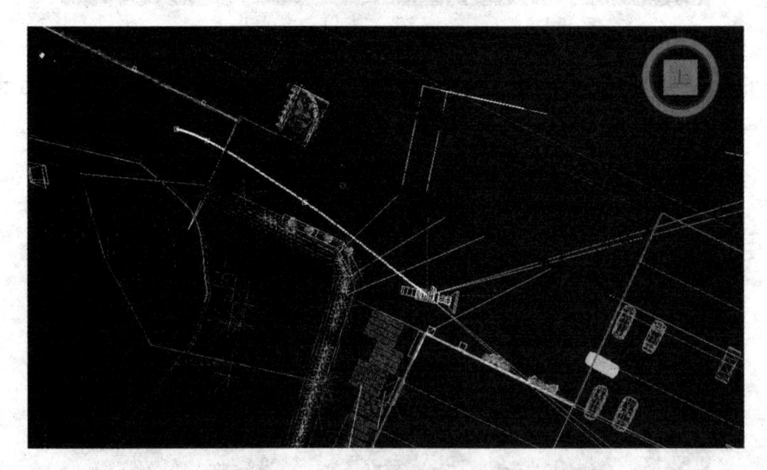

图 12.1.20

(16) 摄影机路径动画。除了直接通过为摄影机添加位移推拉摄影机外，还可以为摄影机添加路径，使其按照绘制的路径来运动。在控制面板上的【创建】/【样条线】中，选择【线】，在顶视图绘制摄影机运动轨迹，如图 12.1.21 所示。

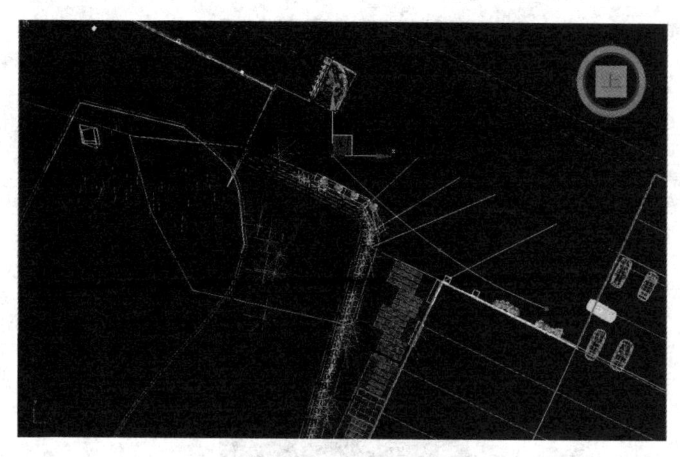

图　12.1.21

(17) 创建一个摄影机。选择菜单栏【动画】/【约束】中，选择【路径约束】，如图 12.1.22 所示。选择完成后出现虚线，将鼠标移动到路径上，单击鼠标左键确定完成，添加完成出现摄影机自动约束到路径上，在控制面板出现【轨迹】卷轴栏，并且自动在时间轴起点终点添加关键帧，如图 12.1.23 所示。

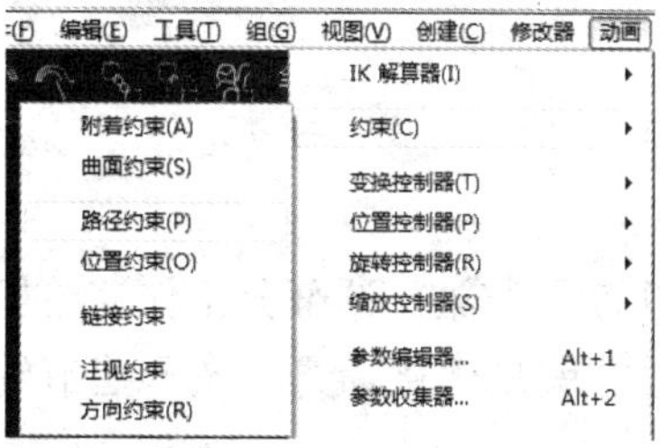

图　12.1.22

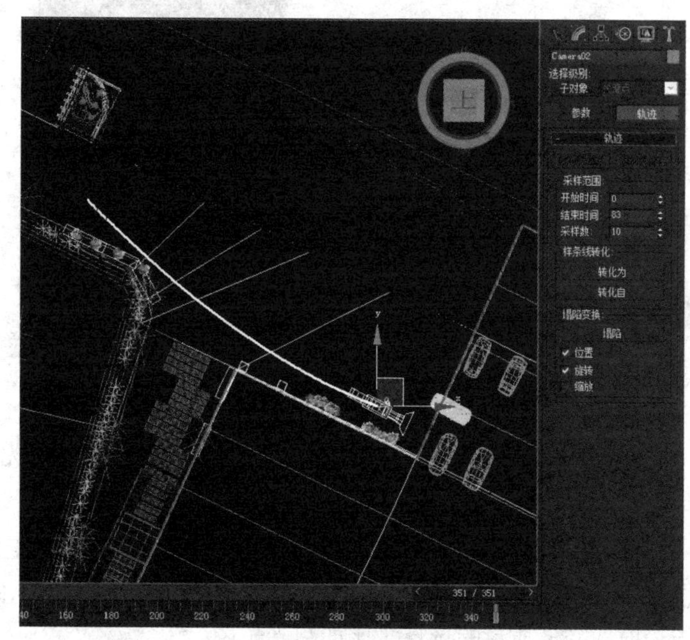

图　12.1.23

(18) 修改摄影机的位置。在控制面板上的【运动】中，打开【路径参数】卷轴栏，修改【路径选项】中的【% 沿路径】，通过设置关键帧，可以确定摄影机在路径的上位置，如图 12.1.24 所示。

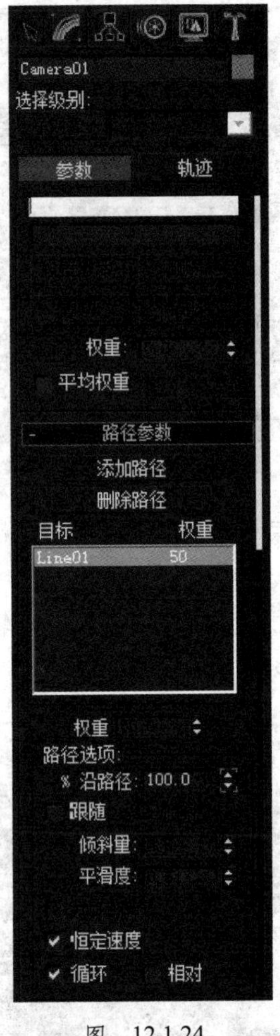

图 12.1.24

12.2 最终渲染表现

(1) 设置好灯光和材质、镜头等操作之后，接下来的工作就是渲染。这部分工作交给机器来完成，渲染的时间一般由电脑配置来决定，我们可以做的就是优化场景和做一些节约渲染时间降低质量的选择，比如跑光子图。

跑光子图只是为了节省时间，要节省时间肯定是要付出质量稍低的代价，这是由光子图的精度和最后成图的精度来确定的，如果使用小光子来跑大的成图，那么肯定损失质量，只是这部分的损失比时间更值得。

(2) 接下来介绍下跑光子图的步骤。首先我们要设置光子图的大小，最好不要小于最终渲染的 1/4(比如 1024 × 576 的最终效果，那么光子图要大于 256 × 144) ，光子图的比例要和最终渲染的一致，如果比例不一致就会出现奇怪的效果，因为光子被拉伸或挤压了。在这个案例里，我们选择了 512×288 的分辨率（图 12.2.1）。取消【渲染输出】/【保存文件】选项（图 12.2.2）。

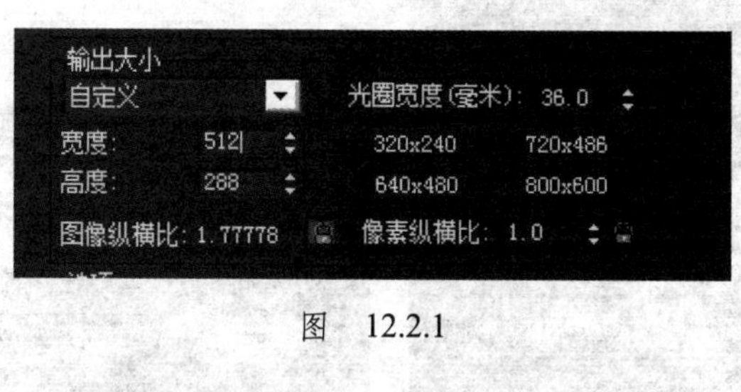

图　12.2.1

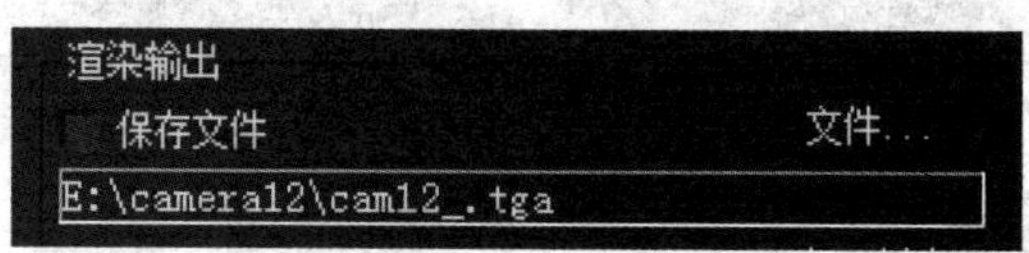

图　12.2.2

(3) 打开渲染设置面板，在【V-Ray】的【全局开关】中，勾选【不渲染最终图像】和【隐藏灯光】。因为跑光子图不需要渲染最终的图像，如图 12.2.3 所示。

(4) 在【图像采样器】里面，将【图像采样器】类型改为【固定】，取消【抗锯齿过滤器】，如图 12.2.4 所示。

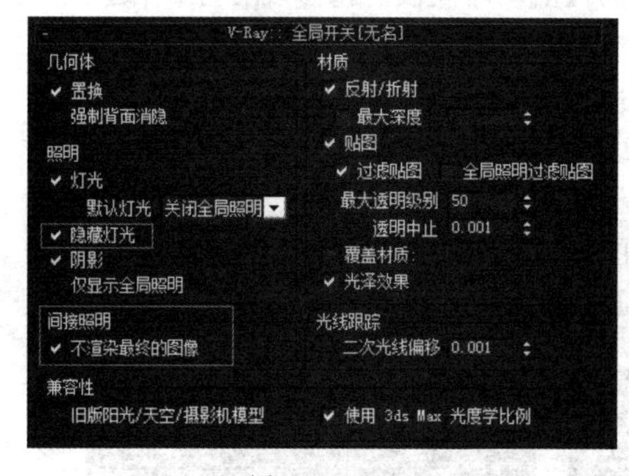

图　12.2.3

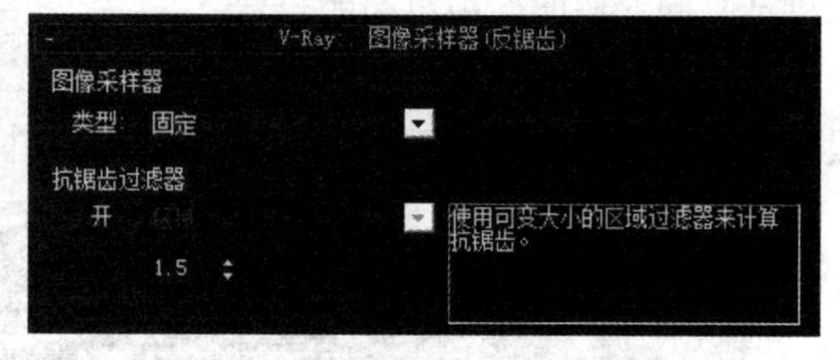

图　12.2.4

(5) 在【间接照明】的【发光图】卷轴栏中，将【当前预置】修改为【高】(根据对画面质量的需求决定)。修改【半球细分】为 50，勾选【显示计算相位】。将【模式】改为【多帧增量】。勾选【渲染结束后】的【不删除】、【自动保存】和【切换到保存的贴图】选项，如图 12.2.5 所示。

(6) 在【间接照明】的【灯光缓存】卷轴栏中，修改【细分】为 1200(根据对画面质量的需求决定)，勾选【显示计算相位】。将【模式】改为【穿行】。勾选【渲染结束后】的【不删除】、【自动保存】和【切换到被保存的缓存】选项，如图 12.2.6 所示。

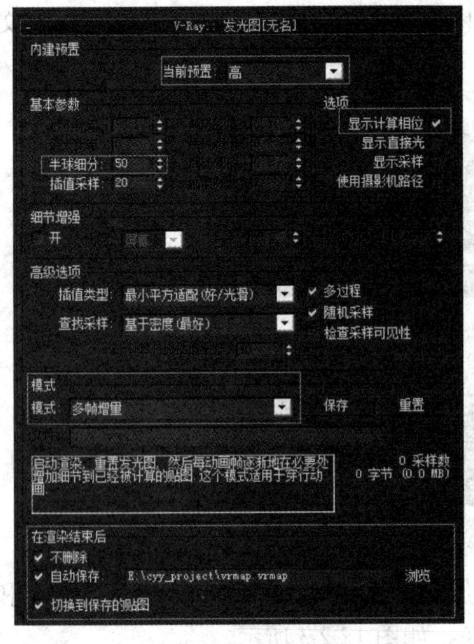

图 12.2.5

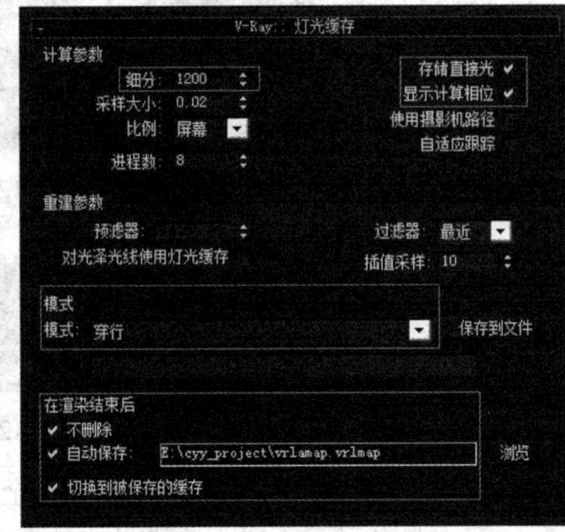

图 12.2.6

(7) 最后一步，在计算运动的动画时可以节省光子图的帧数，可以设置每隔 5 帧才渲染一次光子。返回公用面板，修改【时间输出】为【活动时间段】，修改【每 N 帧】为 5，如图 12.2.7 所示。

(8) 设置完成，就可以单击【渲染】，完成跑光子图步骤。

(9) 完成渲染后，我们开始设置最终的渲染设置。这部分大致跟没跑光子图一样。最大区别就是间接照明面板里面的设置。

首先，设置【时间输出】的【每 N 帧】为 1(图 12.2.7、图 12.2.8)。最终渲染【输出大小】，设置为 1024 × 576(图 12.2.9)。勾选【保存文件】选项 (图 12.2.10)。

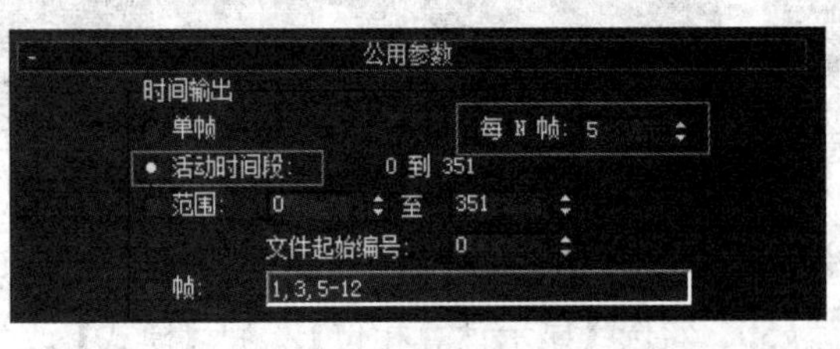

图 12.2.7

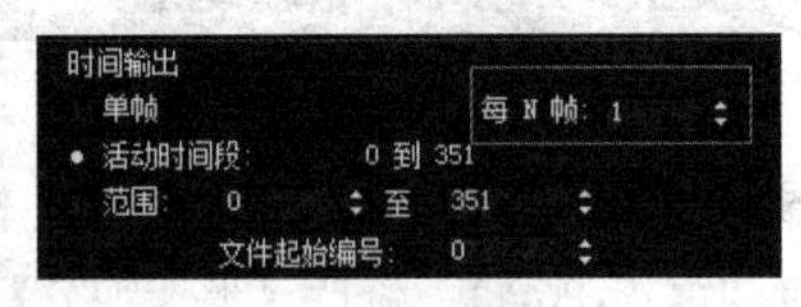

图 12.2.8

图 12.2.9

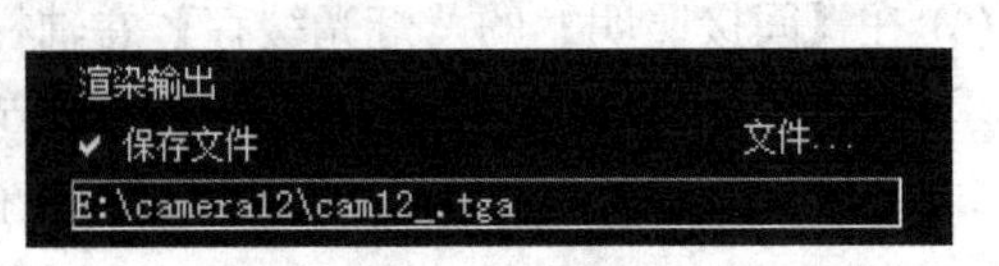

图 12.2.10

(10) 在【V-Ray】的【全局开关】卷轴栏中，取消【不渲染最终图像】(图 12.2.11)。

(11) 在【图像采样器】里面，将【图像采样器】类型改为【自适应确定性蒙特卡洛】，打开【抗锯齿过滤器】，修改类型为【Mitchell-Netravali】(图 12.2.12)。

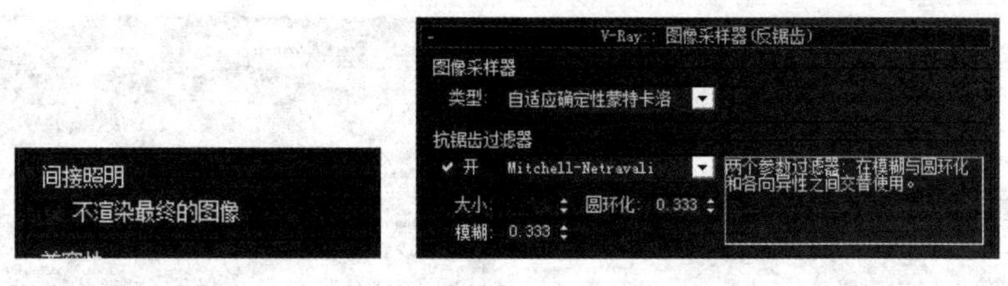

图　12.2.11　　　　图　12.2.12

(12) 在间接照明面板中，检查【发光图】卷轴栏中的【模式】是否已经自动变成【从文件】，检查路径是否正确，如图 12.2.13 所示。接着检查【灯光缓存】卷轴栏中的【模式】是否已经自动变成【从文件】，检查路径是否正确，如图 12.2.14 所示。

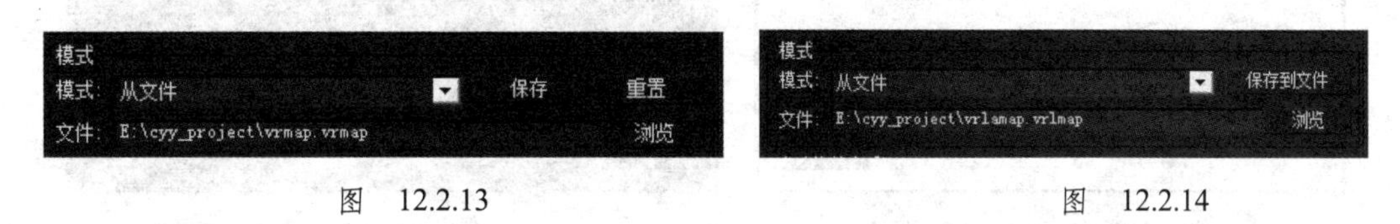

图　12.2.13　　　　图　12.2.14

(13) 当上面步骤完成，就可以单击【渲染】，等待机器渲染，得到最终的效果图。

12.3　综合软件运用

在三维软件中完成渲染后，我们需要对其进行影片的剪辑。这时我们需要后期剪辑工具——ADOBE PREMIERE PRO CS4(图 12.3.1)。

Premiere 是 Adobe 公司的推出的非常优秀的视频编辑软件，能对视频、声音、动画、图片、文本进行编辑加工，并最终生成电影文件。

图　12.3.1

(1) 打开 ADOBE PREMIERE PRO CS4，就会弹出欢迎窗口 (Welcome to Adobe Premiere Pro) 对话框，这时需要创建一个项目文件。单击【NewProject】，进入新项目设置 (图 12.3.2)。

(2) 在弹出新的项目 (New Project) 对话框中，设置好项目保存路径和文件名。其他选项可以保持默认 (图 12.3.3)。

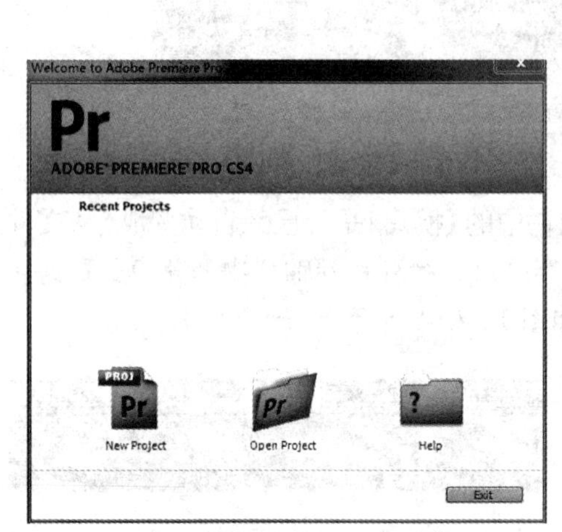

图　12.3.2

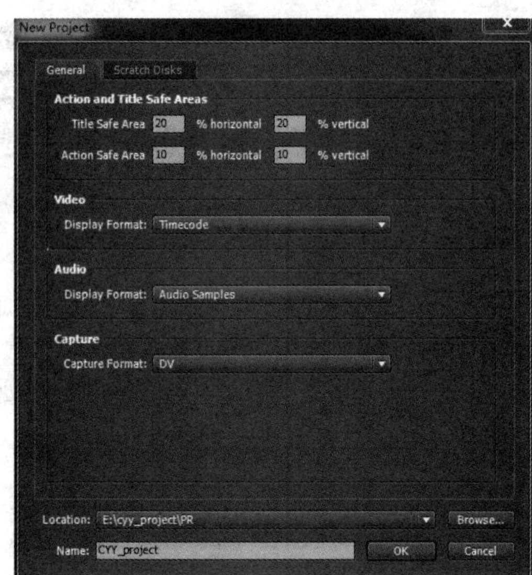

图　12.3.3

(3) 单击“OK”按钮后进入新的序列 (New Sequence) 对话框，这里提供一些序列的预设，包括文件的压缩类型、视频尺寸、播放速度、音频模式等。我们可以从中选取合适的预设，或者自定义修改成需要的。单击【General】进行自定义修改，将【Editing Mode】改为【Desktop】，【Timebase】改为【25.00frames/second】，【Pixel Aspect Ratio】改为【Square Pixels(1.0)】，其他部分默认即可，如图 12.3.4 所示。

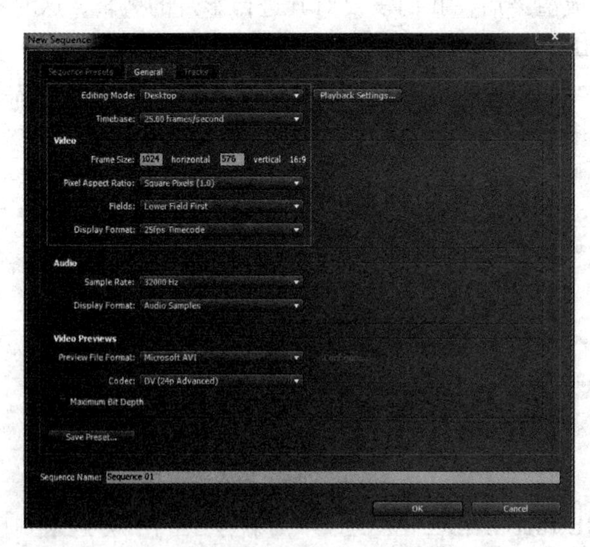

图　12.3.4

(4) 设置完成后，系统会进入工作编辑界面，自动完成创建一个序列 (图 12.3.5)。主要的窗口包括项目 (Project) 窗口、监示 (Monitor) 窗口、时间轴 (Timeline)、过渡 (Transitions)

窗口、效果 (Effect) 窗口等，可以根据需要调整窗口的位置或关闭窗口，也可通过 Window 菜单打开更多的窗口。

(5) 开始导入在 3ds Max 输出的素材，在菜单栏选择【File】/【Import】，导入素材到 Premiere 里面。素材导入后，会出现在 Project 窗口中，如图 12.3.6 所示。

图　12.3.5

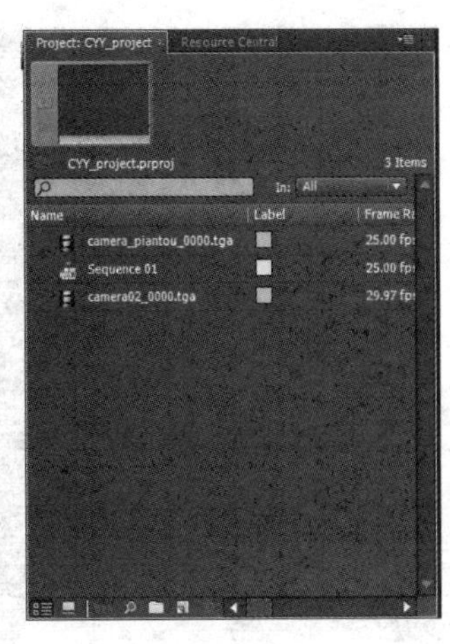

图　12.3.6

(6) 选中【Project】窗口的两段片头素材，拖曳到时间轴上，如图 12.3.7 所示。拖动指针可以在监视器实时查看到视频片段，如图 12.3.8 所示。

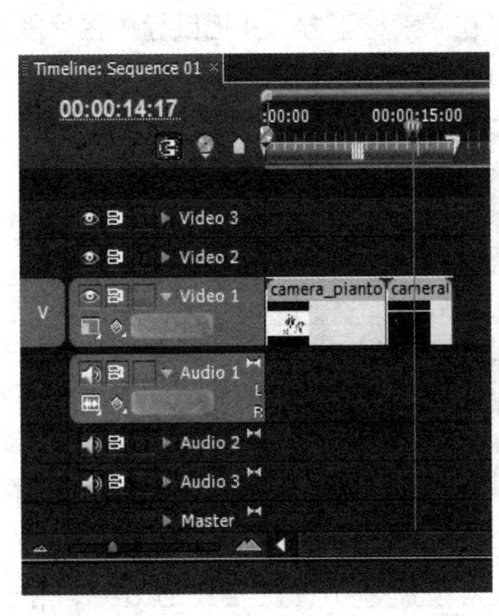

图　12.3.7

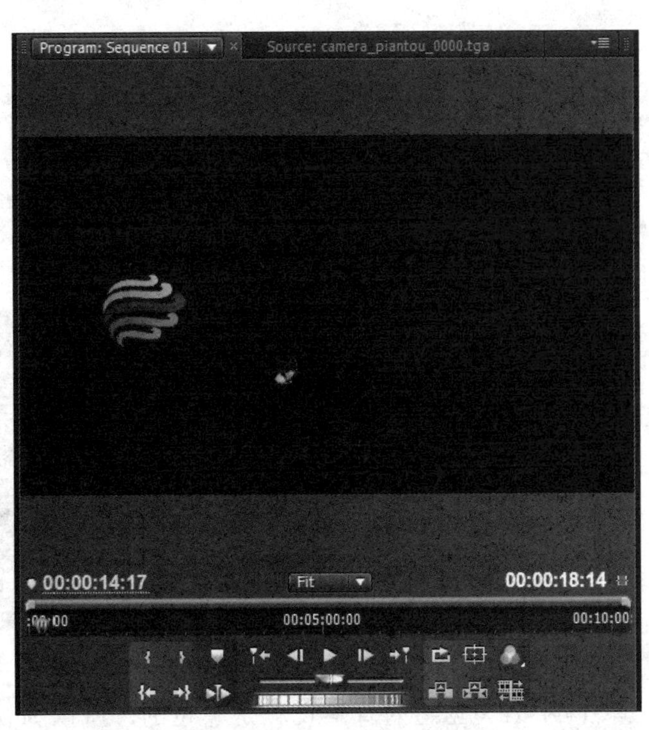

图　12.3.8

(7) 从监视器可以看到，第二片段中背景色是黑色的，这是因为我们视频素材背景是带透明通道的【tga 序列帧】，我们可以选择把透明通道关闭。在 project 窗口选择素材后，单击鼠标右键，在弹出选项中选择【Interpret Footage...】，弹出对话框，如图 12.3.9 所示。

(8) 在对话框中，修正播放帧数和忽略【Ignore Alpha Channel】透明通道选项，如图 12.3.10 所示。

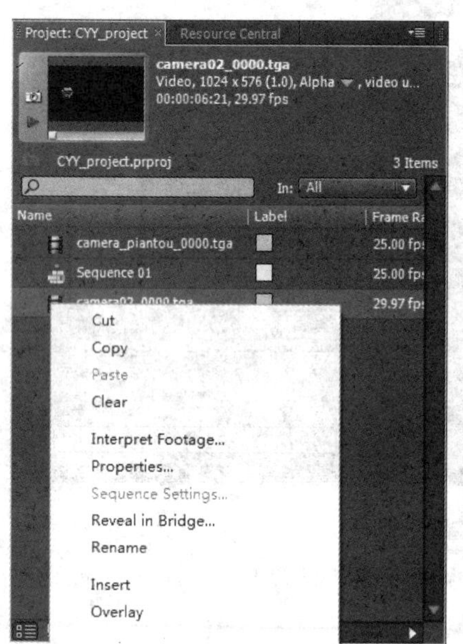

图 12.3.9

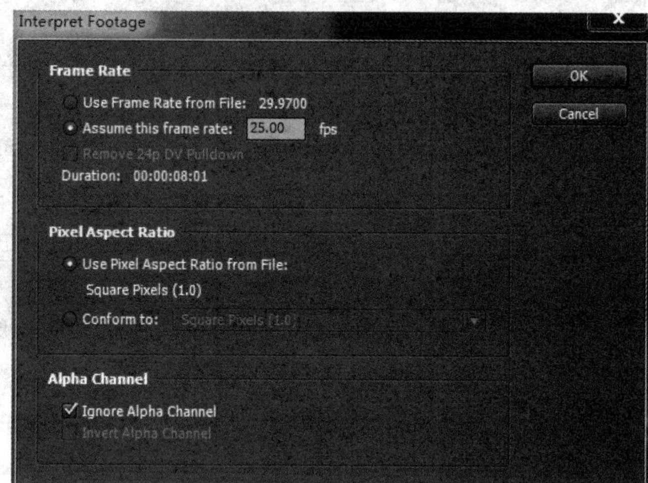

图 12.3.10

(9) 这样原素材的背景会被显示出来。除此之外，我们也可以创建一段背景视频来充当背景，在 Project 窗口中，单击鼠标右键，在【New Item】中选择【Black Video】，如图 12.3.11 所示。

(10) 创建完成后，将空视频拖曳到时间轴上，放置在原素材下方。并把鼠标放在片段末端，当鼠标变换图标时，拖动鼠标，延长时间长度，最后效果如图 12.3.12 所示。

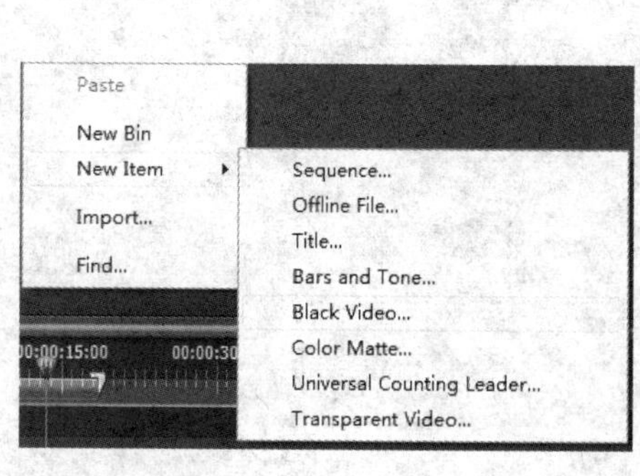

图 12.3.11

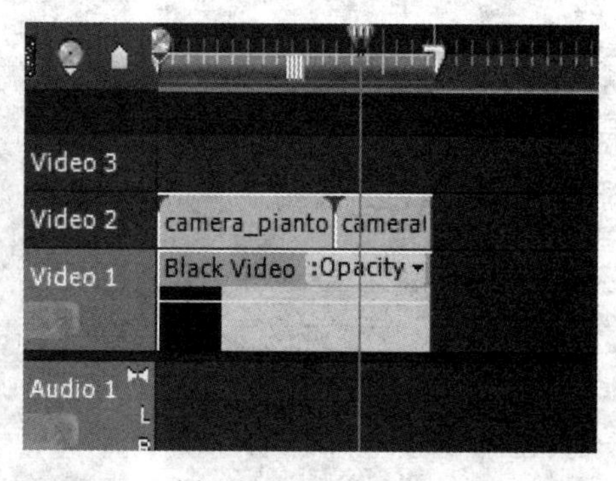

图 12.3.12

(11) 因为创建的背景视频是黑色的，所以为视频添加一个【反相】的效果，在 Effect 窗口中，在搜索栏中直接输入【Invert】，选择在【VideoEffect】/【Channel】中的【Invert】(图 12.3.13)，将其拖曳到【Effect Controls】中，如图 12.3.14 所示。这样得到的视频背景就是白色的。

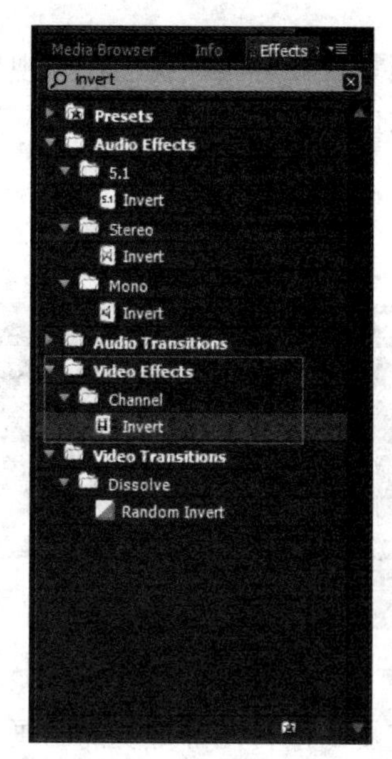

图　12.3.13

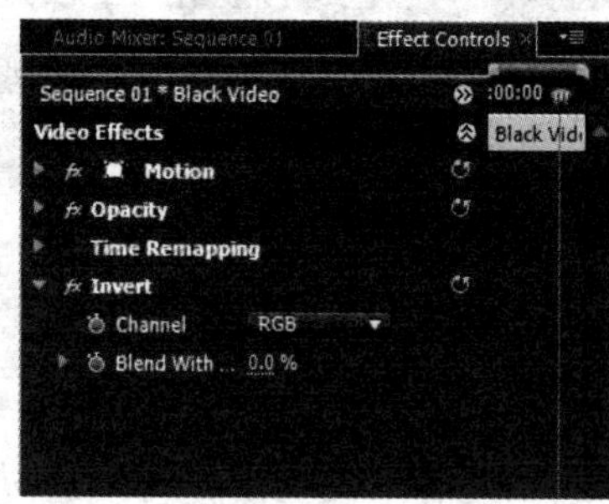

图　12.3.14

(12) 导入背景音乐。在 Project 窗口中，按照导入素材的方法，导入音乐素材，将其拖曳到时间轴上，发现这段时间有 30s 长。这时可以通过编辑视频素材来符合这段音乐。

首先，将背景视频延迟到 30s，与背景音乐相符合，如图 12.3.15 所示。

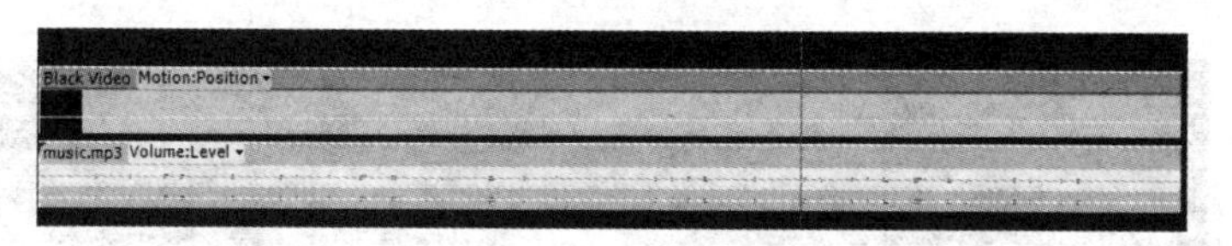

图　12.3.15

(13) 在视频一开始，可以按照之前的设定，画面一开始是纯白色，然后过渡到视频素材 1，将视频素材 1 拖到 3s，在前面添加一段白色视频，如图 12.3.16 所示。

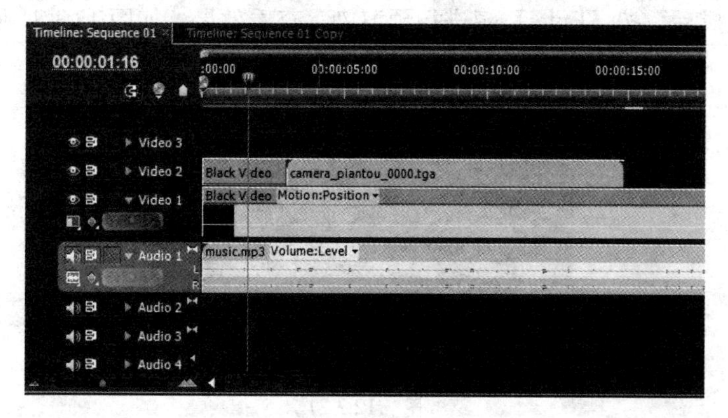

图　12.3.16

(14) 添加过场动画，在【Effect】窗口中，打开【Video Transitions】/【Dissolve】，选择【Cross Dissolve】。将其拖曳到时间轴上，系统会自动吸附到合成上。这样就能为两段视频添加一个过渡的转场动画，如图 12.3.17 所示。

(15) 继续编辑后面的素材，在视频 1 和视频素材 2 之间，我们选择视频素材 2 的第一帧作为一个过渡并插入一个空白视频，如图 12.3.18 所示。配合音乐，视频素材 2 的起点在“00:00-15:22”，如图 12.3.18 所示。

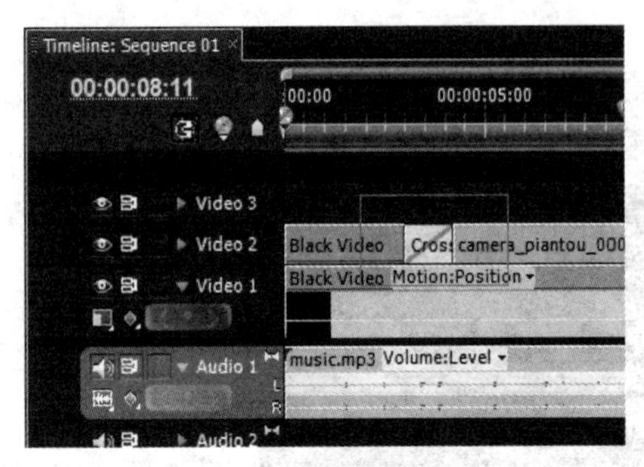

图 12.3.17

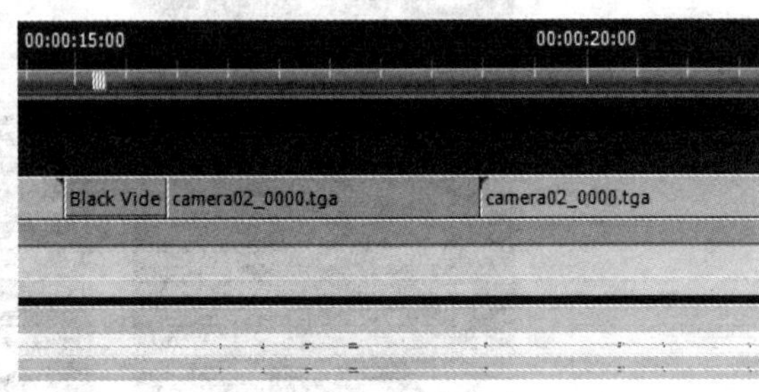

图 12.3.18

(16) 由于末尾结束还有一段空白，可以通过复制素材尾部重复的动画，循环配合音乐结束，使用裁剪工具在循环部分裁剪，并通过复制其余 4 份循环此部分动画，如图 12.3.19 所示。

(17) 最后添加过场动画，最终效果如图 12.3.20 所示。

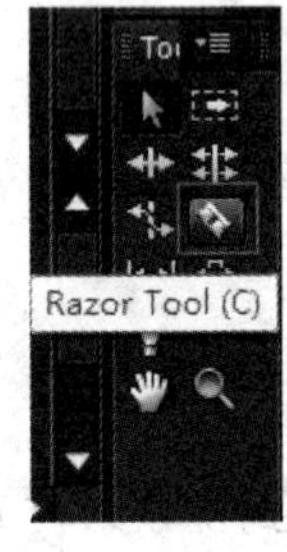

图 12.3.19

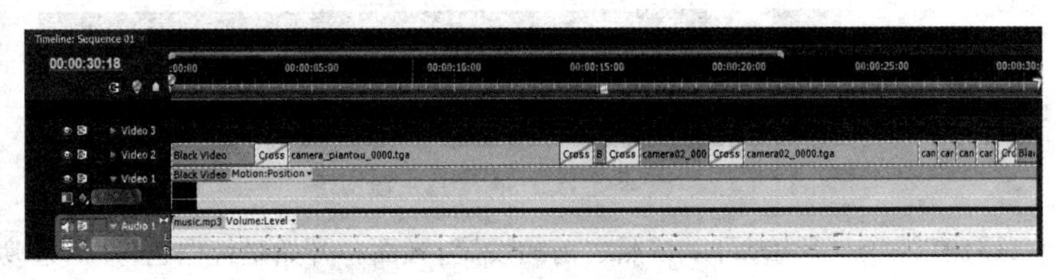

图 12.3.20

(18) 设置完成后，按【Enter】键进行预渲染，查看效果，如图 12.3.21 所示。

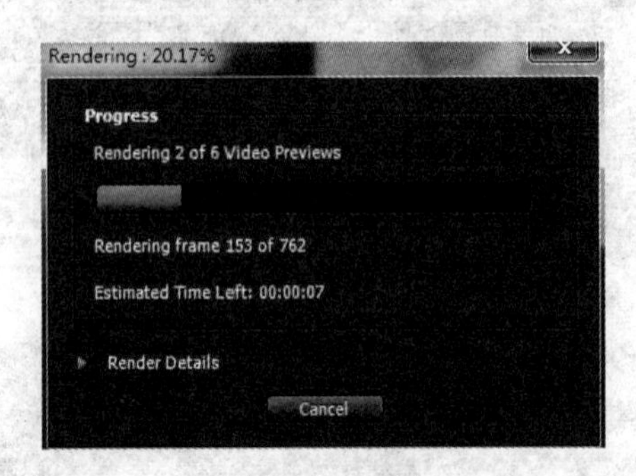

图 12.3.21

12.4　项目动画后期处理和输出成片

片头部分制作完成后，为了便于以后修改，选择菜单【File】/【Save】命令，就可将项目保存为一个后缀为 .ppj 的文件，在这个文件中保存了当前编辑状态的全部信息，以后在需调用时，只要选择【File】/【Open】命令，找到相应文件，就可打开并编辑。

最后要做的就是输出成片，也就是将时间轴中的素材合成完整的影片，具体操作如下：

(1) 选择菜单【File】/【Export】/【Media】命令，会弹出 Export Settings 对话框。这部分就是设置输出成片的各项参数，如图 12.4.1 所示。

图　12.4.1

(2) 修改各项参数。更改输出文件格式，修改【Format】为【Quick Time】，预设置【Preset】为【Custom】，设置好输出路径【Output Name】。同时记得勾选【输出视频】和【声音】的选项，如图 12.4.2 所示。

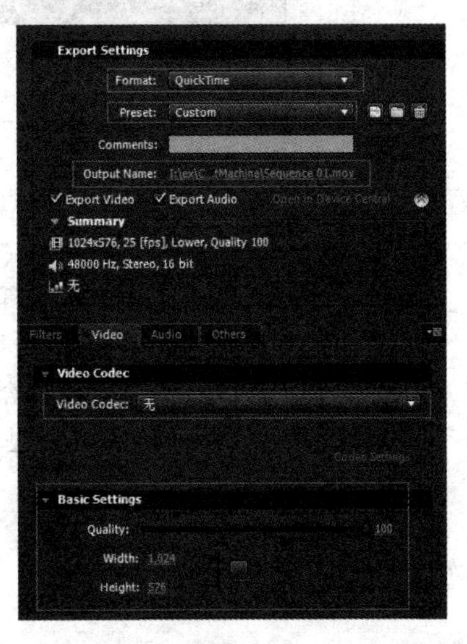

图　12.4.2

设置 Video 面板参数。修改视频分辨率，因为合成是非正规的 1024×576，所以这里要注意修改。修改帧数【Frame Rate】为 25，场【Field Type】可以选择为无场【Progressive】，像数比【Aspect】为【Square Pixels(1.0)】，这部分都按照原视频素材来设置，如图 12.4.3 所示。

当然，这里也可以根据自己的需要设置其他格式参数，如图 12.4.2 所示。

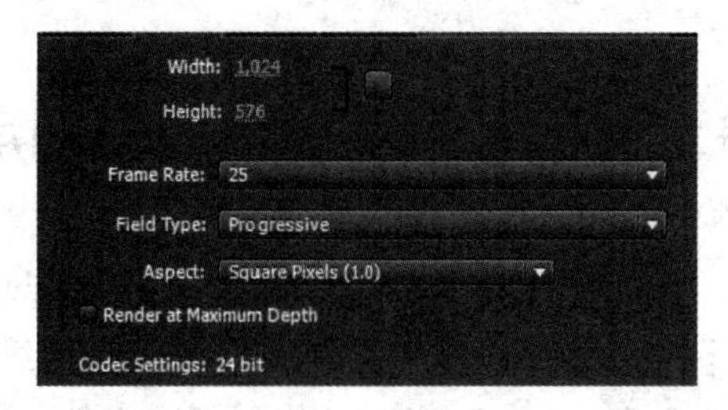

图 12.4.3

(3) 完成设置后，单击“确定”按钮。会自动进入 Adobe Media Encoder，由于我们已经设置好，在这里就不需要太多额外的设置，直接单击 Start Queue, 开始渲染输出，如图 12.4.4 所示。

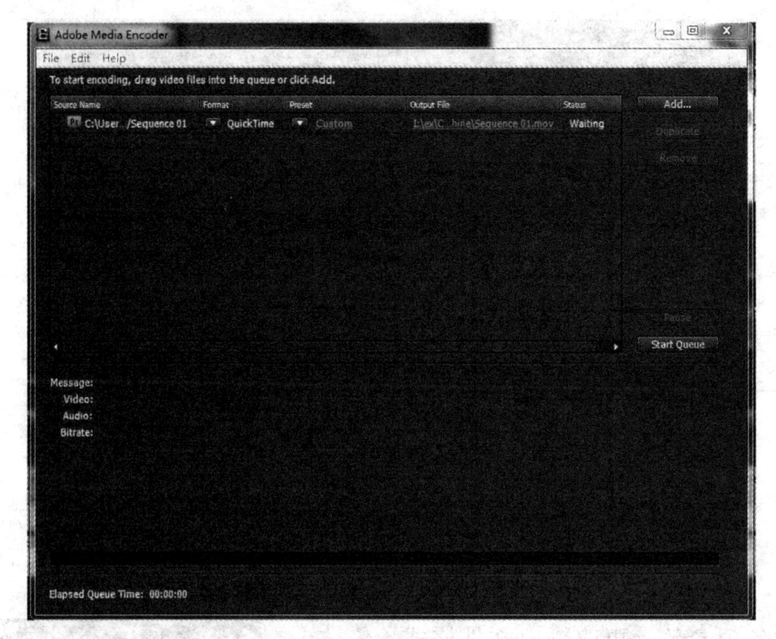

图 12.4.4

本章小结

本章介绍了创意产业园灯光的动画设置过程和最终合成的方法，通过项目的制作流程训练，让学生可以初步掌握摄影机运用，进一步掌握整体镜头与分镜头运用音乐对位。全面综合地掌握 3ds Max 与 AE 结合运用的思路，为今后从事大型项目制作奠定工作基础。

习　题

1. 选择题

(1) 在跑光子图的时候，灯光缓存模式是 (　　)。

A. 单帧　　B. 穿行　　C. 从文件　　D. 多帧增量

(2) 跑光子图时，光子图的尺寸最好不要小于 (　　)。

A.1/2　　B.1/3　　C.1/4　　D.1/8

(3) Pal 制式的每秒是 (　　) 帧。

A.21　　B.24　　C.25　　D.29

(4) 摄影机通过 (　　) 命令，约束到线段运动上的。

A. 位置约束　　B. 路径约束　　C. 链接约束　　D. 方向约束

(5) 在 Premiere 里面，可以通过添加 (　　) 特效，使视频由黑变成白。

A.Motion　　B.Dissolve　　C.Invert　　D.Ramp

2. 简答题

(1) 请简述塔的跑光子图制作工作流程。

(2) 请简述塔的后期剪辑工作流程。

参考文献

[1] 戴士弘 . 高职教改课程教学设计案例集 [M]. 北京：清华大学出版社，2009.

[2] 林军政 .3ds Max+VRay 建筑漫游动画表现技法 [M]. 北京：清华大学出版社，2007.